逻辑结构与逻辑工程学

Logic structure and logic Engineering

刘海东 ◎ 著

·广州·

版权所有　翻印必究

图书在版编目（CIP）数据

逻辑结构与逻辑工程学/刘海东著. —广州：中山大学出版社，2015.8
ISBN 978-7-306-05403-6

Ⅰ. ①逻… Ⅱ. ①刘… Ⅲ. ①科学逻辑学—高等学校—教材
Ⅳ. ①N03

中国版本图书馆 CIP 数据核字（2015）第 208564 号

出 版 人：徐　劲
策划编辑：吕肖剑
责任编辑：黄浩佳
封面设计：世图文化
责任校对：廖丽玲
责任技编：何雅涛
出版发行：中山大学出版社
电　　话：编辑部 020 - 84111996，84113349，84111997，84110779
　　　　　发行部 020 - 84111998，84111981，84111160
地　　址：广州市新港西路 135 号
邮　　编：510275　　　　传　真：020 - 84036565
网　　址：http://www.zsup.com.cn　E-mail：zdcbs@mail.sysu.edu.cn
印 刷 者：虎彩印艺股份有限公司
规　　格：850mm×1168mm　1/16　20.75 印张　407 千字
版次印次：2015 年 8 月第 1 版　2016 年 2 月第 2 次印刷
定　　价：36.80 元

如发现本书因印装质量影响阅读，请与出版社发行部联系调换

序　　一

各位读者，大家好！此书作者刘海东教师请我为他的作品作序，我慎思良久而应允。

我与海东教师素不相识，但与他的父亲却是故人，我们都是从中国人民解放军大熔炉中锻炼出的中国人。听他父亲介绍，海东22岁本科毕业于武汉大学计算机软件专业，获得理学学士学位，26岁获得华中科技大学西方经济学硕士学位，长期担任广东技术师范学院的教学工作，主讲软件工程、系统工程、信息经济学等课程。获得过"优秀教师"的荣誉。

我看了海东的书稿，他自称的，发明了一个自成体系的原创新型学说，似能站得住脚跟。海东作品的前半部分，逻辑系统工程学、一般逻辑工程学、三维软件工程学，因为是自然科学范畴，判断对错不复杂。海东作品后半部分，三维社会工程学、三维法制工程学、研究市场主体论，因为是社会科学范畴，判断对错略有复杂。我告诉大家海东的一句话：改革开放的攻坚克难阶段应该提倡群众提建议，包括群众学者发表自己的研究，只要这一切符合我国宪法、社会主义学术原则，这叫继续中国共产党的群众路线。

我是一个老共产党员，我为海东这个小朋友的作品写序，即肯定他的真心真意、发明原创，又表达我自己对国家民族的永远热爱，表达我对中国人民的永远热爱，只要对人民和社会发展有益的事，我都支持！我是一个老解放军，我想告诉人们，今天的中国军人仍然是人民子弟兵的心肠，他们不仅重视练兵场，而且一刻也没有忘记人民、社会，他们和老百姓一样为社会主义市场经济发展的每一个成功激动，也和老百姓一样为社会发展的暂时困难忧心。

我还要介绍海东小朋友两句话：海东说他不左、不右、爱科学、讲实事求是；海东说他对自己的作品负完全责任。

原湖北省军区政治部少将主任
广州军区法律顾问处顾问
季聚兴

序 二

这个作品是刘海东老师在逻辑结构、逻辑工程及社会学领域进行学术研究的著作,是他为创建一门新型学科而进行的大胆尝试。这与党的十八大报告中关于"科技创新是提高社会生产力和综合国力的战略支撑,必须摆在国家发展全局的核心位置"的论述和要求高度契合,作者这种勇于创新、善于创新的精神和富有成效的努力令我们这些老一代学者深受鼓舞,倍感欣慰,故欣然命笔为此书作序。

海东能在一个崭新学术领域的研究中取得突破性进展,可追溯到他在校读书期间所树立的科研指导思想,以及当年立下的为国家社会发展搞科研、作贡献的志向。

据悉,1992年海东于武汉大学计算机科学系软件专业本科毕业,获得理学学士学位。他当年的导师重点研究"人工智能"和"软件工程",给了他重视科学思想研究的教育,尤其是在计算机科学技术这个注重技术创新的领域,他由入门伊始就懂得发达的科学技术创造有赖于先进的科学思想研究。1996年,他就读于华中科技大学经管学院西方经济学专业,获得经济学硕士学位。他当年的导师重点研究"发展社会学"和"发展经济学",帮助他树立了为发展中国家社会经济发展搞研究、作贡献的志向。

参加工作后,海东长期在高等院校从事教学和研究工作,由于单位的培养和个人的努力,他将研究方向定位于运用逻辑工程学原理,研究社会发展中面临的问题,以求解决之道和应对之策。他研究过程走过的路径可概括为:综合研究"软件工程学"和"系统工程学",提出"三维逻辑工程学";将三维逻辑工程学用于社会发展研究就产生出三维社会工程学;由"系统科学"提出"系统科学社会实践论",由"系统科学社会实践论"提出"逻辑系统论",进而提出"逻辑场系统论",用"逻辑场系统论"研究社会就产生出社会软结构学。此书一大亮点就是作者提出了一个"社会软结构平衡公式"。据分析,实践这个公式将有助于促进社会和谐稳定,经济持续发展,综合国力提升,人民的幸福感增强,从而实现中华民族的伟大复兴。

最后,我们要特别说一说此书作者所作的三点承诺,其内容是:一、他以社会主义学术原则指导研究工作；二、他做了查新工作，肯定自己的工作完全是原创和首创，他坚决反对学术上的抄袭和剽窃，坚决反对学术腐败；三、他对自己的作品负全部责任。这几项承诺可不是那么容易作出的，在学术腐败之风屡禁不止的当下，敢于作出这种掷地有声的承诺，说明了作者的自信、自律和自觉，难能可贵。至于书的优劣，读者自有公论。我们相信，此书面世后，经广大读者评论，尤其同行专家学者指教，作者定当进一步修改，使之更趋完善成熟。我们期待，我国学术、科研领域永远是"百花齐放、百家争鸣"的春天。

中山大学原副校长
广东老教授协会常务副会长
魏聪桂
广东技术师范学院教授
广东老教授协会常务理事
林继颐

自　序

一、本课题国内外研究现状评述，选题意义和价值

（一）本课题国内外研究现状评述

（1）逻辑研究古已有之，诸葛亮三分天下的结论来源于他对当时的地主政治集团的逻辑研究，毛泽东的农村包围城市的结论来源于他对当时中国各阶级的逻辑研究。我的逻辑研究继承中华传统的实事求是精神和解剖麻雀方法，但我更引用了大量现代科学方法做逻辑研究，如系统科学逻辑化、软件工程逻辑化、仿场论构建逻辑结构、仿宇宙学建立逻辑结构中的暗存在和明存在等等，提出了逻辑结构学与逻辑工程学这个新兴交叉学科研究。

（2）我对自己的课题做了认真的查新研究，世界上还没有我这种逻辑结构学与逻辑工程学的研究，我的研究与传统的逻辑学是风马牛不相及的。

（3）因为我的基础研究是我自己的社会工程研究和社会软结构研究，因此，我看了西安交通大学学报（社会科学版）2006年1月刊登的李黎明老师的论文《社会工程学：一种新的知识探险》，我从中取了两条：外国大学开设社会工程学专业的情况和外国研究社会工程学的成果综述。外国的社会工程学研究和我的研究又是风马牛不相及的。

（二）选题意义

逻辑结构与逻辑工程研究可以应用于人类科学研究的各个领域。

（1）如：化学研究中发明新材料的生产工艺需要化学知识，但为创新而积累和组织的知识是一个逻辑结构，发明过程则是一个逻辑工程。

（2）又如：法学研究中，制定一条新规则需要法学知识，但它的受众是社会、是一个逻辑结构，制定这条新规则的过程又是一个逻辑过程。以此类推。

（3）一切人类的学术研究都是人或人的组织进行的，研究对象都是逻辑结构，研究过程都是逻辑工程，如果我们能找出其中的一般规律指导人类的研究活动，那么，自然科学会更加突飞猛进，社会科学会更加实事求是有效果，真的很好。

（三）价值

更重要的是，我们发展社会、国家、城市面对的都是社会、国家、城市这一

个个的逻辑结构,发展过程也只有科学的逻辑工程可以制造社会、国家、城市的科学发展过程。逻辑结构与逻辑工程研究符合当代中国共产党的国策,主要目标就是我这个群众学者盼望为深化改革做一点小贡献。

二、本课题研究的主要内容和重点难点,主要观点和创新之处,基本思路和方法

(一) 主要内容和重点难点

内容分五个部分:第一部分建立理论基础,对系统科学逻辑化,对软件工程逻辑化,说明仿天文学的原理,说明仿场论的原理,对进化论逻辑化,提出市场领域适合进化论,法制领域不适合进化论,提出大数据理论对逻辑研究的意义。第二部分建立逻辑结构学,提出四种逻辑结构,一般逻辑结构,暗逻辑结构,明逻辑结构,实际逻辑结构。第三部分建立逻辑工程学。第四部分研究逻辑结构学与逻辑工程学的应用。第五部分总结逻辑结构学与逻辑工程学研究的巨大意义。重点是提出暗存在、明存在、实际存在和它们之间的相互作用。暗存在指一个人或一群人不知道的规律,暗能量场指这个规律蕴含的能量,暗引力场指这个规律蕴含的作用。明存在指一个人或一群人制定的计划和制度,明能量场指这个计划和制度蕴含的能量,明引力场指这个计划和制度蕴含的作用。实际存在是暗存在和明存在相互作用的结果,实际能量场和实际引力场分别是暗能量场与明能量场、暗引力场与明引力场相互作用的结果。如市场体制中:市场规律是暗存在,市场规律的能量是暗能量场,市场规律的作用是暗引力场;调控制度是明存在,调控制度的能量是明能量场,调控制度的作用是明引力场;市场实际的状况就是实际存在、实际能量场、实际引力场。难点在于构造这样一种结构:通过认识暗存在建立明存在,通过明存在与暗存在相互作用产生的实际存在检验明存在正确与否,改善明存在,暗存在、明存在、实际存在都是逻辑结构,发展明存在用逻辑工程,为此目标研究逻辑结构学和逻辑工程学。

(二) 主要观点和创新之处

1. 主要观点有
(1) 逻辑结构由元素、子结构、能量场、引力场组成;
(2) 逻辑工程是三维客观工程;
(3) 实际逻辑结构是暗逻辑结构与明逻辑结构相互作用的结果,改善实际逻辑结构要由明逻辑结构入手;
(4) 发展明逻辑结构用三维逻辑工程方法。

2. 创新之处有
(1) 整个研究课题本身就是创新。
(2) 提出一般逻辑结构是逻辑场、暗逻辑结构是暗逻辑场、明逻辑结构是

明逻辑场、实际逻辑结构是实际逻辑场，实际逻辑场的发展用明逻辑场的发展实现，发展明逻辑场用三维逻辑工程。

（三）基本思路和方法

1. 基本思路

（1）对系统科学逻辑化，仿场论，建立逻辑场系统论。

（2）仿宇宙的明暗物质构成，建立逻辑场、暗逻辑场、明逻辑场、实际逻辑场等理论。

（3）通过实际逻辑场是明暗逻辑场相互作用的结果的原理，寻找实际逻辑场优化的方法，即通过改善规则（明逻辑场）适应规律（暗逻辑场）达到改善现实（实际逻辑场）的目标。

（4）改善明逻辑场需要发展逻辑工程工具，这就需要研究逻辑工程学。

2. 方法

第一，服从社会主义学术原则的要求；第二，引入各种现成的自然、社会科学理论帮助我的研究，一种是逻辑化，一种是仿，如对于系统科学、软件工程就用逻辑化，如对于场理论就用仿。

三、课题负责人的前期相关研究成果

前期相关研究成果：我已经在某著名出版社公开出版了三本独著的专著。第一本专著19万字，提出了初步的逻辑工程学理论，用三维工程帮助人们把逻辑工作由主观变成客观，同时提出了系统科学社会实践论。第二本专著16万字，提出了初步的逻辑结构学理论，认为逻辑结构是场结构，有元素、子结构、能量场、引力场、环境等组成部分，元素的生存发展周期分为发展论和结构论两个阶段，发展论接受能量，通过引力作用产生新结构，新结构再去接受能量。第二本专著提出了这样的均衡公式：人群契约＝控制＝环境影响。第三本专著19万字，研究逻辑结构学与逻辑工程学研究在经济学领域的应用。这三本专著实际已经搭建起逻辑结构学与逻辑工程学的框架，只是没有涉及暗存在、明存在、实际存在的研究。

这个作品现在能作为社会科学和系统科学高年级本科生、研究生的重要通识参考书，不远的将来一定会成为高校的重要新型专业。

我的研究工作服从社会主义学术原则的指导，以毛泽东思想、邓小平理论、三个代表、科学发展观、新一届党中央的国策为基础，以系统科学理论和系统工程理论为基础。我的研究是原创和首创，我坚决反对剽窃行为，我对我的专著负完全责任。

刘海东

2015年3月5日于广州

目录 CONTENTS

第一章 系统科学的逻辑研究 …………………………………… 1
1.1 自然科学场论的发展过程 ………………………………… 1
1.2 自然科学的相互作用概念 ………………………………… 4
1.3 本体论 …………………………………………………… 6
1.4 论逻辑场系统 …………………………………………… 7
1.5 逻辑场与逻辑体 ………………………………………… 9
1.6 逻辑场系统思想 ………………………………………… 10
1.7 逻辑场系统方法 ………………………………………… 12
1.8 逻辑场系统理论 ………………………………………… 14
1.9 逻辑场系统建模 ………………………………………… 16
1.10 逻辑场系统分析 ………………………………………… 18
1.11 逻辑场系统优化 ………………………………………… 19
1.12 逻辑场系统评价 ………………………………………… 19
1.13 逻辑场系统决策 ………………………………………… 19
1.14 逻辑场系统与环境互塑 ………………………………… 20
1.15 逻辑场系统进化论 ……………………………………… 20
1.16 逻辑场系统过桥论 ……………………………………… 25
1.17 逻辑场系统的暗概念 …………………………………… 26
1.18 逻辑场系统的弹簧概念 ………………………………… 28
1.19 小结 …………………………………………………… 28

第二章 软件工程学的逻辑研究 …………………………………… 30
2.1 软件工程与逻辑工程 …………………………………… 30
2.2 软件危机与逻辑工作危机 ……………………………… 31
2.3 软件过程与逻辑工程过程 ……………………………… 31

2.4　软件项目管理与逻辑工程项目管理 ……………………………………… 31
2.5　软件质量与逻辑工程质量 ……………………………………………… 35
2.6　软件风险与逻辑工程风险 ……………………………………………… 36
2.7　结构化方法对逻辑工程的意义 ………………………………………… 37
2.8　面向对象方法对逻辑工程的意义 ……………………………………… 40
2.9　逻辑工程方法创新 ……………………………………………………… 44
2.10　小结 …………………………………………………………………… 45

第三章　逻辑场 ……………………………………………………………… 46

3.1　能量场 …………………………………………………………………… 47
3.2　引力场 …………………………………………………………………… 48
3.3　元素本能 ………………………………………………………………… 49
3.4　生存论 …………………………………………………………………… 50
3.5　发展论 …………………………………………………………………… 52
3.6　单纯生存论元素 ………………………………………………………… 54
3.7　单纯发展论元素 ………………………………………………………… 54
3.8　生存发展论元素 ………………………………………………………… 55
3.9　发展生存论元素 ………………………………………………………… 55
3.10　综合方法论元素 ……………………………………………………… 55
3.11　逻辑场关联 …………………………………………………………… 56
3.12　逻辑场控制 …………………………………………………………… 57
3.13　逻辑场理论 …………………………………………………………… 57
3.14　环境互塑理论 ………………………………………………………… 62
3.15　均衡理论 ……………………………………………………………… 63
3.16　小结 …………………………………………………………………… 64

第四章　逻辑工程 …………………………………………………………… 66

4.1　单纯生存论工程过程 …………………………………………………… 66
4.2　单纯发展论工程过程 …………………………………………………… 71
4.3　生存发展论工程过程 …………………………………………………… 75
4.4　发展生存论工程过程 …………………………………………………… 76
4.5　综合方法论工程过程 …………………………………………………… 77

4.6　小结 ··· 77

第五章　暗逻辑场 ··· 78
　5.1　暗逻辑场定义 ·· 78
　5.2　暗元素 ·· 78
　5.3　暗关联 ·· 83
　5.4　暗能量场 ·· 83
　5.5　暗引力场 ·· 84
　5.6　暗环境 ·· 85
　5.7　暗本能 ·· 85
　5.8　暗控制 ·· 85
　5.9　暗均衡 ·· 86
　5.10　暗理论 ·· 87
　5.11　小结 ··· 89

第六章　暗逻辑工程 ·· 91
　6.1　逻辑场的个人主义本能 ·· 91
　6.2　逻辑场的公民思维本能 ·· 91
　6.3　内部暗逻辑工程 ·· 92
　6.4　破坏整体性的内部暗逻辑工程 ······························ 94
　6.5　支持整体性的内部暗逻辑工程 ······························ 95
　6.6　外部暗逻辑工程 ·· 96
　6.7　破坏逻辑结构的外部暗逻辑工程 ··························· 98
　6.8　支持逻辑结构的外部暗逻辑工程 ··························· 99
　6.9　小结 ··· 101

第七章　明逻辑场 ·· 102
　7.1　明逻辑场定义 ·· 102
　7.2　明元素 ·· 102
　7.3　明关联 ·· 107
　7.4　明能量场 ·· 108
　7.5　明引力场 ·· 108

7.6 明环境 ·· 109

7.7 明本能 ·· 109

7.8 明控制 ·· 110

7.9 明均衡 ·· 110

7.10 明理论 ··· 110

7.11 小结 ·· 113

第八章 明逻辑工程 ·· 114

8.1 逻辑场的专制控制 ·· 114

8.2 逻辑场的法制控制 ·· 114

8.3 内部明逻辑工程 ·· 117

8.4 破坏民主和人权的内部明逻辑工程 ······························ 118

8.5 支持民主和人权的内部明逻辑工程 ······························ 118

8.6 外部明逻辑工程 ·· 119

8.7 破坏逻辑结构的外部明逻辑工程 ································· 121

8.8 支持逻辑结构的外部明逻辑工程 ································· 122

8.9 明、暗逻辑工程比较研究 ··· 124

8.10 小结 ··· 125

第九章 均衡逻辑场 ·· 126

9.1 暗逻辑场概述 ··· 126

9.2 明逻辑场概述 ··· 126

9.3 均衡逻辑场定义 ·· 126

9.4 均衡元素 ·· 126

9.5 均衡关联 ·· 132

9.6 均衡能量场 ·· 132

9.7 均衡引力场 ·· 133

9.8 均衡环境 ·· 134

9.9 均衡本能 ·· 134

9.10 均衡控制 ··· 134

9.11 均衡 ·· 134

9.12 均衡理论 ··· 135

9.13　小结 ··· 138

第十章　均衡逻辑工程 ·· 139
10.1　论均衡逻辑工程 ··· 139
10.2　受限逻辑工程 ··· 141
10.3　微观逻辑工程 ··· 143
10.4　宏观逻辑工程 ··· 144
10.5　小结 ··· 146

第十一章　逻辑场民主 ·· 147
11.1　社会主义和民主原则 ·· 147
11.2　逻辑解释 ·· 149
11.3　社会主义原则 ··· 150
11.4　现代化原则 ·· 151
11.5　以法治国原则 ··· 152
11.6　以德治国原则 ··· 154
11.7　民主集中原则 ··· 155
11.8　群众路线原则 ··· 160
11.9　政治协商原则 ··· 163
11.10　团结的原则 ··· 165
11.11　统一的原则 ··· 166
11.12　稳定的原则 ··· 166
11.13　公民社会民主学 ·· 166
11.13　小结 ·· 168

第十二章　逻辑场法制 ·· 169
12.1　学领袖思想的体会（1） ··· 169
12.2　学领袖思想的体会（2） ··· 174
12.3　小结 ··· 179

第十三章　逻辑场人权 ·· 181
13.1　中国人权发展的一个重要里程碑 ·································· 181

13.2 "人权"曾经是一个禁区 …… 181
13.3 从忌谈人权到发表政府白皮书高举人权旗帜 …… 182
13.4 中国特色社会主义的一大创举 …… 184
13.5 小结 …… 186

第十四章 逻辑场学术发展 …… 187

14.1 人类逻辑思维的发展过程 …… 187
14.2 人类学术研究的发展过程 …… 190
14.3 信息社会对人类思维和研究的影响 …… 192
14.4 复杂综合学术研究的设想 …… 196
14.5 复杂综合研究的作用 …… 198
14.6 开展复杂综合研究的过程 …… 200
14.7 复杂综合工作 …… 201
14.8 复杂综合生活 …… 201
14.9 复杂综合社区 …… 202
14.10 小结 …… 202

第十五章 逻辑场国防发展 …… 203

15.1 国防的逻辑解释 …… 203
15.2 国防对内环境的作用 …… 203
15.3 国防对外环境的作用 …… 204
15.4 对外国国防发展的研究 …… 205
15.5 对领袖思想的体会（1） …… 209
15.6 对领袖思想的体会（2） …… 218
15.7 对领袖思想的体会（3） …… 220
15.8 对毛泽东的研究 …… 226
15.9 小结 …… 229

第十六章 逻辑场农村发展 …… 232

16.1 我对中国乡村化的建议 …… 232
16.2 城乡一体化 …… 233
16.3 小结 …… 234

第十七章　逻辑场城市发展 ………………………………… 235
17.1　城市政治 ……………………………………………… 235
17.2　城市原则 ……………………………………………… 251
17.3　城市理想 ……………………………………………… 261
17.4　城市制度 ……………………………………………… 270
17.5　市民社会 ……………………………………………… 282
17.6　小结 …………………………………………………… 282

第十八章　逻辑场经济发展 ………………………………… 283
18.1　经济学不够用 ………………………………………… 283
18.2　需要中国立场 ………………………………………… 286
18.3　逻辑场经济学 ………………………………………… 289
18.4　计划经济学的意义 …………………………………… 298
18.5　西方经济学的意义 …………………………………… 300
18.6　批判官僚资本主义 …………………………………… 305
18.7　中国社会主义自由市场 ……………………………… 307
18.8　小结 …………………………………………………… 311

参考文献 ……………………………………………………… 312

第一章
系统科学的逻辑研究

▶ 1.1 自然科学场论的发展过程

本著作提出的逻辑场论是借鉴自然科学场论概念而来的，了解自然科学的场论概念对建立逻辑场概念很有用处。这里根据曹天予先生、何祚庥先生、范岱年先生的论述回顾一下自然科学场论的发展过程。

20世纪以前，人类对"场"缺乏唯物主义或本体认识，因为"场"看不见、摸不着、听不到，因此，"场"的概念存在于思想层面。

经典场论与电磁学相关。兴起于威廉·汤姆孙和麦克斯韦以太场论，因为引入了新实体——电磁场、新本体——连续以太，成功解释了超距作用。因为场有能量，说明有物理实在。但场作为机械以太的一种状态，不能独立存在。洛伦兹在电动力学中认为场仍然是一种以太状态，而以太成为虚空的结果，就是让场享有独立的本体论地位，与物质相当的地位。这样，物理学研究中，建立在场本体基础上的场论理论，与建立在粒子本体、空间、力基础上的力学理论形成对照。

19世纪，场的实体性有争议，麦克斯韦的理论中，场不是自存的，不可能是物质的。能量在场里面的存在所确立的只是以太的实体性，而非场的实体性。机械以太的去除，让去除场的实体性成为必要。正是机械以太的去除，建立了场的非物质的实体性。连续的实体场是世界的基本本体的假设必须被看作场论的第一个基本信条。

电磁场成为世界的基本本体，而不是数学装置或机械以太的一种状态，场就成为一种新型的实体，场论的正式发展开始了，人类学术进入了新阶段。

随着广义相对论的三大观测的验证的出现，广义相对论成为物理学界认同的理论。但广义相对论存在重大争议，爱因斯坦统一场论的工作没有成功。

广义相对论的基本理念是用时空扭曲解释引力。广义相对论所以获得成功，基于实验事实：惯性质量和引力质量存在严格的比例。爱因斯坦以此作出假定：引力场与参考系里的加速度在物理上是完全等价的，并称之为等效原理。继续，爱因斯坦把引力场归结为时空的弯曲本质。为了统一场论，爱因斯坦想让电磁场同样归结为时空的某种特性，创造几何理论。问题是：电磁场和引力场之间不存在像"惯性质量和引力质量"那样的"同一性"，想由时空性质来统一解释引力场和电磁场，只能认为是缺乏实验基础的一种假想。

曹天予先生提出"几何理论"有强版本和弱版本的区别。强版本认为：时空的几何结构是物理上实在的，具有作用于物质的实在效应；引力相互作用被看成物质运动的时空几何效应的局域测量，作为时空曲率的一种表现，并通过测地线偏差方程得到表达。弱版本则拒绝时空结构的独立存在，把它们看作场的结构性质。逻辑上讲，弱版本不必预设统一场论，它所预设的时空的几何结构在本体论上是由物理（引力）场构成的。

实验支持的是弱等效原理，而爱因斯坦主张强等效原理，因此，当今场论学者认为，广义相对论只是描述引力场的理论，厄特沃什（Eötvös）对于引力质量和惯性质量成正比的实验，所证明的只是"弱"等效原理。

这以后是量子论的兴起，量子论看起来削弱了场纲领的基础。因为量子论给能量在空间中的连续分布一个极限，这与场本体论相冲突；量子论违反可分性原理；量子论不允许粒子在量子跃迁时，或在它们的产生和湮没之间，有连续的时空路径，这和场纲领中传递相互作用的方式相冲突。而且量子论的概率诠释假设了粒子本体论。在多体问题两种量子化程序（二次量子化和场量子化）中，分别预设了粒子本体和场本体，是粒子和场两种本体的并存。1928 年，约当（Jordan）和维格纳（Wigner）把描述单个费米子的波函数看作费米场，并实现其量子化，让场本体取代了粒子本体，物质粒子（费米子）不再被看作永久的独立存在，而是费米场的瞬间激发，是场的量子。这样，一种新的场纲领——量子场纲领就开始形成了。

量子场论的场本体论又一次改变了真空的概念，真空像是充满了负能量电子的海洋，像是一种可激化的介质，真空是激烈活动（涨落）的舞台。量子场论也改变了传递相互作用的方式。相互作用不再由一种连续的场来传递，而由这种场的激发（离散的虚粒子）来传递。这些虚粒子与真实粒子局域耦合，并在真实粒子间传播。

由于不确定性，局域激发要求任意大的动量。于是，相互作用不是由单个虚动量量子来传递，而是由无穷多个合适的虚量子的叠加所传递。这无穷多个具有任意高动量的虚量子就带来著名的发散困难。而这是通过重正化来解决的。重正化的本质是把无穷大量纳入质量、电荷等理论参数中，这等于模糊了作为局域激发概念基础的严格的点模型。

20 世纪 40 年代，把量子场论应用于电磁场（量子电动力学），取得了惊人的成功。但把同一种方法应用到弱和强的相互作用却失败了。50—60 年代，S 矩阵理论有了巨大发展，这是一种唯象研究手段。自 S 矩阵理论产生以后，它与量子场论一直相互施加压力。

20 世纪 60 年代，S 矩阵理论又逐渐衰退。特别是由于 60 年代末、70 年代初在理论和实验方面出现了有利于规范场论的巨大突破，物理学家的兴趣又转向了规范场研究纲领。

现代规范理论从杨振宁和米尔斯提出的强相互作用的同位旋规范不变性理论开始。由于无法得到说明核力短程性的规范不变机制，物理学家放弃了这一理论。更大的困难是如何使规范场量子具有质量。50 年代末到 1964 年，物理学家引入了自发对称性破缺机制，解决了这一困难。说明核力短程行为的规范不变性机制也由两个重要现象加以解决。1969 年，斯坦福直线加速器中心通过深度非弹性散射实验，发现了标度无关性定律，人们开始接受夸克—部分子模型和场论框架中的量子色动力学作为强子物理学研究的基本框架。在弱、电相互作用领域，随着 1971 年韦尔特曼和特霍夫特证明非阿贝尔规范理论可以重正化，粒子物理学家就设想建立一个弱电相互作用统一理论的可能性，该理论预言的中性流的存在也于 1973 年得到了实验证实。这就大大增强了粒子物理学家对规范场论的信心。

在规范场纲领的指引下，物理学家提出了标准模型，包括强子的夸克模型，夸克与轻子的对应，以及用弱电统一理论和色动力学描述的动力学。标准模型在 20 世纪 70 年代末、80 年代初取得了巨大成功，发现了新的夸克和轻子；发现了传递弱相互作用的中间波色子，确认了弱电统一理论；找到了传递强相互作用的胶子存在的证据。但 80 年代中期以来，规范场纲领在推广标准模型方面遇到了困难，弱、电和强相互作用统一的大统一场论远未成功，至于引力场的量子化以及与其他三种基本作用相统一的超统一场论更看不出成功的可能，规范场纲领又处于停滞，物理学家转而研究有效场论、超弦理论、超对称理论。

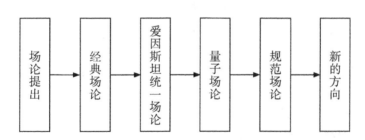

图 1-1　场论的概念发展

以上是逻辑场建立时借鉴的自然科学场论概念发展过程的概述，要注意，自然科学场论研究的是已存在的物理场，逻辑场论研究的是人类发展过程的社会场，物理场是永恒的，只是人类对它的认识存在不断变化，社会场不是永恒的，由封建社会的体发展到当代社会的场，人类不能发明物理场而只能认识物理场，但人类却能同时认识和发明社会场。因此，物理场和社会场是有区别的概念，分属自然科学和社会科学，但二者也有相似之处，即都有场的特点，这是逻辑社会场建立时借鉴自然科学场论的根本原因。

1.2 自然科学的相互作用概念

根据《相互作用的规范理论》的介绍，当一部分物质对另一部分物质发生作用（直接接触或通过场）时，必然要受到另一部分物质对它的反作用。基本相互作用分为万有引力、电磁相互作用、强相互作用、弱相互作用。

万有引力：具有静止质量的一切物体所具有的作用，表现为吸引力（反物质则为张力），是一种长程力，力程为无穷。其规律是牛顿万有引力定律，更为精确的理论是广义相对论。在4种基本相互作用中最弱，远小于强相互作用、电磁相互作用和弱相互作用，在微观现象的研究中通常可不予考虑，然而在天体物理研究中起决定性作用。按照近代物理的观点，引力作用是通过场或通过交换场的量子实现的，引力场的量子称为引力子。

逻辑社会场理论借鉴万有引力理论，把法律法规的作用和环境的部分作用对各种逻辑场的影响称为引力。因为这种逻辑社会场的引力和物理场的万有引力有一个共同点：都在宏观上体现明显。

电磁相互作用：带电物体或具有磁矩物体之间的相互作用，是一种长程力，力程为无穷。宏观的摩擦力、弹性力以及各种化学作用实质上都是电磁相互作用的表现。其强度仅次于强相互作用，居四种基本相互作用的第二位。电磁作用研究得最清楚，其规律总结在麦克斯韦方程组和洛伦兹力公式中，更为精确的理论是量子电动力学。量子电动力学是物理学的精确理论，按照量子电动力学，电磁相互作用是通过交换电磁场的量子（光子）而传递的，它能够很好地说明正反粒子的产生和湮没，电子、μ子的反常磁矩（见粒子磁矩）与兰姆移位等真空极化引起的细微电磁效应，理论计算与实验符合得非常好。电磁相互作用引起的粒子衰变称为电磁衰变。最早观察到的原子核的γ跃迁就是电磁衰变，其他还有如 $\pi 0 \rightarrow \gamma + \gamma$ 等。电磁衰变粒子的平均寿命为 $(10-16) \sim (10-20)$ s。

逻辑社会场理论借鉴电磁相互作用理论，把人类的市场行为和环境的部分行为称为逻辑电磁相互作用。因为市场行为和环境的部分行为有长程力的特点，如种的大米和开采的石油可以远销全球。

强相互作用：最早认识到的质子、中子间的核力属于强相互作用，是质子、中子结合成原子核的作用力，后来进一步认识到强子是由夸克组成的，强作用是夸克之间的相互作用力。强作用最强，也是一种短程力。其理论是量子色动力学，强作用是一种色相互作用，具有色荷的夸克所具有的相互作用，色荷通过交换8种胶子而相互作用，在能量不是非常高的情况下，强相互作用的媒介粒子是介子。强作用具有最强的对称性，遵从的守恒定律最多。强作用引起的粒子衰变称为强衰变，强衰变粒子的平均寿命最短，为（10－20）～（10－24）s，强衰变粒子称为不稳定粒子或共振态。

逻辑社会场理论借鉴强相互作用理论，把人类的情感行为称为逻辑强相互作用。因为人类大多数感情的相互作用是短程而强烈的。

弱相互作用：最早观察到的原子核的β衰变是弱作用现象。弱作用仅在微观尺度上起作用，其力程最短，其强度排在强相互作用和电磁相互作用之后居第三位。其对称性较差，许多在强作用和电磁作用下的守恒定律都遭到破坏（见对称性和守恒定律），例如宇称守恒在弱作用下不成立。弱作用的理论是电弱统一理论。弱作用引起的粒子衰变称为弱衰变，弱衰变粒子的平均寿命大于10－13s。

逻辑社会场理论借鉴弱相互作用理论，把人类的信息接收和反馈行为称为逻辑弱相互作用。因为人类大多数信息交流是短程的，比感情交流又弱一点。注意，就算是互联网时代，信息交流仍然以短程为主，这种短程指人数少，即使是网络共享信息的人，比起市场、环境行为、法律法规影响、全球环境影响的人数来说仍然少得多，逻辑场把人多人少也看成长程和短程。

这里把人比作物理世界的基本粒子，把人的行为和行为的结果看成作用，则物理场的很多概念和理论都可以帮助我们建立逻辑场了，只要记住是借鉴就行了。当然，人类逻辑社会场可以借鉴自然界物理场建设自己，不是偶然的，也不是臆想的，有根本的原因，那就是：人类和人类社会本来就是自然科学物理场的组成部分。

宇宙中一切物质和场的作用都能归纳为这四种相互作用，但是有没有一种更高层次的理论，将这四种相互作用也归纳为同一种作用呢？这就是"大一统理论"。目前"大一统理论"的研究遇到重重阻力，但所有人都相信，完成"大一统理论"是具有可能性的，一旦"大一统理论"完成，那么许多宏观问题，包括宇宙起源、物质演化以及一些科学现象都能得到圆满解决。

而逻辑场理论有大一统工作，即逻辑场引力（法律法规和环境影响）要与逻辑电磁相互作用（市场行为和环境的部分行为）、逻辑强相互作用（人类的情感行为）、逻辑弱相互作用（信息接收和反馈行为）之和均衡。这里的逻辑电磁相互作用、逻辑强相互作用、逻辑弱相互作用之和就是契约。

"粒子穿越空间作用于另一粒子的相互作用机制，是物理学中的一个基本问题，以至于整个场论纲领能被看作是对它所做的一个回答。"（曹天予先生）

逻辑场研究中对人与人的相互作用机制同样高度重视，整个逻辑场研究也以人与人的相互作用为核心，而人与人相互作用的核心就是法治和契约。

1.3 本体论

曹天予先生认为，大多数科学家相信经验定律只有"局部"有效性，而本体论赋予科学以统一的力量。本体论作为世界基本结构的模型，是作为经验定律的基础的一般机制的载体。由于在它的基础之上，可以建立一门科学的统一概念框架，所以本体论在理论上比个别经验定律更为基本得多。20世纪场论发展的历史表明，它们是通过本体论的综合来实现概念革命的。曹天予先生实际用另一条研究道路丰富和发展了发达国家学者不爱提的唯物主义哲学，世界的实体和物理实在已统一于规范不变的量子化的场。这启示我们，研究逻辑结构的场理论，一样要坚持马克思主义的辩证唯物主义思想，要有正确的本体论的思维。

人类逻辑社会场的研究目标也在于发现人类社会的信息社会本体论，发展马克思主义真理，更有效继承毛泽东思想和邓小平理论这些中国真理，用严谨的学术研究成果代替"摸着石头过河"式发展中国社会。

曹天予先生不认为"科学发展是单线式收敛于唯一的真理"，他主张的本体论综合，既有继承和连续，也有变换和否定，不是把过去的本体论加以简单综合，而是有选择、有变换地加以组合。这对我们研究逻辑场的启示是：要敢于否定权威但却是不正确的理论，要有敢破敢立的精神，否则走不出创新的道路。

本体论综合时常把原来的原始实体变换成衍生实体或副现象，导致基本本体论的变革。本体论综合是一种实现概念革命的方式，旧本体论所发现的世界的结构关联，在革命后的新本体论中仍留存着，概念革命通过变换与综合而实现，而不是绝对否定。一个终极的真的本体论概念没有意义，只能说"更好地"真的本体论。这对我们研究逻辑场的启示是：研究逻辑场需要系统科学、软件工程学等本体论，但不能拿来就用，要敢于变革它们，不是堆积，而是把铁炼成钢那样的变换组合。实际，我们很多其他学术研究同样存在用革命生产新本体论的要求。而且，这是一种与辩证唯物主义殊途同归的方法论。

曹天予先生的本体论综合概念认为人们发现的世界结构是以辩证法的方式继承和积累的，它更有力地说明了概念革命的机制和科学发展的模式。科学中的继承、积累和统一很少是以直接简单的形式实现的，而时常是通过变换与综合的方式实现的。通过变换的本体论综合体现了科学增长中变革与继承的协调，最适合于掌握科学史的不连续的外观后面的本质连续性，从而也可以为科学实在论提供更强的证据。发展逻辑场理论需要继承自然科学中的场论、系统科学、软件工程的研究成果，但照搬就会成为笑话，因为时代、领域和要求都不同了，需要变革后引入。发展逻辑场理论还需要继承马克思主义和中国特点的社会主义理论，但我们继承的应该为当代党中央发展的马克思主义。这两个部分都有本体论综合的规律于其中。曹天予先生的学说对很多学术工作都有方法论的意义。

曹天予先生的科学实在论就是结构实在论，基本实体的结构和关联是本体论的一部分，而且是本体论中可以通过科学研究加以发展的唯一部分。当理论变革且发现新的结构性时，这些结构性论断将被修改。但这些结构性如同可观测性一样，是大体稳定和可积累的，由于可认识的同一性，在理论和理论之间是可翻译的。科学有实在论，社会有没有实在论？肯定有，而且常常是用逻辑结构、逻辑场描述的。这要求研究社会科学时，要有曹天予先生那样的自然科学研究的科学实在论，要有辩证唯物主义的方法论。研究中国要先正确地认识国情，要继承前人的国情研究，相信国情真实存在且能正确认识，于这个基础上研究社会发展和经济发展。这叫社会实在论、社会结构实在论。

在坚持科学实在论的同时，曹天予先生也坚持了科学合理性，认为本体论综合实现的科学革命是理性的、有选择的组合。科学实在论认为，科学的目的是要对经验定律和世界的结构性作愈来愈真的论断，发展科学。科学活动是理性的，但却是辩证的综合，不认为已有的成功理论必定是未来的模式，科学家要以开放的心态对待各种可能性。这种思想对逻辑场的研究同样重要，研究逻辑场同样是对社会经验定律和社会结构性作愈来愈真的论断，发展社会科学，同样需要理性、需要辩证，需要开放的心态对待批判和新学说。我们现在认为逻辑场是人类社会的正确概括，但不排除有更科学的学说的产生。

1.4 论逻辑场系统

人类对宇宙场有这样的认识：宇宙成员的存在千奇百怪，有行星、恒星还有其他的物质结构，但宇宙中的元素有两条共同的特点，一个叫广播发出和接受能量，一个叫广播发出和接受引力。有这样的结论：宇宙中千奇百怪的元素在能量广播的能量场得到能量，因为能量凝聚而成为自我，有了自我就能发出和接受引力，由引力场规定自我的运行。对人类社会成员有这样的认识：人用自己的逻辑思维组成人群，人和人群成为社会的元素，社会元素像宇宙元素一样因为能量场和引力场产生关联，元素和关联组成系统，这个系统叫逻辑场系统。这样就建立起逻辑场系统定义，元素是逻辑元素，关联是场关联，控制是场控制。

1.4.1 元素

逻辑场系统的元素分原子元素和子系统，原子元素是逻辑结构，子系统是原子元素因为某种契约组成的局部逻辑场系统。

逻辑场元素虽然有物质成分但因为用逻辑思维指挥自己生存发展，因此将逻辑场元素看作一个逻辑结构，或初级、或中级、或高级，把这种逻辑结构这样描述：

初级逻辑结构＝各种实际系统的有用要素＋自创的逻辑关联；

中级逻辑结构＝初级逻辑结构＋环境变量＋自创的逻辑关联；

高级逻辑结构＝中级逻辑结构＋主观能动性变量＋自创的逻辑关联。

逻辑场系统的子系统，自己就是一个逻辑场系统，一样有元素、关联和控制，总结的规律就可以用于完整的逻辑场系统。

1.4.2 关联

逻辑场系统的原子元素和子系统都有主观能动性，因为自我完善的要求接受别的系统元素发出的能量，因为新的自我完善要求而发出和接受能量，一个元素用广播发出能量，谁接受谁就与之产生关联，整个逻辑场系统就产生了能量场。

逻辑场系统的原子元素和子系统都分别有环境对自我的作用，即原子元素和子系统的愿望都因为环境变量的影响产生，环境变量都是引力，即原子元素和子系统因为自我质量而广播发出和接受的引力形成了引力场，发出和接受的引力产生均衡的环境条件，场的环境就是引力。

由此看到，逻辑场系统中的元素因为同处能量场和引力场中，都广播和接受能量，都广播和接受引力，因此，它们的关联都叫能量关联和引力关联。

1.4.3 控制

系统的组成有三大要素：控制、元素、关联。逻辑场系统是系统的子集，也有控制、元素、关联三大要素，前面已经介绍了元素和关联这两大要素，现在接着研究逻辑场系统的控制。

宇宙中的控制因为引力场的存在，各种元素因为由能量场得到能量而产生质量，由自我质量的存在而发出和接受引力。逻辑场系统中的元素，也因为主观能动性接受能量，也产生了自我的质量，逻辑场系统元素因为质量的存在而产生发出和接受引力的结果，自身发出引力和接受引力的均衡的结果产生环境引力，这一切和宇宙元素的遭遇完全相同，则逻辑场系统的控制也由它的引力场决定。

值得一提的，宇宙中的引力场分明确和混沌两个层次，地球和月亮的引力场应该叫明确，宇宙另一端的陌生星云对地球的引力场就只能叫混沌。逻辑场系统的控制能由此得到启发，明确的引力场叫神经体系，混沌的引力场叫引力体系。

1.4.4 逻辑场系统的成功

世界上至少有三种类型的场，一个叫宇宙场，一个叫生命场，一个叫人类社会场。宇宙场没有逻辑思维，物质和能量的分分合合不存在成功和失败，地球上除去人类的生命场，那些动植物都以非逻辑和初级逻辑结构参与场，因为逻辑思维的缺乏或低级，元素也没有感受成功和失败的能力，只有人类社会有高级逻辑结构的元素，只有人类社会场有成功的概念。

人类社会这个逻辑场系统的成功有两种：一种叫均衡成功，即引力场均衡且这种均衡能创造好的能量场；一种叫神经体系发展成功，因为神经体系的发展让逻辑场得到优化，优化引力场均衡，得到优化的引力场再创造更好的能量场。

研究逻辑场系统成功这个题目就不能不研究"契约"、"神经体系"、"场均衡"的关联。契约指主观能动性达成的共识，神经体系指逻辑场特有的控制，逻辑场有一个特有的规律，只有神经体系反映契约，逻辑场因此有优良场均衡。

研究逻辑场要重点研究这样两种逻辑场，一种是能量场和引力场双双发达，能够提供发展所需的能量和发展成本转嫁渠道；一种是能量场和引力场双双不发达，不能够提供发展所需的能量和发展成本转嫁渠道。前者往往用发展生存论发展自己，后者往往用生存发展论发展自己。后面会展开讨论这个问题。

1.4.5 群论

在自然科学研究中，群论是一个非常重要的题目。一般而言，群指一个集合中的元素，群论研究这些元素的关联。当人类自然科学进入场结构研究时，在场结构中用某个标准建立一个子集做群论研究越来越多，好比对一些恒星群的研究，恒星群是宇宙的一个子集，当把恒星群作为系统来研究，把这些恒星群之外当成环境，研究恒星群中恒星之间的关联，这就叫宇宙场的群论研究。

群论研究对网络结构和场结构研究非常重要。对场结构而言，场的元素往往多到无限的地步，元素发出能量和发出引力都是向全场元素广播。当研究一个场元素或场子集时，如果把一切广播能量和广播引力都计算明白再研究，研究会做不下去，因为研究者面对的是无限个单位。这时，把研究对象当成系统，其他当成环境，研究工作就有路可走了。其中，当把场子集当研究系统，其他当环境，研究场子集元素和它们的关联就叫群论研究。

本书后面直接把子系统称为子群。

1.5 逻辑场与逻辑体

与自然科学的场、体区别一样，逻辑场与逻辑体也有区别！在自然科学里，世界是场构成的，但研究一个生命或研究一块矿石用的是体的概念。逻辑结构研究也是这样，人类逻辑世界是场，但研究一个国家的逻辑或一个民族的逻辑可以把场简化成体。

1.6 逻辑场系统思想

1.6.1 整体性思想

系统科学第一条思想叫整体性，也即整体高于各部分的简单和。逻辑场系统作为系统的一种，显然具有整体性特点，但这种整体性的重点不是整体与简单相加的区别，而是场的均衡有助于元素接受能量形成自我和完善自我，通过智能完善自我。逻辑场系统的整体性要求引力场有均衡，若引力场没有均衡就会让系统向新均衡发展，新的均衡可能有益，让元素得到更大的能量，也可能有害，消耗元素的能量，甚至结束一个系统的存在。

一个逻辑场系统若长期保持均衡，各组成部分就会长期保证自我的存在，长期积累能量，用智能把能量转变成自我完善的部分，发出自己多余的能量给别的元素。整个逻辑场系统长期平稳，元素就会成长，推动场系统向更高的均衡态发展，能量场广播的能量的优良程度不断提高，引力场的引力不断加大，既保证均衡态加强又保证系统外的引力不能解散系统。

1.6.2 层次性思想

逻辑场系统的组成因为有子系统而具有层次性，但更重要的，逻辑场系统的层次性体现在它的神经体系控制，即它有系统脑神经、系统神经和神经末梢。值得一提的，逻辑场系统的混沌的引力场即引力体系因为混沌而没有明确的控制层次。

层次性思想也是系统工程与结构化软件工程的重要交集，是系统科学与软件工程综合研究的切入点，是逻辑场研究的重点，体现了系统和软件的控制作用的产生原理。

1.6.3 秩序与演化

逻辑场系统的秩序由引力场决定，逻辑场系统的演化由能量场和引力场共同决定。当引力场处于均衡态，一切元素都要根据引力场对自己综合引力的结果运行。当均衡引力场中的元素因为自我能量的变化引起引力场的变化，引力场会因此向新的均衡态发展，也许是新的积极均衡态，也许是新的消极均衡态。而引起元素自我能量变化的原因有两种：一种叫元素自己逻辑结构引起的变化；一种叫能量场引起的变化。

次序与演化的思想是研究现代社会法治发展和作用的重要思想基础。法治发展可以触发社会良性的演化，好的法治可以提高公民素质，即发展元素自己逻辑结构的优化，还可以发展社会能量场的优化。

1.6.4 组织与自组织

逻辑场系统的子系统，因为明确引力场即神经体系控制的叫组织，因为混沌引力场即引力体系控制的叫自组织。注意，自组织与神经体系矛盾时，自组织会因为神经体系的强大和明确而解散。组织与自组织发展得好坏受自身逻辑结构影响，也受能量场影响。

现代社会有两个重要的组织和自组织，其中的组织是政府，自组织是企业，可以说，一个现代化社会发展的成败就取决于这个社会的政府和企业宏观发展的成败。

1.6.5 逻辑场系统中的信息

逻辑场系统有三大类信息：一类是自我质量的信息，它反映元素接受、加工、发出能量的本领；一类是能量场信息，它反映逻辑场均衡态的高低；一类是引力场信息，它反映逻辑场是否处于均衡态。

逻辑场信息的收集就是统计学，现代统计学的重要工具是有线和无线网络，重要对象是大数据和数据挖掘。要发展好逻辑场就需要发达的信息收集和公布渠道和方法。如一个国家要学会怎么用信息网络和信息工具帮助自己政治、经济和其他领域的发展，学会政府与人民沟通的网络化方法。网络和网民不能小看。

1.6.6 逻辑场系统与知识

人类认识和发展逻辑场系统需要两种知识，一种是显性知识，一种是隐性知识。当开展优化和发展逻辑场系统的工作时，显性知识越多则越能工程化，越靠隐性知识工作则个人化越严重，"软件危机"的根源就是开发软件依靠隐性知识严重。注意，人类永远不能缺少隐性知识对自己的帮助，因为隐性知识能产生偶然发明这个人类发展的重要工作。

这里要说明，教育尤其是高等教育要从显性知识为主变革成隐性知识为主，即发展思想创新教育；政府行政要从隐性知识为主变革成显性知识为主，用法治代替人脉和潜规则。

1.6.7 逻辑场系统与控制

系统由控制、元素、关联组成，没有控制就没有系统。世界上同时具有反馈控制、前馈控制、复合控制、自适应控制、自组织控制、自学控制的系统控制只有人的神经体系，而逻辑场系统有与人的神经体系相类似的控制。

研究控制思想，范围很广，但当前重点要研究法治对社会这个逻辑场系统的控制作用，研究控制对系统的优化作用。

1.6.8 逻辑场系统复杂性

大多数系统都有复杂性的特点，人类社会更是一个超级复杂的系统，因为人的大脑是宇宙中特别复杂的结构。解决系统复杂性的良方叫做场化系统，因为宇宙的根本组织就是场结构，用逻辑场系统论研究人类社会是目前最好的学术研究道路。

提到复杂大系统论，我要向大家介绍一位伟大的中国科学家，他叫钱学森。钱学森是中国发展两弹一星的第一功臣，伟大的民族英雄。在系统科学领域，钱学森高瞻远瞩地提出复杂大系统论，对社会主义现代化发展影响深远。

逻辑场系统虽然是一个复杂大系统，但可以用系统划分、群论、统计工具帮助研究，重在对复杂大系统化简。

1.7 逻辑场系统方法

1.7.1 系统分析方法论

1.7.1.1 场系统分析的定义

场系统分析包括两个部分：一个叫分析逻辑场的元素质量和均衡质量，了解元素接受、加工、发出能量的本领，了解场均衡的稳定性和制造的能量场的好坏，研究场均衡稳定性需要了解内部神经体系的状况和外部引力体系的状况；一个叫分析逻辑场系统工程的开展，重点研究引力场的改善。

如研究社会，对人的研究和对人群的研究就是逻辑场系统分析的质量分析，包括民主议题和人权议题。又如对社会秩序的研究就是研究引力场，发展法治就是改善引力场。

1.7.1.2 场系统分析的实质

场系统分析的实质是了解元素质量和均衡质量，以此了解整个场系统与成功场的差别，以成功场为榜样改革自己的引力场，以此提高逻辑场系统整体质量。场系统工程分析在场系统分析结果的基础上研究一个改革场系统工作的可行性。

落实于社会研究，场分析就指研究人民和法治两个范畴，研究人民是自下而上的面向对象的过程，研究法治是自上而下的面向结构的过程。

1.7.1.3 场系统分析的常识

场系统分析第一重要的工作叫引力场均衡分析，引力场均衡存在，场系统才能存在，均衡优良场系统才能优良。

场系统分析第二重要的工作叫元素质量分析，元素的自我质量决定引力场均衡的长久，元素接受、加工、发出能量的本领决定能量场好坏。

场系统分析第三重要的工作叫能量场分析，能量场好坏决定元素质量的发展，元素质量发展又决定引力场发展。

场系统工程分析第一重要的工作叫了解工程对场均衡的作用，也包括一般系统工程分析的要求。

1.7.1.4　场系统分析的要素

（1）均衡：一个场系统没有长期的均衡态，它就没有长期存在的可能。

（2）质量：元素质量决定它接受、加工、发出能量的本领，决定引力场均衡和能量场好坏。

（3）能量场：能量场好坏对元素质量有决定影响，元素又对引力场均衡起决定作用。

（4）场系统工程分析：一般系统工程分析的目标、替代方案、模型、费用和效益、评价基准等要素场系统工程分析都需要。

1.7.1.5　场系统分析的步骤

（1）通过统计学工具和数据采集挖掘技术以及其他情报收集，分析场系统均衡程度、元素质量、能量场好坏。

（2）寻找和建设理想的成功场系统模型，得出现实场系统与成功场系统的差距。

（3）寻找减少现实场系统与成功场系统差距的方法，开展场系统工程。

1.7.2　硬系统工程方法论

硬系统工程方法论重在"V"形过程，认为一个系统能自上而下分解到零件层做设计工作，又能自下而上到整体层做实现设计工作。

逻辑场系统与计算机网络有相似之处，即都需要硬件的支持，发展逻辑场系统硬件的工程可以借鉴硬系统工程方法。

硬方法包括软件工程面向结构的方法，是一种自上而下的分层方法，强调的是控制的作用。发展法治主要靠硬方法的作用。

1.7.3　软系统工程方法论

软系统工程方法论其实就是以软件工程学的面向对象方法为代表的逻辑工程学方法，优化逻辑场系统主要需要用软系统工程方法。

面向对象方法是自下而上的软方法，以用例模型为基础构造模型，再通过设计和实现创造用例需要的逻辑模型。发展一个社会的民主和人权，发展经济，主要用面向对象的软方法实现。

注意，面向对象方法有控制弱的缺陷，需要增加成本和工作解决控制不足的缺陷，否则，面向对象方法会失败。有一种解决之道为面向结构方法和面向对象方法综合运用，如我国用面向对象方法发展人民民主和人民人权加入了民主集中制这个面向结构的控制力。这种面向结构方法与面向对象方法综合运用是有科学性的，是符合科学发展观的。

1.8 逻辑场系统理论

1.8.1 一般系统理论

一般系统理论产生于生物学家对生命的了解，而逻辑场系统显然有生命的特征，一般系统理论对逻辑场系统的研究工作有指导意义是显然的。但系统科学基础理论需要革新，需要由"体"向"场"转变，世界由"场"创造而不是"体"，"体"是"场"的一个特殊例子。

现有系统观点"整体之和大于部分简单相加"就应该发展成"均衡产生整体"。

"动态开放系统"观点用于场系统理论就变成"一切场均衡都是内部神经体系和外部引力体系共同作用的结果，场系统和场系统元素都在能量场交换能量，能量场制造引力场的动态均衡"。

"等级"观点在场系统论有这样的改变："引力场有等级，能量场没有等级"。

1.8.2 控制论

传统的控制论立足于"体系统"的控制原理研究，但世界的生存发展是"场系统"规律，"体系统"只是"场系统"的一个特例，因此，人们要得到更科学有效的控制论就必须把自己的研究对象由"体"发展为"场"！

逻辑场系统的第一层控制是引力控制，元素因为自我的质量而感受引力场的引力控制，自己也参与引力场的生存发展，逻辑场系统的第二层控制是能量控制，元素的质量高低取决于它接受、加工、发出能量的多少以及能量场的能量供给。

逻辑场系统控制的"成功"指的是优良的场均衡，先由控制得到均衡，再因为均衡场的能量场好而控制成功。

世界上只有一种智能控制同时具有反馈控制、前馈控制、复合控制、自适应控制、自组织控制、自学控制的系统控制，这就是人的神经体系，逻辑场系统的内部引力场也有发展成神经体系的可能。

1.8.3 信息论

对逻辑场系统而言,信息与物质、能量并列为三大资源,实际,能量和引力在逻辑场系统中都能用信息表达,信息论既是系统论的理论基础,更是发展逻辑场系统论的重要根据。

研究逻辑场系统的信息论需要重点研究这样几个题目:统计学是收集分析信息的现代化工具、广播发出信息和接受广播信息的方法、元素的质量信息、能量场信息、引力场信息、场均衡信息、成功场模型信息。

现代化政府运用信息论的时候要以人为本,即重视网民的力量,以后的社会,公民会越来越网络化,现在是青年网民,以后是中年加青年网民,再以后是全社会网民,很多民意产生于网络,很多社会控制需要网络。因此,政府研究网络硬件发展的同时,要研究网络的软发展。

1.8.4 耗散结构理论

耗散结构理论虽然是研究"体"系统而产生的理论,但它显然对"场"系统研究更有用。逻辑场系统一定是动态开放的系统,动态源于能量场的动态,开放源于引力场没有边界,因此,逻辑场系统的均衡永远是动态均衡。

提一个耗散论的新观点,场系统动态耗散均衡有两种:一种是传统耗散均衡,需要大量接受外界能量保持系统均衡;一种是新型耗散均衡,它既需要动态均衡又得不到外界大量能量,于是它先用神经体系创造基本动态均衡,当外界能量供给增加但仍然达不到传统耗散均衡的能量供给时,它用神经体系的进步和对外开放两个条件让自己的动态均衡成功发展,长远看,这种场系统会实现自产巨额能量与外界巨额能量的交换,它属于耗散均衡的原因是它也需要用耗散理论实现均衡,只是对缺乏的耗散均衡条件用暂时工作补救。

1.8.5 协同理论

协同理论发展的瓶颈是什么?是"体"系统论!世界是"场"系统,实际世界的系统协同是场运动的结果,研究协同理论不由"场"系统研究出发就不能彻底认识宇宙真正的协同。

一般而言,逻辑场系统的组成部分能产生群的主观能动性就说明它们存在协同,逻辑场系统动态均衡的出现是因为元素的主观能动性主动或被动达成了契约,这个契约又产生出神经体系,神经体系支持着引力场的均衡,引力场均衡支持逻辑场的动态均衡。

1.8.6 突变理论

对于逻辑场系统来说，它的突变源于能量场的变化引起元素质量的变化，元素质量的变化引起引力场的变化，那么场均衡就被破坏，场由非均衡向新均衡发展的过程就是突变，新的均衡形成则突变告一段落。

对突变理论有两个社会现实例子：一个是中华人民共和国的成立，革命由小变大、由弱变强，产生一个国家的突变；另一个是当代很多国家发生的颜色革命，社会矛盾由小变大、由弱变强，产生一个国家的另一种突变。

1.9 逻辑场系统建模

1.9.1 系统建模理论

一般的系统建模理论都指用抽象的方法找出系统的元素和关联，用元素和关联的有用部分抽象地建立模型做系统分析，逻辑场系统建模的根本思想也是这样，但场系统和体系统是有区别的，逻辑场系统和一般的场系统又有不同，对逻辑场系统建模理论做个说明。

第一，场系统的元素一般是无限的或有无限这个特点，如果像研究体系统一样把每个元素都找到再研究它们，场系统的研究会进行不下去。怎么办？提出系统划分、群论研究、统计这三步解决方法。先用离散数学划分集合元素的方法把场系统元素划分成几类，无限性的元素因为变成有限的类而让研究对象由无限变成了有限；接着用离散数学中研究群论的方法研究场系统中的几类元素，研究过程可以像软件工程学说的，先研究各个模块再研究模块组成的整体；研究群的过程主要有统计、统计分析、分析结果，因为计算机和网络的发展，研究的过程也可以叫数据收集、挖掘、挖掘结果，注意，群的元素有限时，统计工作可以用普查完成，群的元素无限时，统计工作用统计典型现象完成，就像天文学研究和微观粒子研究的统计工作一样。

第二，场系统由控制、元素、关联三个部分组成，场系统因为元素划分和群研究可以变成体系统，就可以用现有的各种体系统建模方法对"体化"的场系统建模了。

第三，场系统"体化"的方法。首先，场系统无限的元素通过系统划分会变成有限的群；其次，能量场和引力场的广播和接受广播，可以变成一个群发出能量或引力给另一个群，也可以变成一个群接受另一个群发出的能量和引力。这样，场系统因为以下两点而"体系统化"：①无限的元素变成有限的群；②广播变成有向图。当综合研究一个场系统时，需要用不同的划分标准系统划分场系统元素。

第四，场系统的群就是它的一个子系统，子系统是原子元素的主观能动性主动或被动达成契约产生的，用契约作子系统的群主观能动性，接受能量，发出和接受能量，而环境影响都由引力场制造，一个群向另一个群发出的能量由主观能动性决定。一个群向另一个群发出的引力因为发展论群主观能动性接受能量产生了自我的质量，因为群质量的存在而发出引力，自身发出引力和接受引力的均衡的结果产生群环境影响。

第五，逻辑场系统的主观能动性有智能的特点，群主观能动性是元素主观能动性达成的智能契约，这种特点是逻辑场系统特有的，建模时应该重点了解主观能动性的智能状况。

第六，逻辑场系统群分析有向图把引力场用有向图表述，引力有向图代表了场系统均衡态，这些引力有向路径都是有正负号、量值、权重的，确定一个均衡值（猜测公民社会均衡值是0），引力路径值的和与均衡值相符则引力场均衡，场系统也有均衡态。逻辑场系统的均衡分积极均衡和消极均衡两种，积极均衡指引力场能创造优良能量场，积极均衡是长久均衡，消极均衡不能创造优良能量场，消极均衡是短暂均衡。逻辑场系统群分析有向图把能量场用有向图表述，判断均衡是否积极有这样一种方法即确定一个量值（仍然猜测公民社会的量值一直是正数），能量有向图路径都有正负号、量值、权重，它们的和与这个量值相符就说明均衡积极，否则说明均衡消极。积极均衡态说明引力场符合逻辑场系统各群群主观能动性达成的系统整体契约，这个契约值的得出是各群契约值带上正负号、量值、权重相加的结果，反映整个逻辑场系统的生存发展要求。

1.9.2 系统仿真

系统仿真的重要工作就是逻辑场建模，但场怎么建模？首先要"体"化"场"，如群论方法等；其次要收集数据，如统计学工具等；再次是电脑软件建模，如大数据显示的方法等。

统计部门能开发一个模仿实际社会的网络模拟社会，让社会公民积极用真实身份注册，到网络模拟社会生存发展，重点记住他们的感受和意见，用统计学技术得到社会各个人群的主观能动性的状况，分析法制（引力场）与人心（能量场产生的契约）是否吻合，以此得到社会均衡状态的数据资料。

值得一提的，本人以前提出的"地球软件模型"正在被外国某大公司变为现实，激动人心。中国在这个领域不应该过分落后，应该有所作为。

1.9.3 系统动力学

发展逻辑场系统动力学要先把场"体化"，用数据运行逻辑场模型，得到运行数据后帮助自己决策。

发展社会软结构动力学时，可以用上面仿真学提出的网络模拟社会虚拟运行政府的各项政策，让真实注册且在网络模拟社会生存发展的网友"吹水"、"拍砖"，以此了解社会各界对新政的意见，通过政策的修改完善，走完各种立法程序的同时又得到大多数网友肯定后再把新政用于实际社会。

网络虚拟社会用于动力学研究还能收集社会各个人群的逻辑结构资料，意义非凡。

1.10 逻辑场系统分析

1.10.1 系统分析

传统的系统分析原则（整体优化原则、协调有序原则、动态均衡原则、与时俱进原则）对逻辑场系统分析仍然有效，因为逻辑场系统能"体化"成一般系统。

逻辑场系统分析的目标有：优化元素，一般指群元素；优化场均衡，一般通过优化引力场完成，而优化引力场又主要通过对神经体系做优化，让它与能量场的契约吻合。

逻辑场系统分析的步骤：第一步，通过场系统体化，得出能量有向图和引力有向图，对逻辑场系统建模研究；第二步，通过调整神经体系达到优化群元素或优化场均衡的目标；第三步，因为逻辑场系统已经体化，一般系统分析的技术都能用于逻辑场系统分析。

1.10.2 预测分析

预测元素发展前途一般用群预测，应该用系统划分、群论研究、统计这三步方法了解元素，把逻辑场系统体化，得出引力场有向图和能量场有向图，根据契约对神经体系的影响得出神经体系的未来变化，再得出能量场的未来变化，根据这些得出未来能量有向图变化，因之可知群元素未来的前途了。预测逻辑场系统的前途与预测元素前途的过程一样。

逻辑场系统的预测分析工作是非常重要的。如我国在改革初期就预测分析环境的变化，我国就不会有现在环保的困难局面。又如人类发展限制二氧化碳排放的运动，其根据就是对人类未来环境的预测。

1.10.3 决策分析

逻辑场系统决策分析的目标为改造神经体系，第一，要建模，方法和前面一样，但要注意一点即需要考虑系统外环境引力体系对系统的作用；第二，要了解元素群共同的契约，通过分析模型得出；第三，通过一般系统决策分析方法得出决策办法组后，应该重点研究自己的决策实践后对系统神经体系的影响，即政策实践后能否产生优良场均衡，以此优中选优确定决策办法。

决策分析是政府很重要的本领，发达国家的政府有丰富的智库资源，反看我国政府，拍脑壳决策仍然盛行，这种现象严重制约的我国各项事业的科学发展。习主席就作出了关于加强中国特色新型智库建设的重要指示。

▶ 1.11 逻辑场系统优化

逻辑场系统的优化重在神经体系的优化，目标为通过神经体系优化反映元素群契约的要求，以此得到优良的能量场，用能量场发展元素群。注意，优化神经体系的工作不能只考虑元素群契约要求，还要考虑环境引力体系的作用。

这里的优化神经体系对国家和社会而言就是发展法治，通过法治的作用优化社会各种结构，从而优化公民享有的民主和人权，让支持政府且有本领的公民为社会服务，从而发展社会。2014年10月23日中国共产党第十八届中央委员会第四次全体会议通过《中共中央关于全面推进依法治国若干重大问题的决定》。

▶ 1.12 逻辑场系统评价

因为逻辑场系统能够体化，一般系统的评价方法完全可以用于逻辑场系统评价。但要提出两个评价立场：自私立场和共和立场。

逻辑场系统的生存发展过程是这样的，先由元素群主动或被动达成契约，依靠这个契约产生神经体系，神经体系创造出能量场，能量场改变元素群的质量，注意，新的元素群质量会产生新的契约，这时，原有神经体系有两种选择：自私选择和共和选择。自私选择指神经体系和控制它的元素群用与新契约又斗争又妥协的办法改变原来的神经体系。共和选择指神经体系随契约的要求变化。

▶ 1.13 逻辑场系统决策

因为逻辑场系统能体化成一般系统，一般系统的决策理论都能用于指导逻辑场系统决策。但要指出两种决策立场即自私决策和共和决策，现代化企业的决策偏重于自私决策，现代化政府的决策偏重于共和决策。

系统决策在我国开始成为政府重视的工作，因为新一届党中央把系统发展作为了党未来工作的一条原则。习主席就曾经指出：全面深化改革是一项复杂的系统工程。

1.14 逻辑场系统与环境互塑

系统科学有一个重要的理论：系统与系统环境的相互作用理论。系统要受环境的影响和限制，系统反过来可以改造环境。

逻辑场系统继承了系统与环境互塑的理论。逻辑场要面对两个环境，一个叫内环境即自己的内部结构，一个叫外环境，即系统边界外的结构。

1.15 逻辑场系统进化论

1.15.1 进化论的逻辑意义

根据周长发先生的介绍，达尔文的进化论有五个重点：
（1）物种不恒定不变，长期改变会产生新物种；
（2）一切生命有共同的起源；
（3）进化是逐渐的；
（4）物种数目由少到多；
（5）进化的动力和机制是自然选择，存在适应、生存竞争、适者生存。

对于没有逻辑结构的生命和逻辑结构低级的生命，达尔文的进化论是正确的，大量的研究和证据可以证明。但对于有高级逻辑结构的人类、人类社会、人类控制的地球而言，进化论有缺陷。人类在漫长的几百万年的愚昧阶段，因为没有高级逻辑结构，因此，以进化论生存发展着。当几万年前，人类开始用高级逻辑结构的思维支配自己的生命时，表现出的是一种不同于达尔文进化论的规律，而是一种有逻辑结构特点的进化规律。究其根本原因，人类没有高级逻辑思维时，与其他生命一样完全以物质条件生活着，当人类具有高级逻辑思维时，开始用物质条件和精神条件的综合作用活着。用完全物质的条件生活的生命一般符合达尔文的进化论规律，用物质和精神综合条件生活的人类与达尔文规律就有巨大差异。

对于达尔文的五个重点理论，人类文明社会存在两条：①物种不恒定不变，长期改变会产生新物种；②一切生命有共同的起源。人类文明社会不存在三条：①进化是逐渐的；②物种数目由少到多；③进化的动力和机制是自然选择，存在适应、生存竞争、适者生存。理由是：信息社会传播文明的手段能让人的思想迅速进化而不是逐渐的，有本领让人由原始社会的思维飞跃到信息社会的思维；地球的物种正因为人的逻辑活动由多到少；人类进化的动力是适应环境这个物质要求和人类正义这个精神要求共同作用的结果，根据就是人类社会虽有大量犯罪和国家间的侵略压迫，但同时，文明社会都是法制社会，国际社会有联合国和国际贸易组织维护世界公正等等。

进化论的逻辑意义是什么？逻辑结构都建立在物质基础上，用物质条件活着的生命有达尔文进化论的规律，人类这种既有逻辑结构用精神条件活着又有物质基础用物质条件活着的生命，因为部分需要物质条件，因此只体现出部分达尔文进化论规律，即物种不恒定不变，长期改变会产生新物种；一切生命有共同的起源。因为人类有精神条件需要，因此，达尔文进化论的另外三条：进化是逐渐的、物种数目由少到多、进化的动力和机制是自然选择，人类不完全具有。如我国少数民族新中国成立后很多由原始社会飞跃到社会主义，这说明逻辑结构既有渐进的规律又有飞跃的本领；如地球的物种越来越少，人类的民族同样越来越少，说明逻辑结构有趋于统一的特点；人类社会进化的动力和机制有自然选择的一面，也有人类正义的一面，体现在社会不只有个人主义，还有法制、人道主义、公民主义、集体主义、爱国主义、国际主义。

1.15.2　进化论发展变化的逻辑意义

单一用物质条件生存发展的生命符合达尔文进化论，逻辑结构用物质条件加精神条件的综合条件生存发展，因此，不完全符合达尔文进化论，只符合一部分。用这样的结论研究进化论发展变化的逻辑意义。

1.15.2.1　物种

人类自达尔文之后，在生命产生的研究、物种进化过程的研究、物种多样性的意义研究上都取得了辉煌的成就，事实告诉我们，地球的生命产生有偶然的特点，物种进化有必然的特点，物种多样性是非常重要的。

对于人类的逻辑结构而言，可以由生命的偶然产生得到重要启发，注重偶然发明的保护和支持，因为偶然发明对人类逻辑结构的进化意义重大，和生命产生的意义一样。可以由物种进化过程研究得到重要启示，注重研究型社会的发展，创造常规发明高质量发展的环境，创造逻辑结构发展的必然性。

物种多样性对地球和人类意义重大，但人类的逻辑结构有统一的特点，二者均衡的方法是：①克服滥捕滥挖的缺点，保护地球的动植物和生态；②保护民族多样性。③国家要合法统一起来，国际社会要友好合作成一个整体，这是逻辑结构统一的要求。前两条为了满足物种多样性要求。逻辑结构要求统一的原因是统一能扩大能量场和引力场规模，创造统一效益，像古代的统一能产生和传播伟大文明一样，像当代的统一大市场优于局域小市场一样。

1.15.2.2　遗传

对于逻辑结构而言，遗传显然有两层含义：人类生命中的遗传；人类思想中的传统。思想中的传统有着生命遗传的部分规律，如结合，不同民族的传统可以结合产生新的传统，中国人过情人节算一例；如变异，同样的传统会诞生不同的子传统，中日两国算一例。因此，人们能借鉴遗传学的成绩，深入研究人类传统的发展变化过程，因为传统就是一个民族的基因，传统的发展变化往往决定一个民族的命运。

一个民族对自己的传统要做三项工作：①保留自己的本质传统，如中国的儒家传统，学者负责整体继承，人民取其精华去其糟粕；②积极把本国传统与外国优良传统嫁接，即常说的把本国实际与外国发达理论结合；③以上面两点为基础创造本国新的传统，即遗传变化产生进化。

人类社会由人组成，因此，人类社会同样由物质基础和逻辑结构两部分构成，生命遗传影响人类的物质基础且以此影响人类的精神世界，传统遗传影响人类的精神世界且以此为基础影响人类的物质基础。人的生命遗传和传统遗传有相同点，有不同点，重要的相同点是都有遗传规律、都由环境塑造，重要的不同点是作用期有长短，传统的变异比生命的变异时间短很多，一个只需几十年，一个达到万年以上。对人类生命遗传和传统遗传做比较研究是很有意义的。

▶ 1.15.2.3　自然选择

人类不是单用物质生活的生命，人类有精神、有人道主义，人类是物质基础和逻辑结构的组合，这决定人类的自然选择是不完全的，只有部分符合达尔文进化论。人类在国际社会、国家安全、本国法制要有人类正义，不适用自然选择；在市场经济、科学研究这些领域可以发展自然选择机制。

在社会上总有一些人用达尔文的自然选择理论掩护自己损人利己的个人主义甚至罪恶，但须知，人不是动物，人除了本能之外还有整体理论，即人要为自己的群体的自然选择服务，这是人的逻辑结构产生的精神和感情作用。国际社会同样如此，有些国家侵略压迫别国用自然选择为自己辩护，但如果由人类整体的自然选择理论判断是非，则这些国家是不对的。

整体自然选择理论由群体生命的活动发展而来，提出以大家为基础而创造成功小家的理论，如国家好则自己好，又如人类一家、天赋人权，等等。个人或人群成为国家、社会这些大结构的元素，为大结构的环境互塑服务。国家成为人类大结构的元素，为人类大结构的环境互塑服务。

▶ 1.15.3　人类原始进化论到原始逻辑进化论

人类脱胎于猿类，猿类的生存发展与其他动物没有区别，用动物的达尔文进化论生存发展。

伴随猿类进化成原始人类的过程，如直立行走、使用制造石器、使用火，原始人的大脑不断发达，由低级逻辑思维发展成高、中级逻辑思维，产生出原始文明。

原始社会发展到末期，人类的逻辑思维开始分成两个部分，一个是精神需求，一个是物质需求。精神需求发展成文明，物质需求保留着部分原始进化论，体现于社会制度，有仁义的一面，也有剥削压迫的一面，开始了奴隶社会和封建社会。人类用阶级社会与环境互塑。如图1-2所示。

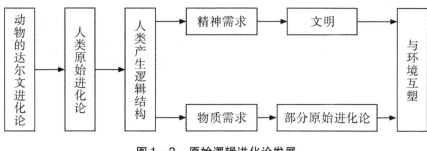

图1-2　原始逻辑进化论发展

1.15.4　人类现代进化论到现代逻辑进化论

原始逻辑进化论即奴隶社会和封建社会，在欧洲资本主义兴起后，人以高级逻辑思维参与社会的现象越来越多，终于出现了以社会主义和资本主义为代表的现代进化论，人类正义的影响不断加强，现代逻辑进化论出现了，仍然是双轨制，社会制度追求文明和正义，市场经济追求优胜劣汰的现代达尔文。

值得一提的，人类正义在社会主义社会和资本主义社会都是用法治实现的，当法治不完善时，人类正义就会被人破坏，这也是新一届党中央发展依法治国的重要理论基础之一。人类用双轨制与环境互塑。如图1-3所示。

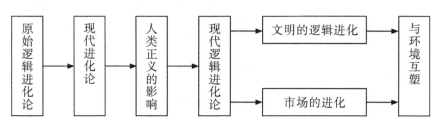

图1-3　现代逻辑进化论发展

1.15.5　进化论与个人主义

人类在原始进化论阶段的个人主义与其他动物的本能没有差别，在原始社会发展过程中，原始个人主义逐渐增加了文明的元素，发展到原始逻辑进化论阶段，即奴隶社会和封建社会这些阶级社会，个人主义既有达尔文的弱肉强食，又有爱国爱民等文明思想。人类开始资本主义和社会主义这些现代社会时，发展出现代进化论，个人主义有法律确定的尊重人权，也有达尔文思想的经济竞争，最终发展出公民思想。如图1-4所示。

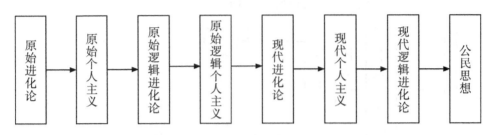

图1-4　进化论与个人主义关联

1.15.6　进化论与集体主义

原始逻辑进化社会即原始社会的文明发展造就出原始整体论，也就是原始集体的成员要团结起来才能生存发展，这一切诞生了原始集体主义，发展到阶级社会，出现了早期的爱国爱民思想。当人类开始社会主义和资本主义等现代逻辑进化社会后，现代整体理论出现了，即社会主义和资本主义的国家观念、法治观念、公民思维，这一切诞生出现代集体主义：爱国主义、人道主义、国际主义。如图1-5所示。

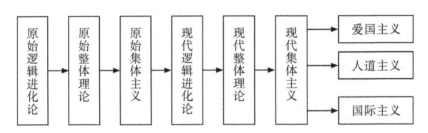

图1-5　进化论与集体主义关联

1.15.7　进化论与逻辑场系统优化理论

进化论的基础是生存发展，在动植物身上体现的是优胜劣汰、弱肉强食，但在逻辑场中却体现出另一个规律。

首先，逻辑场的进化论讲整体理论，与动植物只讲个体发展和简单的群体合作有根本区别。整体理论包括物质发展和精神发展两条路径。

其次，物质发展主要体现在能量场的达尔文理论，尤其是现代法治控制的市场经济领域。

再次,精神发展不讲达尔文的弱肉强食,讲文明和人类正义,主要体现在引力场,尤其是法治领域。如图 1-6 所示。

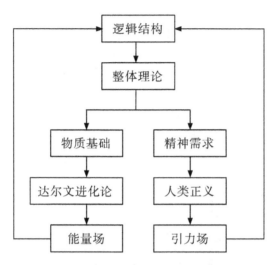

图 1-6　进化论与系统优化关联

1.15.8　国家进化论

这里的国家指现代化国家,如社会主义国家和资本主义国家。

现代化国家的进化论仍然用两条路径:一条是达尔文理论指引的物质进化,体现在市场领域和研究领域这些能量场的发展领域;一条是人类正义指引的精神进化,体现在法治、国防这些引力场的发展领域。

值得一提的,一些发达国家在政治、经济、外交、军事领域奉行的是:国内用人类正义,国外用达尔文的弱肉强食。

奴隶社会和封建社会这些阶级社会,国家进化多用达尔文理论,但有爱国爱民和国际主义的萌芽。

1.16　逻辑场系统过桥论

有一个独木桥,两边各站着一个想过桥的人。显然有两种可能:一种是两人打斗,胜者过桥;一种为一人让另一人先过,自己后过,两人都过了桥。

在逻辑场研究中会常常出现过桥现象,如国与国的争议等,因此,逻辑场研究引入过桥论的概念。

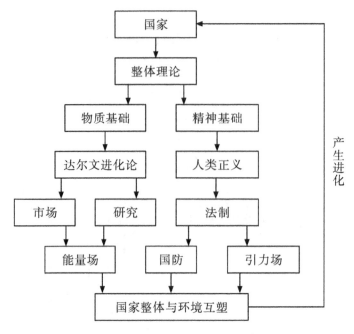

图 1-7 国家进化论理论示意

1.17 逻辑场系统的暗概念

首先，根据林元章先生的《话说宇宙》介绍自然科学的宇宙暗概念。

早在 20 世纪 30 年代，在美国加州理工学院工作的瑞士天文学家茨威基（F. Zwicky）在研究星系团边缘的星系运动时，发现星系的运动速度与星系团内所有星系质量之和所能提供的引力不匹配。按照万有引力定律，星系运动速度必须与引力相均衡，否则星系团将会瓦解。因而茨威基首先提出宇宙中可能存在看不见的暗物质，他们虽然看不见，但可以提供引力作用。后来其他天文学家，特别是女性天文学家鲁宾（V. Rubin），研究了许多星系中恒星绕星系中心旋转运动速度随其与星系中心距离变化的测量结果，发现其与按可见物质引力推算的结果不符。根据万有引力定律，恒星绕星系中心的运行速度应随其与星系中心距离增大而下降，就像太阳系中行星的轨道速度随日心距离变大而下降那样。然而大量观测事例表明星系边缘的恒星速度几乎没有下降，暗示星系中尤其边缘区域存在暗物质。许多星系的研究结果非常相似，表明星系中存在暗物质的普遍性。在星系研究中通常用两种方法估计星系质量。其一是根据恒星运动情况，按引力作用来估计质量，称为引力质量；另一种是统计恒星数目，根据它们的光度并结合质光关联来估计星系质量，称为光度质量。迄今的研究表明星系的引力质量总比光度质量大得多。这同样是星系中存在大量暗物质的证据。因此宇宙中存在大量暗物质已经被天文学家普遍接受为不争的事实。

暗物质是什么？目前的研究认为暗物质包含两类。一类是重子暗物质，它们与普通亮物质类似，也是由质子、中子等重子和电子组成，只是处在特殊的物理环境中而丧失发光能力，如黑矮星、暗星云和黑洞等。另一类是非重子暗物质，可能由亚原子粒子构成，到底是什么粒子尚在探讨中。但它们应具有如下特征：没有强作用和电磁作用，只有引力和弱相互作用；长寿命；质量应当不小。这类暗物质不与光子发生作用，在任何物理环境条件下都不发光，不吸收也不反射光束，对任何波长都是透明的。目前已知的亚原子粒子中，尚未发现同时具备这些条件的例子。所以有时只是从理论上称其为"弱作用大质量粒子"。从目前研究结果看来，重子暗物质所占比例不大，暗物质的主体应是非重子暗物质。由"威尔金森微波背景各向异性探测器"探测后得到的结果分析表明，在宇宙总质量中，可直接观测的普通亮物质只占4.6%，暗物质占22.8%，其余72.6%为暗能量。而在22.8%的暗物质中，星际气体约占3.6%，黑洞占0.04%，中微子占0.1%，其余全是非重子暗物质。

发现暗物质之后，人们又发现按发光物质和暗物质之和推算的宇宙物质密度仍然远小于临介密度，这与从"威尔金森微波背景各向异性探测器"测量得到的宇宙为平坦所暗示的宇宙密度接近临介密度的结果不符。这表明宇宙中除了发光物质和暗物质之外，还应存在其他东西。

美国加州伯克利国家实验室以珀尔玛特为首的超新星宇宙学研究组和澳大利亚大学由施密特和里斯领导的高红移超新星搜索团队，从20世纪90年代开始，通过对50多个Ia型超新星的观测分析，得出了一致的结论：即这些超新星的亮度比预期的更暗，表明它们位于比哈勃定律预期的更远距离处，从而显示宇宙是在加速膨胀。这一出乎意料的结果震惊了国际天文界。根据广义相对论，宇宙大尺度结构的作用力只有引力，宇宙膨胀的速度必定会不断减速，不可能加速。现在观测到的居然是加速膨胀，这就意味着宇宙中存在抗拒万有引力的斥力，也就是存在一种能产生斥力的新物态。回想起爱因斯坦早期的宇宙模型中，为了迎合当时认为宇宙是静止的观点，曾在宇宙动力学方程中加上了一个常数项（称为宇宙学常数），后来得知星系退行表明宇宙是在膨胀后，他又取消了这个常数。现在人们意识到，为了表现宇宙的加速膨胀，还得加上这个常数。加上这个常数的物理意义就是承认宇宙间存在一种斥力，它来自真空能量密度，现在称它为真空介质的暗能量。根据广义相对论，物质的质量和压强均可产生万有引力。物质（包括暗物质）和压强，产生的引力为正值，它将导致宇宙膨胀减速。现在观测到了宇宙在加速膨胀，表明存在一种新的物态，它的压强为负值，因而产生的引力也是负值，也就是斥力。这种能够产生负压强的物态就是暗能量。这就是宇宙学常数的物理意义。

在研究逻辑场的过程中，会发现很多逻辑场现象对逻辑场的作用，与宇宙学的暗物质和暗能量对宇宙的作用，很相像，因此，仿照宇宙学的暗物质和暗能量概念，在逻辑场研究中引入暗概念。

暗概念可以产生暗逻辑场和暗逻辑工程，以此为基础还可以创造明概念，以明概念为基础提出明逻辑场和明逻辑工程，再以暗概念和明概念为基础提出均衡逻辑场和均衡逻辑工程的概念。

1.18 逻辑场系统的弹簧概念

大家都知道弹簧的原理，压弹簧让它变形，压力去掉，弹簧会恢复原状。用逻辑研究的眼光看，这实际就是势能和动能的转换，压缩弹簧可以增加势能，压力减小或去除会让具有势能的弹簧发出动能。

逻辑场研究中，元素和子群都有弹簧那样集聚势能和放出动能的现象，因此，逻辑场研究引入弹簧概念。

1.19 小结

本章首先提出了逻辑场概念的根据和作者对逻辑场概念的初步建设。重点介绍了自然科学中场论概念的发展过程，观点来自曹天予先生著的《20世纪场论的概念发展》这本著作。

其次，以传统的系统科学理论和系统工程理论为经纬，阐述了逻辑场系统知识的结构，重点说明传统理论在逻辑场理论中的应用和发展。值得一提的，逻辑场研究就是为人类社会的发展做理论研究，重点为中国社会的发展做理论研究，因此，从本章开始就会随时用人类社会的现象解释逻辑场的理论问题。

本章还提出了进化论理论，因为研究人类社会怎能不研究进化论，因此，在研究逻辑场的过程中，把逻辑场放入进化理论考察，寻找逻辑场进化的规律。注意，进化和优化是两个概念，进化是质变，优化是量变。

本章提出了一个很少人提却成为了高考作文题的命题——过桥论，这是因为当代世界，国与国之间的争端充满了过桥的选择，而逻辑场研究为国家发展做理论研究，因此引入过桥论研究逻辑场。

本章还提出了一个重大的命题——暗概念，源于宇宙学中的暗物质和暗能量概念，这是逻辑场研究中重大的概念，后面的研究会提出暗逻辑场、明逻辑场和均衡逻辑场的概念。本章以林元章著的《话说宇宙》为根据简介了宇宙学的暗物质和暗能量概念。

本章还引入弹簧原理解释逻辑场势能、动能转化的过程。

作为结束,提出了逻辑场系统研究要结合软件工程学理论的意见。

如图1-8,这是全书逻辑场研究的整体结构。公民场是一切逻辑场的基础,公民场受能量场和引力场的支持和限制,公民场支持市场和研究,市场和研究场就是上层建筑,公民场、市场、研究场加上能量场和引力场的影响就构成了内环境场,内环境场第一重要的要求是系统科学的整体理论,这个整体理论不是传统的理论,而是追求均衡的理论,以此广泛运用其他系统科学理论和规律,与外环境互塑。这个图的发展就是社会的结构。

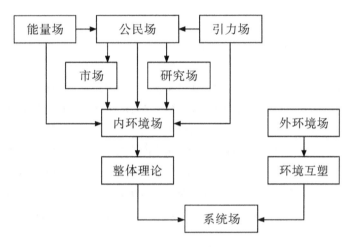

图1-8 逻辑场研究的整体结构

逻辑场系统研究要结合软件工程学,这是因为软件工程学就是典型的系统工程学,而且软件工程学积累了丰富的理论研究和经验,发展逻辑场系统工程少不了软件工程这个宝库。

后面要提出的逻辑场系统的生存论工程和发展论工程都要用到软件工程学的知识,结构化面向过程方法和面向对象方法。而且还要用创新引用软件工程方法,如结合面向过程方法和面向对象方法创造新的逻辑工程方法。

第二章

软件工程学的逻辑研究

▶ 2.1 软件工程与逻辑工程

软件工程学是为了解决软件开发的困难而诞生的一门学说,意图引工程方法开发软件,初期是面向结构的过程化方法,后来发展出面向对象的软件工程方法。软件工程学与逻辑工程学有什么关联?

第一,软件工程与逻辑工程都是人的逻辑工作创造的,软件工程就是逻辑工程的一个典型,套用面向对象方法的术语,它们是对象和类的关联。

第二,软件的开发过程是一个高级逻辑系统,软件的结构是一个中级逻辑系统,软件的使用是为了优化一个初级逻辑系统。这与逻辑工程的工程结果是一致的。

第三,面向结构的过程化软件开发方法就是逻辑工程中生存论的发展方法,都自上而下,都用控制。如中国政权的诞生和中国的民主集中制。又如美国总统行使职权。

第四,面向对象的软件开发方法就是逻辑工程中发展论的方法,都自下而上,都用民主契约。如中国的群众路线和民主协商。又如美国的各种选举,包括总统的产生。

第五,逻辑工程的生存论和发展论是可以结合的:中国政权的产生用民主集中制,是面向结构的过程化方法,政权的运用需要群众路线和民主协商的帮助,是面向对象的方法,即生存论结合发展论;美国总统由普选产生,是面向对象的方法,总统有行使职权的权力,是面向结构的过程化方法,即发展论结合生存论。逻辑工程是类,软件工程是对象,根据继承规律,软件工程中,用面向结构的过程化方法结合面向对象方法开发软件一定可行。

第六,当前的软件工程方法是面向结构的过程化方法与面向对象方法一起存在的,说明软件和其他逻辑产品一样,由元素、关联、控制三部分组成。

由此可以得到一个结论:发展逻辑工程学应该借鉴软件工程学发展的理论、

经验和例子，因为软件工程是逻辑工程的一个对象，适用解剖麻雀的哲学原理。

▶ 2.2 软件危机与逻辑工作危机

软件工程学的诞生是因为当年存在软件危机，即易出错、难阅读、难预计工期、难预期成本、难规避风险、难修改、难维护、难满足用户需求等等。其他逻辑工作有没有危机？一样有！发达资本主义有经济危机，发展中国家有发展陷阱，我国面临腐败横行、环境污染、社会不公的挑战。

软件工程学对解决软件危机有没有用处？当然有，否则就没有软件工程这门学问了！有没有已存在的逻辑工程学，也对逻辑工作危机起作用？也有！美国有现代化法律制度和法治精神，有智库。我国有中国特点的社会主义理论。

软件工程学消灭了软件危机没有？没有消灭，很多危机现在依然存在！已有的逻辑工程学消灭的逻辑工作危机没有？没有消灭，各国都有自己的困难！这就是研究逻辑工程学的原因，和人们不放弃软件工程学研究一样，也不能放弃逻辑工程学的研究。习主席的治国理政方法已经成为中国的逻辑工程学新发展。

▶ 2.3 软件过程与逻辑工程过程

软件过程有两种，即面向结构的过程化方法过程和面向对象方法过程。逻辑工程过程也有两种，即生存论过程和发展论过程。

生存论过程与面向结构的过程化方法过程一样，走自顶向下、逐步求精的道路，强调控制，由数据流统一软件。一般有提出问题、可行性研究、需求分析、总体设计、详细设计、实现、使用、维护、废除、复用等步骤。法治国家的法律的生存周期和面向结构的过程化方法过程是一样的。

发展论过程与面向对象方法过程一样，走自下而上、用例模型决定软件开发的道路，强调用例，由用例统一软件。一般是用例、需求、分析、实现过程的迭代周期发展。美国选总统是不是和面向对象的软件开发方法一模一样，几年选一次，每次都以民意为基础，民意就成了用例？中国的群众路线是不是也把人民意愿当成了面向对象软件开发方法中的用例，反复了解民意，犹如面向对象方法反复访问用例模型？当然，我国的群众路线还需要发展，新一届的党中央发起的群众路线教育实践活动就是群众路线的新发展。

▶ 2.4 软件项目管理与逻辑工程项目管理

这里以任永昌先生编著的《软件工程》的有关论述为根据，讨论软件项目管理与逻辑工程项目管理的关联。

软件项目管理是软件工程重要的研究方向。因此，逻辑工程项目管理一定是逻辑工程重要的研究方向。根据对象和类的关联原理。

项目管理最早起源于美国，是第二次世界大战后期发展起来的管理技术。20世纪60年代，项目管理的应用范围只局限于建筑、国防和航天等少数领域，但因为其在美国阿波罗登月项目中取得巨大成功，由此风靡全球。中国项目管理委员会对项目管理总结为："项目管理"一词具有两种含义，一是指一种管理活动，即一种有意识地按照项目的特点和规律，对项目进行组织管理的活动；二是指一种管理学科，即以项目管理活动为研究对象的一门学科，探究项目活动科学组织管理的理论与方法。

软件项目管理的对象是软件工程项目，涉及的范围覆盖了整个软件工程过程。因此，逻辑工程项目管理的对象就是逻辑工程项目，涉及的范围同样覆盖了整个逻辑工程过程。

软件项目管理是为了使软件项目能够按照预定的成本、进度、质量顺利完成，而对人员、产品、过程和项目进行分析和管理的活动。逻辑工程项目管理同样是为了使逻辑工程项目能够按照预定的成本、进度、质量顺利完成，而对人员、产品、过程和项目进行分析和管理的活动，这种分析和管理包括系统分析和系统管理。

软件项目管理的根本目的是为了使软件项目尤其是大型项目的整个软件生命周期（从分析、设计、编码到测试、维护全过程）都能在管理者的控制之下，以预定成本，按期、按质地完成软件，交付用户使用。研究软件项目管理，是为了从已有的成功或失败案例中总结出能够指导以后开发的通用原则及方法，避免前人的失误。可以据此归纳出逻辑工程项目管理的根本目的，也是为了控制逻辑工程和逻辑工程生命周期，控制成本、工期、质量，汲取前人的经验教训。逻辑工程项目管理有一个重要的逻辑基础，这个逻辑基础叫法治。

2.4.1 软件项目难于管理的原因

软件项目管理是美国在20世纪70年代中期提出的，当时美国国防部专门研究了软件开发不能按时交付、预算超支、质量达不到用户要求的原因，结果发现，70%的项目是由于管理不善引起的，而非技术原因，于是软件开发者开始逐渐重视开发过程中的各项管理。到了20世纪90年代中期，软件研发项目管理不善的问题仍然存在。根据美国软件工程实施现状调查，软件研发的情况仍然很难预测，大约只有10%的项目能够在预定的费用和进度下交付。

1995年，美国共取消了810亿美元的商业软件项目，同时31%的项目未做完就被取消，53%的软件项目进度通常要延长50%的时间，只有9%的软件项目能够及时交付，并且费用也控制在预算之内。

软件项目难于管理，是由于软件项目管理与其他项目管理相比有很多特殊性。逻辑工程项目管理同样困难，同样因为特殊性。主要表现在以下几个方面：

1. 智力密集、可见性差

对逻辑工程项目管理而言，最著名的莫过于政治政策的制定，这种政治政策往往不能通过制定过程确定优劣，需要实践的检验，这就是智力密集工作可见性差的原因。

2. 单件生产

逻辑工程也有单件生产的特点，每个城市的管理方法都要求有自己的特点，这要求：中央政策要给予地方一定自主权，中央政策更要有统一全国的力量。要肯定逻辑工程单件生产的特殊性的存在，又要发展逻辑工程的控制力和统一力，保证逻辑结构不解体，保证逻辑工程的通用性发展。用通用战胜单件生产的缺点是软件和逻辑工程共同的追求。

3. 劳动密集、自动化程度低

逻辑工程和软件工程一样有个人化严重的特点，难以保证工程质量。解决之道都是发展客观劳动，发展自动化。智库就是一种帮助逻辑工程由个人化向客观化转变的重要工具。

4. 使用方法繁琐、维护困难

逻辑工程也有使用方法繁琐和维护困难的特点，比如法律的产生、落实、人民运用，都需要专业人员的帮助。解决之道有两个方面：简化逻辑工程和逻辑工程运用，如发展信息化；发展全民的逻辑工程学教育，如普法工作等。

5. 软件工作渗透了人的因素

逻辑工程中也有人的因素，心理素质、情绪、各种精神状况对逻辑工程都有影响，逻辑工程和软件工程一样受人的因素影响很严重。

2.4.2 软件项目管理的内容与知识体系

1. 管理的内容

软件项目管理的内容主要包括人员组织与管理、软件度量、软件项目计划、风险管理、软件质量保证、软件过程能力评估、软件配置管理等。

套用上面的论述，逻辑工程项目管理的内容同样包括人员组织与管理、逻辑产品度量、逻辑工程项目计划、风险管理、工程质量保证、工程过程能力评估、逻辑工程产品配置管理等。如一条法律或政策的产生、确定、落实、运用。

2. 知识体系

软件项目管理涉及系统工程学、统计学、心理学、社会学、经济学乃至法律等方面的问题，需要用到多方面综合知识，特别是要涉及社会因素、精神因素、人的因素等，比技术问题更复杂。逻辑工程项目管理的知识体系也是这样。

2.4.3 软件项目管理的原则

1. 计划原则

计划原则适用于逻辑工程，如政府执政和法律工作，但和软件工程中消极对待计划的原因一样，消极对待逻辑工程计划的原因也是：编制的计划常常没有用于促进实际行动。

逻辑工程项目计划和软件项目计划一样是为管理工作提供合理的基础和可行的工作计划，从而保证逻辑工程项目顺利完成。遵循以下原则：

（1）定量化原则。确定项目任务时，尽可能定量化描述，使得每项任务的范围、时间、成本、质量、完成标准等具有明确性，可以控制和度量。

（2）个人化原则。每个具体任务应当落实到项目组的每个成员，使得每个人都明确自己的工作和职责。

（3）简单化原则。任务和目标的描述应当简单而直接，使得每个参与人都能明确且无二义性。

（4）现实性原则。确定的每个任务或目标都可以实现，而不追求理想化结果。

2. Brooks 原则

向一个已经滞后的项目添加人员，可能会使项目更加滞后。

3. 80-20 原则

可能20%的工作耗费了80%的时间，也可能20%的人员承担了80%的项目工作。系统论指出，互补结构比对等结构更稳定，知人善任可以有效提高工程效率。

4. 默认无效原则

项目管理者切不可认为沉默就是同意，沉默在很大程度上说明项目开发人员尚未弄清楚项目的范围、任务和目标。在对项目没有共同一致的理解前提下，团队不可能成功。

5. 帕金森原则

英国著名历史学家诺斯古德·帕金森在他的《帕金森定律》里，阐述了组织机构臃肿、人员膨胀的原因及后果，后来，"帕金森定律"成为反映政府部门机构臃肿、人浮于事、效率低下的代名词，这在软件项目管理和逻辑工程项目管理中同样适用。

中国共产党抗日年代的精兵简政，改革年代的大裁军，都有帕金森定律的影子。

6. 时间分配原则

在项目管理计划编制过程中，有些项目负责人将资源可用率（人、设备）等设置为100%。在实际工作中，开发人员的时间利用率能够达到80%就已经非常高了，通常是50%~60%。由于计划不合理，通常开发人员被迫拼命加班。

7. 验收标准原则

逻辑工程项目开发和软件项目开发一样，常常以验收标准为原则，只有达到验收标准，项目才能成功交付。作为项目负责人，只有制定好每个任务的验收标准，才能够严格把好质量关，同时了解项目工作的进度情况。

8. 变化原则

项目管理中唯一不变的是"变化"，逻辑工程项目的负责人永远要有"变化"的决心和本领，要勇于挑战"变化"的风险。如中国的改革和深化改革。

9. 软件工程标准原则

逻辑工程项目和软件项目一样，整个生存周期都需要统一的行动规范和衡量准则，使各项工作都有章可循。

10. 复用和组织变革原则

要解决逻辑工程项目的工期、成本、质量长期的问题，需要有复用的本领和组织变革的本领。如中国发展现代化，继承毛泽东思想和邓小平理论就叫复用，深化改革政府体制就叫组织变革。

总的来说，软件工程学是逻辑工程学这个类的一个对象，软件工程学的大多数理论都适用于逻辑工程学。

2.5 软件质量与逻辑工程质量

这里以鄂大伟先生主编的《软件工程》的有关论述为根据讨论逻辑工程质量的一些问题。

1. 难以定义和度量

一般而言，质量是一组固有特性满足要求的程度，是产品或服务满足规定或潜在需要的特征和特性的总和。它既包括有形产品，也包括无形产品；既包括产品内在的特性，也包括产品外在的特性，此外，也包括了产品的适应性和符合性的全部内涵。

包括软件在内的所有逻辑产品的质量都是复杂的概念，不同人由不同角度看，得到的理解是不同的。从用户的角度，质量就是满足用户需求；从开发者的角度，质量就是与需求说明保持一致；从产品的角度，质量就是产品的内在特点；从价值的角度，质量就是客户是否愿意付代价用产品。

（1）逻辑工程学中，需求是度量质量的基础，不符合需求就不具备质量。

（2）规范化的标准定义了一些开发准则以指导逻辑工程，如果不遵守这些开发准则，质量就得不到保证。

（3）往往会有一些隐含的需求没有明确地提出来。如果只满足精确定义的需求而没有满足隐含的需求，质量也不能保证。

2. 质量特性

质量特性是指实体所特有的性质，它反映了实体满足需求的能力。逻辑工程质量特性反映了逻辑工程的本质。定义一个逻辑工程的质量，等价于为该逻辑工程定义一系列质量特性。

可以通过质量模型描述质量的特性。质量模型既考虑了产品的需求也考虑了过程的需求，确定了适应于产品需求的质量特性、特征和度量，有助于质量不同概念的标准化。

质量模型共同的特点是把质量特性定义成分层模型。在这种分层的模型中，最基本的叫做基本质量特性，它可以由一些子质量特性定义和度量。二次特性在必要时又可由它的一些子质量特性定义和度量。

可以把 Boehm 质量模型、McCall 质量模型、ISO/IEC 9126 质量模型等扩大到逻辑工程的各个领域，如发展出法律工程质量模型等。

3. 质量保证及其活动

软件质量保证及其活动包括以下 6 类：与软件质量保证计划直接相关的工作；参与项目的阶段性评审和审计；对项目日常活动与规程的符合性进行检查；对配置管理工作的检查和审计；跟踪问题的解决情况；度量和报告机制。

软件工程的这种方法仍然可以推广到其他逻辑工程领域。

▶ 2.6 软件风险与逻辑工程风险

这里仍然以鄂大伟先生主编的《软件工程》的有关论述为根据讨论逻辑工程风险管理的有关问题。

和软件工程一样，逻辑工程的项目风险也源于项目中存在的不确定性。风险管理同样是逻辑工程项目管理的重要内容。逻辑工程风险管理同样是通过主动而系统地对项目风险进行全过程的识别、分析和监控，最大限度地降低风险对项目开发的影响。风险管理的过程包括风险识别、风险分析、风险规划和风险监控等基本活动。风险管理的主要目标是预防风险。成功的项目管理一般都对项目风险进行了良好的管理，因此任何一个逻辑工程开发项目都应该将风险管理作为项目管理的重要内容。

2.6.1 风险管理

项目风险一般具有以下特征：风险存在的客观性和普遍性；某一具体风险发生的偶然性和大量风险发生的必然性；风险的可变性；风险的多样性和多层次性。

软件项目风险管理作为一门学科，出现于20世纪80年代末，经过20多年的发展，从理论、方法乃至实践上都取得了进展，随着软件工程技术的进步和软件企业的不断成熟，其研究已成为软件工程和项目管理中的热点。逻辑工程是软件工程的父类，软件工程中的风险管理技术完全可以用于逻辑工程其他领域。人们对逻辑工程广泛领域的风险研究不多，如执政风险、法治风险等。

风险管理是逻辑工程发展的必然要求。风险管理是减少意外发生的最佳实践。逻辑工程风险管理可以借鉴其他领域风险管理的经验。要建设逻辑工程的各种风险管理过程框架。可以把风险管理过程分为四个相关阶段：风险识别、风险估计、风险规划和风险监控。

2.6.2 风险识别

主要确定风险事件及其来源。

2.6.3 风险估计

对已识别的风险要进行分析和评估，风险分析的主要任务是确定风险发生的概率和后果。

2.6.4 风险规划

制定风险响应的措施和实施步骤，按照风险的大小和性质，制定相应的措施去应对和响应风险，包括风险接受、风险转移等。

2.6.5 风险监控

包括对风险发生的监督和对风险管理的监督，前者是对已识别的风险源进行监视和控制，后者是在项目实施过程中监督人们认真执行风险管理的组织和技术措施。

2.7 结构化方法对逻辑工程的意义

发达国家提出软件工程之初是引用传统工程学进入软件开发的行为中，但传统工程学的规律由建筑一类硬工程产生，而软件开发是以逻辑工作为基础的软工程，都叫工程，本质却不同，这就决定了软件工程的第一个指导思想，面向过程，重视控制论产生的结构化，把工程建筑（程序）与工程使用（数据流）分开不会成为软件开发的稳定模式，这也是更符合人类思维的面向对象思想产生的重要原因。但现在，人们开发软件又常常感到面向过程的结构化思想不能丢弃，因为世界的一切系统组成不仅仅有要素和关联，还有控制，而面向对象思想缺少正确地位的控制，需要面向过程思想的帮助。程序本身的结构应该以面向对象为主，面向对象思想符合人的思维，解决控制弱的缺陷能创造少数结构化语句形成不完整面向对象程序，更多的控制能通过软件工程过程得到，程序结构是不完整面向对象结构，与实际世界的系统结构对映，让软件达到人们需要的重要控制机制由面向过程思想实现，由面向过程的结构化思想指导软件开发过程，这样，面向过程技术产生工程生存周期维和步骤维，不完整面向对象技术产生程序结构，代替面向过程和面向对象这两个二维软件工程学的生存论三维软件工程学就诞生了，少数需要过程化和结构化的程序能由面向对象程序变形产生，面向过程的结构化程序将渐渐消失。

1. 面向过程的结构化分析

面向过程结构化分析的传统任务是产生结构化程序开发的需求，面向过程的结构化程序应该渐渐消失，结构化分析应该转变成为开发周期和开发步骤的形成起作用，补充面向对象思想中缺少控制的缺陷，用不完整的面向对象技术描述实际世界，用过程化和结构化技术引导面向对象工作为人的工作目标服务。这样，面向过程的结构化分析工作产生了重大变化。

程序流的概念，即用进化的数据流描述技术描述一个不完整面向对象程序的形成过程，传统的数据流描述中的一个个模块由传统的程序模块变身为步骤模块，进出模块的数据变身为一个自定性出发，经过步骤模块加工而不断定量化的不完整面向对象逻辑系统，这个逻辑系统进出步骤模块的过程中渐渐定量成源程序、目标程序、产品程序、使用程序、优化程序、生存周期结束的程序，那么，不完整面向对象逻辑系统的进化流和步骤模块就组成了程序流描述。

传统的可行性分析和需求分析有严重的个人化特点，传统的决策仍然个人化严重，为了让个人化向工程化转变，提出建设四库工具（工具分库、技术分库、方法分库、方法论分库），四库应该是权威与开放的结合，权威指库元素要有较高的正确性，开放指允许各种人参加库元素的扩大工作，允许共享，要用知识产权法制保障四库的权威和开放。

2. 面向过程的结构化设计

软件本身是软工程，软工程就是重视要素和关联的工程，软件开发过程却是硬工程，硬工程就是重视控制的工程。面向过程的结构化程序会渐渐消失，因此面向过程结构化设计的运用会产生变革，由设计程序转变成设计步骤，即通过优化程序流描述产生正确的软件开发步骤。软件过程设计比软件设计本身更重要，因此面向过程的结构化软件过程设计工作有广阔的发展领域。

结构化设计的第一个技术是模块化，这个技术虽然渐渐退出了软件自身的结构建设，却能在软件过程设计的工作中大展拳脚，因为软件过程中的每一个步骤就是一个模块，这种步骤模块的要求与结构化程序中模块的特点非常相似，则结构化模块设计技术和长期产生的经验教训能良好地用于软件过程设计工作中。

结构化设计的第二个技术是数据结构，因为面向过程的结构化思想将程序结构和数据流分开，因此开发人员必须正确描述数据的属性和流动，而软件过程设计不能用面向对象的封装和弱控制思想，那么，软件过程只能是步骤和程序流分开的设计过程，这样，数据结构技术在渐渐退出软件自身结构的运用时能改行描述程序流。虽然程序流是不完整面向对象逻辑系统，但它在步骤模块的流动过程中却具有面向过程结构化程序中数据流的特点，就像结构化程序要完善就要正确了解数据流属性和运动一样，软件过程要优化就要正确了解程序流属性和运动，面向过程程序流的属性和面向对象逻辑系统的属性是一致的，因为它们是一个系统的不同侧面。就像数据流有类型一样，程序流也有类型，这就形成程序流的属性，根据程序流属性确定软件过程设计方法的大类型。

程序流还有运动。面向过程的结构化程序设计有一个重要的技术，就是根据数据流的运动设计程序结构，根据变换流和事物流设计变换数据模块和事物数据模块，数据流的各种支流结果汇成一条江河。根据数据流设计程序结构的技术当然能用于根据程序流设计软件开发过程的结构，而且是第一重要的技术。软件开发过程不一定是一条线的简单推进，步骤模块不一定是简单的队列，和其他硬工程一样，复杂的建筑有各种类型的工作人员和他们形成的各种类型的工作，这些类型的工作在时间上有顺序进行、有并列进行、还有时间没关联的各自进行，他们的总联系是完成一个系统工程，复杂软件工程的步骤模块也是这样，不是一条线，而是有联系的分布式。程序流也不是一条江河由发源地一条线流到大海，复杂大程序是需要分解的，不完整面向对象程序流能用面向过程结构化技术分解，一个原因是人员控制的需要，一个原因是成本和效益的要求。这就说明面向过程的结构化步骤模块设计与面向过程的结构化程序模块设计特点相似，传统的结构化模块设计方法和经验教训能广泛用于生存论三维软件工程第二维步骤维的步骤模块结构设计工作中。

和传统面向过程分析一样，传统面向过程设计也是个人化的，为了生存论三维软件工程步骤维的步骤模块结构设计工作工程化，也需要四库工具，也是面向对象技术开发的，也需要权威和开放的要求。因为四库工具的帮助，人们的过程设计工作能由个人化走向工程化。

3. 面向过程的结构化实现

传统软件工程的设计工作完成就会进入编码和测试的阶段，但已经提出面向过程的结构化程序将渐渐消失的观点，自然，现在研究的实现是生存论三维软件工程第二维步骤模块结构设计完成后的实现。

生存论三维软件工程的第一维产生工程周期的工作结束要有评审，第二维产生步骤模块结构的工作结束要有评审，第一维和第二维的局部阶段工作结束若有必要也能设一些评审，评审的作用与一切工程学评审的意义相同。面向对象的软件开发技术用喷泉模型解决评审和修正的需求，那么面向过程的结构化技术开发的步骤模块结构的实现显然不能让面向对象的程序流失去喷泉模型这个软件过程特点。

2.8 面向对象方法对逻辑工程的意义

人类因为"软件危机"的出现而创造了软件工程学，软件工程学的第一个阶段用的是面向过程的结构化思想，这种思想源于实际世界的各种土木建筑工程，叫这种工程为硬工程，但人们开发的软件是一种逻辑结构，与钢筋水泥截然不同，是软工程，因此，硬工程产生的工程学肯定不会成为软件工程的常态，既不符合人类进行逻辑工作的特点，又不符合软件开发事业自身的要求，这样，面向对象的思想出现了。

第一个提出面向对象思想的人是伟大的哲学家 Wittgenstein，他在著作《逻辑哲学论》中第一次提出了面向对象思想，半个多世纪后，这种思想用在了软件开发工作中。面向对象思想有四大要点，即对象、类、继承和消息，这种思想把软件结构由钢筋水泥式变成了人类社会式，也就是把软件开发思想由硬工程思路改变成软工程思路，让软件开发更好地符合人的逻辑思维特点，代表了软件工程学的主流发展道路。

世界一切系统都由三个部分组成，即控制、要素、关联。就控制而言有重控制和弱控制，钢筋水泥形成的建筑都是必须重控制的硬工程，逻辑结构形成的软工程仅需弱控制，世界一切系统都需要重控制，实际世界的系统受万有引力的控制是人人皆知的，生命繁衍受遗传控制也是人人皆知的，这些都是重控制，那么逻辑结构呢，不是说过逻辑结构是弱控制吗，为什么又说逻辑结构有重控制存在呢？逻辑结构都是人创造的，人有主观能动性，人用主观能动性对逻辑结构进行重控制，逻辑结构的弱控制是因为省略了人的主观能动性而得出的。面向对象的软件工程思想把逻辑系统弱控制化、软工程化，把对象和关联看做系统的重要组成，引申出类、继承和封装这些概念，让软件开发工作更类似人的逻辑思维，这是人类各项事业由工业化向信息化发展的重要标志之一。对软件工程学和面向对象思想有进一步的重大发展，即将面向过程的结构化软件开发技术完全用于软件过程学的建设，让他退出软件结构的建设，软件结构都用不完全面向对象思想建设，面向对象的弱控制由结构化程序语句得到，人的主观能动性产生的重控制体现在软件开发的步骤中，软件工程中的步骤模块结构的设计和实现是硬工程、硬结构，用面向过程的结构化技术，实现主观能动性的重控制，实现逻辑系统需要重控制而存在的要求，而软件工程中的程序流是软工程、软结构，用不完全面向对象技术，产生弱控制的逻辑结构软件，实现人类省略主观能动性的弱控制逻辑思维要求。

面向对象技术的发展已经很热烈了，新开辟一个研究领域，就是将不完全面向对象技术用于逻辑工程生存论的具体步骤实现领域，用于逻辑工程生存论的逻辑结构产品流的建设中，为逻辑工程学生存论三维逻辑工具的第三维打基础。

1. 面向对象概述

发展逻辑工程生存论的面向对象技术是这样操作的。第一，用主观能动性，用面向过程技术，确定一个工程周期有没有发起的必要，确定要发起一个工程周期则仍然用面向过程技术设计和实现步骤模块结构。第二，用面向对象技术进行逻辑结构产品的需求分析，产生逻辑产品的第一个模型，一个定性模型，也是逻辑结构产品流的开端。第三，逻辑产品定性模型流过设计、实现、测试步骤模块结构，通过模块的加工，由定性模型变成定量模型，再由定量模型变成合格产品。第四，逻辑产品继续流过使用阶段的步骤模块结构、优化阶段的步骤模块结构、工程周期结束的步骤模块结构。

面向对象技术中有"对象"这个概念，将对象的概念改造成对象体的概念，对象的属性确定对象的存在，对象加对象活动的封装形成对象体。

面向对象技术中有"类"这个概念，是对象的抽象，也是逻辑工程中工作复用的重要条件，将类的概念发展成类的库结构概念，也就是一切逻辑工程的个人化工作工程化的重要工具——四库工具中的方法论库用面向对象技术产生其中的元素，逻辑工程开发人员用继承机制运用方法论库。

面向对象技术中有"属性"和"方法"的概念，它们好比人们熟知的函数一样，又要发展它们了，就是创造四库中的方法库，用面向对象技术产生方法库的元素，供逻辑工程开发人员复用，复用的根据就是各种方法的属性，这些方法由逻辑工程学的局部已有工作产生，而方法论库的元素由逻辑工程学的全局已有学说和经典工程产生。

面向对象技术中有"抽象"、"封装"和"信息隐蔽"一些概念。"抽象"对一般逻辑工程的意义就是帮助开发人员更自由和简便地调用方法论库和方法库中的元素，更好地实现个人化向工程化转变，更好地实现继承机制。"封装"是一切逻辑工程的重要要求，没有因为"封装"产生的对象体，系统就因为没有正确的组成部分而成不了系统，系统都不存在则一切逻辑工程活动就都没有了。"信息隐蔽"是一切工程学的需要，硬工程和软工程都需要"信息隐蔽"。"信息隐蔽"能让一个工程内部或不同工程之间减少不必要的联系，因为不必要的联系少而减少建设这些联系的成本，加大工程组成部分的灵活，便于工程开展、测试、修正。面向对象技术的"信息隐蔽"还是"封装"技术的要求。

"继承"概念绝对是面向对象技术的第一重大基础，也是方法论库建造的第一重大基础，工程人员因为继承机制而调用方法论库的元素为他们所用，因为继承机制而简易地对方法论库元素做改造形成自己的逻辑产品流，达到大量逻辑工程工作复用的需要，实现个人化向工程化的转变。

"多态"概念对一切工程学都有重大的意义，对逻辑工程学也一样。对逻辑工程而言，"多态"不仅能减少逻辑工作的耦合，而且能实现人的个性，对发展人的创造爱好有重大作用，让逻辑工程开发人员在工作中既有四库工具（工具分库、技术分库、方法分库、方法论分库）帮助又不让工具禁锢自己的思想。

"关联"对一切逻辑工程都有重大意义，是由对象的属性描述产生与另一个对象的静态结构关联，且因为这种静态关联产生对象间的彼此动作。"关联"是逻辑工程产品各部分连接的重要关联。

"协作"是一个对象调用另一个对象的重要方法，通过消息传递实现协作，消息发送需要提供接受者和方法名。通过消息实现协作是逻辑工程各部分组成的又一个重要关联，人们在调用四库工具的元素时就用的是消息发送。

"聚合"是指一个对象由其他对象组成，"组合"是指一个对象不仅由其他对象组成，而且成员对象附属于整体对象。"聚合"与"组合"的重要区别在于："聚合"的成员没有附属性。"组合"的成员有附属性。

"持久性"应该就是四库工具了。为了让人们在逻辑工程活动中将分析、设计、决策一类个人化工作转化成工程化，提出了建设四库工具的设想，人们通过对四库工具元素的参考和引用而让自己的工作的依据不断增加，最终实现工程化。而四库工具建设就需要用到"持久性"概念，需要发展"持久性"技术。

统一建模语言 UML 是面向对象思想分析、建模、设计的重要工具，这一工具能扩大成一切逻辑工程的工具。还记得流过各种步骤模块的程序流吗？这个程序流在编码之前的信息都能用 UML 描述，而且，UML 应该增加一个组成部分，就是四库工具，不是源程序和目标程序的四库元素都能用 UML 的语言和图工具描述。重中之重，一切逻辑工程中流过步骤模块的逻辑产品流都能用 UML 描述。

2. 面向对象分析

对于生存论三维软件工程学而言，第一维产生工程周期的工作需要分析，但应该用面向过程的分析，第二维产生模块结构步骤的工作需要分析，但也应该用面向过程的分析，当人们用第三维描述程序流时就需要面向对象的分析技术了。

对于一切逻辑工程生存论而言，都和生存论三维软件工程学一样，第一维工程周期分析，第二维工程模块化步骤分析，用面向过程的结构化思想和技术，到第三维需要描述工程逻辑产品流时，用面向对象思想和技术。

3. 面向对象设计

生存论三维软件工程的第一、第二维产生工程周期和工程步骤模块的设计工作都用面向过程的结构化思想和技术，因为这两个分工程都是硬工程、硬结构。第三维产生程序流的设计工作用不完全面向对象思想和技术，因为这个分工程是软工程、软结构。重视控制的工程叫硬工程，重视控制的工程结构叫硬结构。控制源于主观能动性，因为省略主观能动性而让工程表现出弱控制的，就叫软工程、软结构。一切逻辑工程生存论都与生存论三维软件工程一样，第一、第二维用面向过程的结构化技术，第三维用面向对象技术。人们需要在三维软件工程和其他逻辑工程的各种个人化工作中，建四库工具，帮助自己实现个人化工作向工程化转变。

软件工程的分层架构值得重点一提，因为这能用于很多逻辑工程活动中。软件工程的分层架构源于经典三层架构，即数据访问层、业务逻辑层、表现层，这能引申为其他逻辑工程的经典三层架构，决定层、秩序层、上层建筑层，和软件工程一样，其他逻辑工程在经典三层架构基础上能发展出多层架构。

用面向对象技术设计定性程序流的重点是类设计，对其他逻辑工程的逻辑产品流设计而言，重点仍然是类设计。类设计除了需要把例图形成的类分析转化成类设计外，还发明出用四库工具（工具分库、技术分库、方法分库、方法论分库）帮助人们的设计工作由个人化向工程化转化，定性程序流设计和定性逻辑产品流设计要大量调用有关四库的元素，通过必要的改造形成自己的作品，随着库元素不断增加，随着人们引用库元素的工作不断增加，一个常规逻辑工程工作彻底工程化，人们的个性、创造都体现在四库工具发展的局面就会出现，一切逻辑工程工作的质量和效率会因此提高，信息社会将由工程分析、设计、决策个人化时代发展到工程分析、设计、决策工程化时代。

面向对象的类设计有四个设计原则：开闭原则、替换原则、需要倒置原则、接口分开原则，它们都能用于其他逻辑工程产品流的类设计中。

开闭原则的要点是扩展性开放，修改性封闭。修改性不封闭的结果就是逻辑工程因为基础工作不长久、需要修改而增加成本和风险。

替换原则的要点是子类应当能替换父类且出现在父类能够出现的任何地点。逻辑工程的产品结构要标准化，因为标准化而实现大量已有工作的复用。

需要倒置原则指在进行业务设计时，与特定业务有关的需要关联应该尽量需要接口和抽象类，而不是需要具体类。逻辑工程的产品结构核心要抽象，因为抽象而规模小，接口要丰富和标准化，具体工作都由抽象的小核心通过丰富而标准的接口连接各种应用类去完成。

接口分开原则就是不同交通工具走不同的车道。

面向对象设计技术中有一个设计模式的部分，有单件模式和抽象工厂模式这些，它们应该都加入到四库工具中。

网络年代充满分布的机器和工作，因此，一切逻辑工程都需要分布的设计。

4．面向对象测试

逻辑工程生存论的第一维生成工程周期和第二维产生模块结构步骤用的都是面向过程的结构化技术，因此它们的测试都用面向过程的结构化测试。

逻辑工程生存论的第三维建设产品流的工作都是面向对象技术，因此，人们能对每一次流出某个步骤模块的产品流用面向对象技术测试，直到产品流到达工程周期结束模块且流出这个模块步骤。具体说软件工程的程序流在模块结构的步骤中流动，被模块步骤加工一次就要对被加工的程序流进行测试一次，直到软件生存周期结束模块加工了的供其他工作复用的程序，其中，重点当然是产生产品程序的那一次测试。

5．面向对象系统的技术度量

逻辑工程生存论的第一维和第二维用的是面向过程的结构化技术，对它们度量当然用结构化技术度量，逻辑工程生存论的第三维用的是面向对象技术，对其度量当然用面向对象技术度量，各种逻辑工程的技术度量当然用其类型的特点度量，软件工程用它的特点度量，系统工程用它的特点度量，社会工程用它的特点度量。

以前的逻辑工程度量甚至一切工程设计工作的度量都是不同的量值，没有换算成统一量值的机制，给很多运用度量值的工作造成困扰，逻辑工程学不仅要统一逻辑工程基本规律，还要统一技术度量值，这就是量值的换算。

2.9 逻辑工程方法创新

在对系统工程和软件工程的研究过程中，我提出了三维软件工程和三维逻辑工程的理论，即第一维是高级逻辑系统、第二维是中级逻辑系统、第三维是初级逻辑系统，也即决策维、步骤维、用例维（产品维）。

现在，随着研究的深入，我要提出新的三维软件工程和三维逻辑工程的理论，第一维是初级逻辑系统、第二维是中级逻辑系统、第三维是高级逻辑系统，即用例维、步骤维、决策维。新三维逻辑工程的用例维运用面向对象的软件工程方法，步骤维运用面向过程的结构化软件工程方法，决策维用系统科学和系统工程方法。

以前的三维工程叫生存论，新的三维工程叫发展论，它们的具体描述和彼此关联，我会在后面的论述中说明。

▶ 2.10 小结

这一章对传统的软件工程学做了简要的梳理，参考了鄂大伟先生和任永昌先生的著作，引用了我自己在《三维社会工程学》中的部分研究成果，从软件工程、软件危机、软件过程、软件项目管理、软件质量、软件风险、结构化方法、面向对象方法几个部分讨论怎样改造传统的软件工程学，通过改造发展新型软件工程学和新型逻辑工程学。

发展新型软件工程学的意义在于提出新型逻辑工程学，我以前提出过三维逻辑工程学理论，现在要发展这个理论，发展三维逻辑工程生存论和三维逻辑工程发展论。

这一章有一个部分就是引用了《三维社会工程学》中对软件工程学的逻辑研究，而我提出的新的三维逻辑工程学与《三维社会工程学》提出的三维逻辑工程理论有了重大改变，新的三维逻辑工程学有四种：生存发展工程、发展生存工程、纯生存工程、纯发展工程。因此要注意，《三维社会工程学》提出的理论只适用新学说的生存论工程、生存发展论的生存论部分、发展生存论的生存论部分。当然，《三维社会工程学》的研究对发展论工程一样可以说明，只不过要举一反三而已，这是我保留《三维社会工程学》的软件工程部分研究的原因。

本书把《三维社会工程学》中的三库工具（学说库、方法库、模型库）发展成四库工具（工具分库、技术分库、方法分库、方法论分库）。

第三章

逻 辑 场

逻辑结构就是逻辑场，有限逻辑结构就是逻辑体，逻辑体是逻辑场的特例。因此，研究逻辑结构就是研究逻辑场。

逻辑场是仿宇宙场建立起来的，元素都是逻辑结构，典型的元素就是我们人类，元素的关联是广播关联，好比地球和太阳的关联，好比地球和月亮的关联。宇宙中的元素关联产生能量场和引力场，能量场的控制和引力场的控制让宇宙受控运行，逻辑场也仿照这种情况提出了自己的能量场和引力场，提出能量场控制和引力场控制。宇宙中有暗物质和暗能量，逻辑场仿照这种现象提出了暗逻辑场和明逻辑场的理论。逻辑场由四大理论构成：逻辑场一般理论、暗逻辑场本能理论、明逻辑场控制理论、均衡逻辑场均衡理论。如图 3-1 所示。

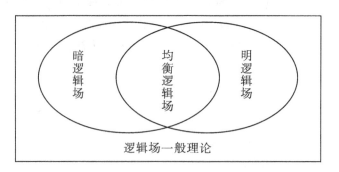

图 3-1　逻辑场四大理论结构

逻辑场是一个系统，一个场结构的系统，适用系统科学的很多理论和方法，优化逻辑场的工作又是一个系统工程，适用系统工程和软件工程的很多方法。

逻辑场同时有生命，和很多生命体的生存发展规律相同，有遗传和进化的特点，适用很多生命科学的理论和方法。尤其要运用进化论理论，要发展运用进化论理论，传统进化论立足于优胜劣汰，但人类发明出另一种进化论——人类正义，这让进化论的内容丰富起来，现代进化论为两条腿走路，一条腿是优胜劣汰，另一条腿是文明正义。

注意，本书的逻辑结构学和逻辑工程学与以前的论述相比，有了很多新的变化。以前的发展论现在叫生存论，以前的结构论现在叫发展论。由两个结构共用一个三维逻辑工程过程改为生存论对映生存论三维逻辑工程过程、发展论对映发展论三维逻辑工程过程。逻辑结构有四种：生存发展结构、发展生存结构、生存论结构、发展论结构。

3.1 能量场

能量场是生存发展结构元素、发展生存结构元素、生存论结构、发展论结构、综合方法论元素五种类型的元素和自然界、引力场共同创造的广播发出和广播接受能量的一个社会场。元素和子群广播发出和接受能量的过程与计算机软件接受和发出信息的方式很相似：对生存论结构而言，元素和子群的主观能动性是各种能量的输入，元素和子群的中级逻辑结构对能量做各种加工，由初级逻辑结构简单输出加工后的能量；对发展论结构而言，元素和子群的初级逻辑结构是各种能量的输入，元素和子群的中级逻辑结构对能量做各种加工，由主观能动性输出加工后的能量同时接受新能量。生存论结构和发展论结构还可以组合成各种其他的逻辑结构，则能量与元素和子群的关联就复杂了。

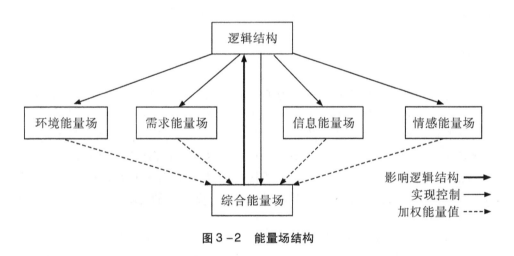

图 3-2 能量场结构

世界上有一个现成的能量场，这就是计算机互联网，一切设备连上总线用广播发出和接受信息能量，一对一是特例。将逻辑场的能量场也归纳成四个总线，也就是四个场：环境总线（环境能量场）、信息总线（信息能量场）、需求总线（需求能量场）、情感总线（情感能量场）。

环境总线（环境能量场）与逻辑场环境是不同的两个概念，逻辑场环境指引力场的引力体系，环境总线指逻辑场能利用的自然和社会资源。如土地和水资源，语言文字都是环境总线。又如世界局面就是逻辑场环境。一个人种地、喝水、说话等行为就和环境总线关联了。

信息总线（信息能量场）指能给元素提供信息，帮助元素生存发展的一种能量场。书、图书馆、媒体、网络、学校等都属于信息总线。一个人看书、买书、受教育、搞科研就和信息总线关联了。

需求总线（需求能量场）指逻辑场元素的市场交换活动。经济、市场经济、售货的和消费者、企业厂家、国家经济政策和管理等都是需求总线。一个人生产商品或购买商品就和需求总线关联了。

情感总线（情感能量场）指能给元素某种感情或能让元素发出某种感情的能量场。一个人结婚和离婚是典型的情感总线关联，还有慈善行为、对社会价值的肯定和否定、社会对自己情绪的影响和各种情绪产生的影响社会的行为等也与情感总线关联了。

图 3-2 可以解释为：环境能量场、信息能量场、需求能量场、情感能量场的加权值产生综合能量场，综合能量场影响逻辑结构，得到能量的逻辑结构再通过控制作用发展各能量场。

值得一提的，逻辑场与能量场是互塑的，逻辑场是主动塑造能量场，能量场也是主动影响逻辑场，元素即个人与能量场也存在互塑。

▶ 3.2　引力场

因为有群主观能动性的存在，为了达成契约，神经体系需要包括民主制度；因为元素有自私的本能，为了逻辑场的秩序，神经体系需要包括法律制度；同样因为元素有本能，优化系统的前提之一为优化元素，因此，神经体系需要包括人权制度（这里的"人"指逻辑元素和逻辑子系统）。外环境产生引力体系。

图 3-3 的解释：民主制度、法律制度、人权制度和外环境的引力值的加权和产生综合引力场，综合引力场影响逻辑结构，受影响的逻辑结构又反过来影响五个引力场。

引力场对逻辑场的作用分两个：神经体系包括民主制度、法律制度、人权制度，神经体系由逻辑场创造，也会反过来影响逻辑场，存在互塑；引力体系指外环境，它与逻辑场的关联就是系统与环境的互塑关联。元素即个人与神经体系和引力体系的关联都是系统与环境的互塑关联。引力场通过影响元素或子群的中级逻辑系统而影响元素和子群。

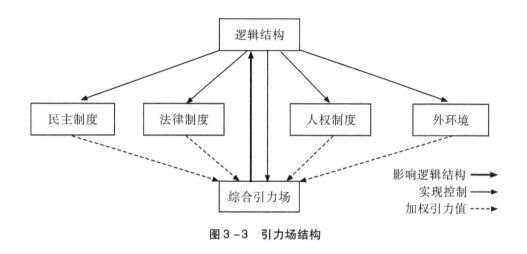

图 3-3 引力场结构

3.3 元素本能

逻辑结构有生命，生命皆有本能。人是典型的逻辑结构，因此，提出人的本能作为逻辑结构元素本能研究的基础。

1. 个人主义

个人主义是本能的第一块基石，个人主义有求生存、求发展这些内容。个人主义有正面的意义，即他能激发奋斗意志和工作的动能。但是，个人主义负面的意义大得惊人。罪恶的根据都是个人主义。

2. 关联

人类自原始社会就充满关联。因为群居而产生关联，因为个人需要别人帮助而实现自己的个人主义产生关联。这种关联有交配及由此发展出的家庭，有劳动像狩猎、耕作和缝补一类。家庭和劳动形成氏族和原始部落，这就有了用友好交流或战争表现的族群之间的关联。进入阶级社会，人类的关联产生出阶级和阶级压迫。再到工业社会，人类出现公民关联。注意，人类发出关联和接受关联的一般形式是广播，一对一是广播的特例。

3. 集体主义

在原始社会，原始人有原始的个人主义，又因为一个人往往不能实现自己的个人主义而很多人用关联群居在一起，用整体之和大于各部分简单相加的规律共生。但很多人群居一处不会没有规则，因为人人都渴望自己的收益最大化，而这又不能实现，则类似契约的东西出现了，他规定群体成员为了都能公平得到自己的收益而必须遵守一些规则，这就产生出最早的集体主义。也就是说，集体主义是人类因为群居和关联而产生的本能的第二块重要基石。

4. 个体主义

个人主义受到集体主义的约束就发展成个体主义。个体主义就是人类精神世界的第三块基石。人们要注意，个体主义不是个人主义简单的转变，他是个人主义受集体主义约束和教育而发展成的一个人的文明思想。个体主义固然有个人主义的求生存、求发展和满足其他需求这些部分，但更有爱国主义、集体主义这些人类文明思想的部分。有正确个体主义的人会体现出高尚的人格，注重法制、道德和修养的要求，用为社会作贡献而得到的正当回报满足自己的需要，对人类、社会和自己的正当群体有热爱的思想，有必要时为自己的正当集体：人类、国家、民族、家庭献身的思想。个体主义经过原始社会漫长时期的培养，形成阶级社会的爱国爱民思想及各种正义宗教，再形成现代化社会的公民思维。

5. 人道主义和人权思想

人道主义是人类精神世界的又一块基石。人道主义是人类把个人主义、人与人的关联、集体主义、个体主义进行长期综合研究，由发达国家启蒙学者首先成规模提出的，他的要点就是关爱人的生命，提倡人的地位一样。这种人道主义又发展成人权思想，即用秩序层面规定人道主义的要求。

6. 公民思维

公民思维完全可以看成人类精神世界第一伟大的成就，它的重要之处在于将阶级社会"我的"和"不是我的"这种思维变革成"我的"和"别人的"这种更文明的思维。公民思维是人权制度塑造的现代化个体主义。

7. 研究本能的方法

研究本能的方法就是达尔文的进化论，弱肉强食，适者生存，与能量场斗争，创造自己需要的能量场和能量，与引力场斗争，创造自己需要的秩序和引力场。本能与能量场、引力场都是对立统一的。

8. 补充

本书中，将本能和主观能动性看成等价的概念，都是高级逻辑结构和系统，都对自身起控制作用。

3.4 生存论

1. 生存论逻辑结构

高级逻辑结构 = 中级逻辑结构 + 主观能动性变量 + 自创的逻辑关联

设：

高级逻辑结构——L_3；

中级逻辑结构——L_2；

主观能动性变量——n；

自创的逻辑关联——j_3。

那么，高级逻辑结构能写成：

$$L3 = L2 + n + j3 \qquad (公式3.1)$$

这个公式的解释：主观能动性 n 控制生存过程 L2，控制方法是 j3。

中级逻辑结构 = 初级逻辑结构 + 环境变量 + 自创的逻辑关联

设：

中级逻辑结构——L2；

初级逻辑结构——L1；

环境变量——d；

自创的逻辑关联——j2。

那么，中级逻辑结构能写成：

$$L2 = L1 + d + j2 \qquad (公式3.2)$$

这个公式的解释——环境变量 d 影响生存过程中自我 L1 的成长，影响方法是 j2。

初级逻辑结构 = 各种实际系统的有用要素 + 自创的逻辑关联

设：

初级逻辑结构——L1；

各种实际系统的有用要素——y；

自创的逻辑关联——j1。

那么，初级逻辑结构能写成：

$$L1 = y + j1 \qquad (公式3.3)$$

这个公式的解释：自我 L1 是很多成分 y 通过关联 j1 组合成的。

2. 子系统的生存论逻辑结构

高级逻辑结构 = 中级逻辑结构 + 主观能动性变量 + 自创的逻辑关联

设：

高级逻辑结构——群 L3；

中级逻辑结构——群 L2；

主观能动性变量——群 n；

自创的逻辑关联——群 j3。

那么，高级逻辑结构能写成：

$$群 L3 = 群 L2 + 群 n + 群 j3 \qquad (公式3-4)$$

这个公式的解释：成员主观能动性 n 达成契约群 n，契约群 n 控制生存过程群 L2，控制方法是群 j3。

中级逻辑结构 = 初级逻辑结构 + 环境变量 + 自创的逻辑关联

设：

中级逻辑结构——群 L2；

初级逻辑结构——群 L1；

环境变量——群 d；
自创的逻辑关联——群 j2。
那么，中级逻辑结构能写成：
$$群 L2 = 群 L1 + 群 d + 群 j2 \qquad (公式3-5)$$
这个公式的解释：环境变量群 d 影响生存过程中自我群 L1 的成长，影响方法是群 j2。

初级逻辑结构 = 各种实际系统的有用要素 + 自创的逻辑关联

设：
初级逻辑结构——群 L1；
各种实际系统的有用要素——群 y；
自创的逻辑关联——群 j1。
那么，初级逻辑结构能写成：
$$群 L1 = 群 y + 群 j1 \qquad (公式3-6)$$
这个公式的解释：自我群 L1 是很多成分群 y 通过关联群 j1 组合成的。

原子元素的生存论和子系统的生存论有区别，如一个人的生存过程和一群人的生存过程明显不同。还有，这里的自我在旁观者看来就是用例和用例模型。

3.5 发展论

1. 发展论逻辑结构

初级逻辑结构 = 各种实际系统的有用要素 + 自创的逻辑关联

设：
初级逻辑结构——*L1；
各种实际系统的有用要素——*y；
自创的逻辑关联——*j1。
初级逻辑结构能写成：
$$*L1 = *y + *j1 \qquad (公式3.7)$$
这个公式的解释——用例模型 *L1 是很多用例 *y 通过方法 *j1 有机组成的。

中级逻辑结构 = 初级逻辑结构 + 环境变量 + 自创的逻辑关联

设：
中级逻辑结构——*L2；
初级逻辑结构——*L1；
环境变量——*d；
自创的逻辑关联——*j2。

那么，中级逻辑结构能写成：
$$*L2 = *L1 + *d + *j2 \quad (公式3.8)$$
这个公式的解释：发展过程 $*L2$ 由用例模型 $*L1$ 和环境影响 $*d$ 通过发展方法 $*j2$ 有机组成。

高级逻辑结构 = 中级逻辑结构 + 主观能动性变量 + 自创的逻辑关联

设：

高级逻辑结构——$*L3$；

中级逻辑结构——$*L2$；

主观能动性变量——$*n$；

自创的逻辑关联——$*j3$。

那么，高级逻辑结构能写成：
$$*L3 = *L2 + *n + *j3 \quad (公式3.9)$$
这个公式的解释：发展论的结果是通过方法 $*j3$，由发展过程 $*L2$ 创造新的主观能动性 $*n$。

2. 子系统的发展论逻辑结构

初级逻辑结构 = 各种实际系统的有用要素 + 自创的逻辑关联

设：

初级逻辑结构——群 $*L1$；

各种实际系统的有用要素——群 $*y$；

自创的逻辑关联——群 $*j1$。

那么，初级逻辑结构能写成：
$$群*L1 = 群*y + 群*j1 \quad (公式3-10)$$
这个公式的解释：用例模型群 $*L1$ 是很多用例群 $*y$ 通过方法群 $*j1$ 有机组成的。

中级逻辑结构 = 初级逻辑结构 + 环境变量 + 自创的逻辑关联

设：

中级逻辑结构——群 $*L2$；

初级逻辑结构——群 $*L1$；

环境变量——群 $*d$；

自创的逻辑关联——群 $*j2$。

那么，中级逻辑结构能写成：
$$群*L2 = 群*L1 + 群*d + 群*j2 \quad (公式3-11)$$
这个公式的解释：发展过程群 $*L2$ 由用例模型群 $*L1$ 和环境影响群 $*d$ 通过发展方法群 $*j2$ 有机组成。

高级逻辑结构 = 中级逻辑结构 + 主观能动性变量 + 自创的逻辑关联

设：

高级逻辑结构——群 * L3；

中级逻辑结构——群 * L2；

主观能动性变量——群 * n；

自创的逻辑关联——群 * j3。

那么，高级逻辑结构能写成：

$$群 * L3 = 群 * L2 + 群 * n + 群 * j3 \quad （公式3-12）$$

这个公式的解释：发展论的结果是通过方法群 * j3，由发展过程群 * L2 创造新的契约群 * n。

原子元素的发展论和子系统的发展论有区别，如一个人的发展过程和一群人的发展过程明显不同。还有，这里的用例和用例模型在主观看来就是自我。

▶ **3.6 单纯生存论元素**

图3-4 单纯生存论元素生存周期

单纯生存论元素的生存周期就是我们常说的"刚好温饱"，L3 中本能 n 的努力得到的收入，经过 L2 的加工，刚好够 L1 元素自身维持存在的需要，没有余力谋发展。这种人类社会的例子：如原始人，食物很少，一天不外出觅食就一天饿肚子；又如旧中国，国力衰弱，国民生产全用于国家民族的活命尚且不够。这种元素长期的活动会让 L3 的本能 n 发达起来，为改变命运而奋斗，如原始人的进化和旧中国的爱国主义。

▶ **3.7 单纯发展论元素**

图3-5 单纯发展论元素生存周期

单纯发展论元素的生存周期就是我们常说的"富人生活"，他们不用担心生存和资源，钱花不完，于是他们专心注重发展，如注重精神生活：诗词曲赋或琴棋书画等。这种人类社会的例子就是发达资本主义国家，他们没有生存的压力，重点是发展世界霸权。

3.8 生存发展论元素

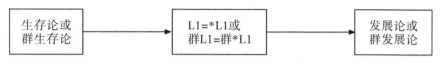

图3-6 生存发展论元素或子群结构

生存发展论元素或子群先用生存论,将得到的用例传递到发展论阶段,运用发展论。以后都叫子系统为子群,叫自我为用例,叫用例模型为用例。

用生存发展论的原因多是能量场不能满足自由发展要求,引力场不能提供发展成本转嫁机会。如新中国前三十年的生存发展过程。

3.9 发展生存论元素

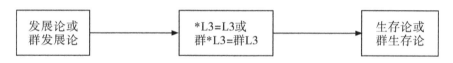

图3-7 发展生存论元素或子群结构

发展生存论元素或子群先用发展论,将得到的主观能动性或契约传递到生存论阶段,运用生存论。用发展生存论的原因多是能量场充裕,可以满足自由发展要求,引力场可以提供发展成本筹集机会。如新中国改革三十年的发展生存过程。

3.10 综合方法论元素

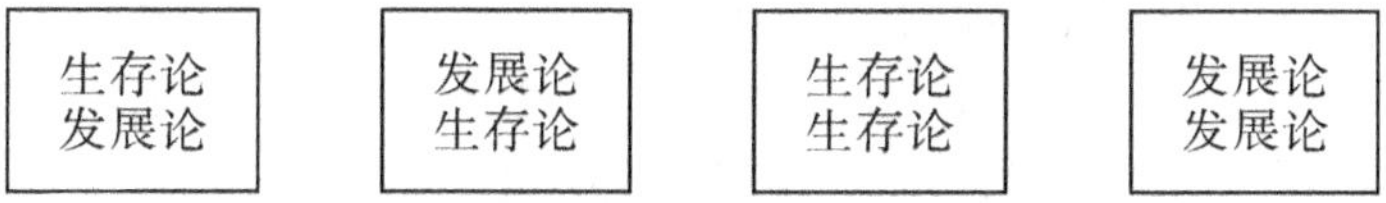

| 生存论
发展论 | 发展论
生存论 | 生存论
生存论 | 发展论
发展论 |

图3-8 综合方法

综合方法指根据自己的需要,自主选择生存发展论、发展生存论、始终生存论、始终发展论,或不同阶段用不同的逻辑结构。好比一个稳定的市场经济国家的国民和群体,有的用生存发展论或发展生存论,有的用始终生存论或始终发展论。

始终生存论又叫纯生存论，高级逻辑结构寻找能量，中级逻辑结构加工能量，初级逻辑结构产生新能量给新周期的高级逻辑结构，迭代循环。这种逻辑结构的特点是本能发展慢甚至不发展，一切逻辑结构工作的目的只是让逻辑结构生存，像我们的旧中国。

始终发展论又叫纯发展论，始终由初级逻辑结构接受能量，不用生产能量，能量场很发达，让逻辑结构长期不劳而获，像发达资本主义国家。

3.11 逻辑场关联

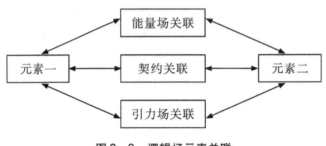

图 3-9 逻辑场元素关联

1. 契约关联

逻辑场中的元素和子系统都有本能即主观能动性，主观能动性的特点就是与其他元素和子系统达成契约，因此，逻辑场的第一种关联是契约关联。

2. 能量场关联

逻辑场系统的原子元素和子系统都有生存论 n（群 n）和发展论 *n（群 *n），生存论 n（群 n）因为本能发出能量和接受别的系统元素发出的能量，发展论 *n（群 *n）因为新的本能而发出和接受能量，一个元素用广播发出能量，谁接受谁就与之产生关联，整个逻辑场系统就产生了能量场。

3. 引力场关联

逻辑场系统的原子元素和子系统的 L2（群 L2）和 *L2（群 *L2）都分别有 d（群 d）和 *d（群 *d）对本能的作用，即原子元素和子系统的本能都因为环境变量 d（群 d）和 *d（群 *d）的影响而变化，d（群 d）和 *d（群 *d）都是引力，即原子元素和子系统因为本能而广播发出和接受的引力形成了引力场，d（群 d）和 *d（群 *d）都是发出和接受的引力产生均衡的环境条件，场的环境就是引力。

4. 广播关联的研究方法

逻辑场系统中的元素因为同处能量场和引力场中，都广播和接受能量，都广播和接受引力，因此，它们的关联都叫广播关联。

研究广播关联是很困难的，为了简化研究，对逻辑场系统元素划分成各种群，对群用群论和统计学工具做研究，这样，关联也由广播路线变成了有向图的有向路径，由很多广播路线无限的特点变成有向图路径有限的特点。通过将逻辑场系统划分成人群、做群论研究、用统计学工具研究，逻辑场的能量场和引力场可以用有限网的结构研究了，而元素和网络的结构与计算机互联网结构很相像。

如一个国家人口众多，研究人民不可能一个个地研究，一般都分阶层或年龄，这就是群论。

3.12　逻辑场控制

逻辑场的组成有元素、关联和控制，这里讨论一下逻辑场的控制。一般而言，逻辑场的控制分为本能控制、能量场控制和引力场控制。

1. 本能控制

控制逻辑场运行的第一种力量是本能。可以把本能符号化为 BN。有这样三个公式：

本能 > 引力，逻辑场是暗逻辑场；

本能 < 引力，逻辑场是明逻辑场；

本能 = 引力，逻辑场是均衡逻辑场。

本能控制在逻辑场与能量场和引力场互塑的过程中发挥着重大的作用，本能控制适用达尔文的进化论。本书中，本能和主观能动性是等价的概念。

2. 能量场控制

能量场通过能量的多少和能量的质量控制逻辑场，逻辑场也有创造和发展能量场的控制。

3. 引力场控制

引力场由民主制度、法律制度、人权制度和外环境影响四大部分组成，用弹簧原理在 L2（群 L2）和 *L2（群 *L2）的能量加工、使用、优化环节影响逻辑场。

3.13　逻辑场理论

以下对逻辑场做整体研究，综合能量场、引力场、元素和子群的彼此相互作用做研究。

各种元素和子群如图 3-10 所示联入引力场和能量场，如同互联网一样的运行。

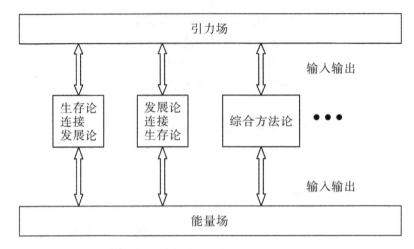

图 3-10　逻辑场理论

还可以用另一种方法解释逻辑场理论：

逻辑场的理论重点研究能量场和引力场对逻辑结构生存论和发展论的影响。逻辑结构生存论输入能量、加工能量、输出势能，生存论输出的势能输入发展论，发展论使用势能的功能或优化势能的结构。

图 3-11 列出了生存发展论元素逻辑场理论的整体图，在给出能量场、引力场和元素自身结构的同时，重点研究能量场和引力场对元素和子群生存论和发展论各个阶段的影响图，可以看到，能量场和引力场对元素和子群的每一个活动环节都有影响，这里对这些影响作一个解释。

影响（1）：在生存论决策环节，能量场以能量的多少和质量影响决策。

影响（A）：在生存论决策环节，引力场以下一个环节的控制工作的成本、风险、限制影响决策。

影响（2）：能量场通过能量的多少和质量影响加功环节创造的结构。

影响（B）：引力场通过对加工环节的控制工作影响制造的结构。

影响（3）：能量场仍然以能量多少和质量影响势能维制造功能。

影响（C）：引力场通过影响结构而影响势能维制造功能。

影响（4）：发展论输入结构论势能的工作把能量场的影响带入发展论。

影响（D）：输入势能的新功能以生存论的加工结构为基础，这就把生存论的引力场影响也带入了发展论。

影响（5）：能量场的影响通过影响功能而影响势能的使用，通过影响结构而影响势能的优化。

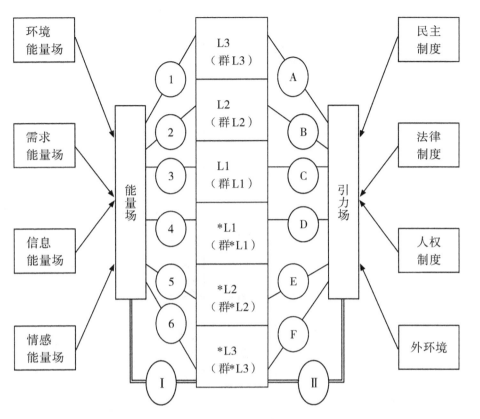

图 3-11 生存发展论元素逻辑场理论

影响（E）：引力场通过影响旧结构而影响势能使用，通过影响新结构而影响势能优化。

影响（6）：能量场以自身的生存发展情况影响决策，这时的子群元素的地位可能会变化，本能和权重都可能变化，引起契约的变化。

影响（F）：引力场同样通过自身的变化影响子群契约的变化，再以此影响决策。

影响（Ⅰ）：元素与能量场有互塑。

影响（Ⅱ）：元素与引力场有互塑。

图 3-12 给出的是发展生存论元素逻辑场理论图，与生存发展论不同的重点是：生存发展论输入本能、输出本能，它输入能量、输出仍然是能量。仍然对图 3-12 做一点讨论。

影响（1）：发展论输入能量场能量的工作把能量场的影响带入发展论。

影响（A）：输入能量把引力场对能量场的影响也带入了发展论。

影响（2）：能量场的影响通过影响功能而影响势能的使用，通过影响结构

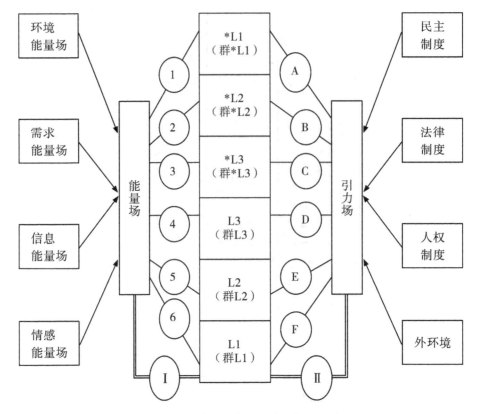

图 3-12　发展生存论元素逻辑场理论

而影响势能的优化。

影响（B）：引力场通过影响旧结构而影响势能使用，通过影响新结构而影响势能优化。

影响（3）：能量场以自身的生存发展情况影响决策，这时的子群元素的地位可能会变化，本能和权重都可能变化，引起契约的变化。

影响（C）：引力场同样通过自身的变化影响子群契约的变化，再以此影响决策。

影响（4）：在生存论决策环节，能量场以能量的多少和质量影响发展论而间接影响生存论决策。

影响（D）：在生存论决策环节，引力场以下一个环节的控制工作的成本、风险、限制影响决策。

影响（5）：能量场通过能量的多少和质量影响加功环节创造的结构。

影响（E）：引力场通过对加工环节的控制工作影响制造的结构。

影响（6）：能量场仍然以能量多少和质量影响势能维制造功能。

影响（F）：引力场通过影响结构而影响势能维制造功能。
影响（Ⅰ）：元素与能量场有互塑。
影响（Ⅱ）：元素与引力场有互塑。
单纯生存论和单纯发展论的逻辑场理论如图 3-13 所示。

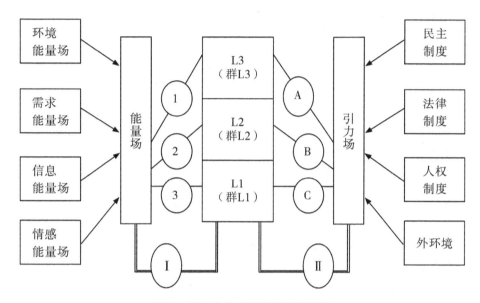

图 3-13　生存论元素逻辑场理论

对图 3-13 的解释：

影响（1）：在生存论决策环节，能量场以能量的多少和质量影响决策。

影响（A）：在生存论决策环节，引力场以下一个环节的控制工作的成本、风险、限制影响决策。

影响（2）：能量场通过能量的多少和质量影响加功环节创造的结构。

影响（B）：引力场通过对加工环节的控制工作影响制造的结构。

影响（3）：能量场仍然以能量多少和质量影响势能维制造功能。

影响（C）：引力场通过影响结构而影响势能维制造功能。

影响（Ⅰ）：元素与能量场有互塑。

影响（Ⅱ）：元素与引力场有互塑。

图 3-14 是单纯发展论元素周期的逻辑场理论，对图 3-14 的解释：

影响（1）：发展论输入能量场势能的工作把能量场的影响带入发展论。

影响（A）：输入势能把引力场对能量场的影响也带入了发展论。

影响（2）：能量场的影响通过影响功能而影响势能的使用，通过影响结构而影响势能的优化。

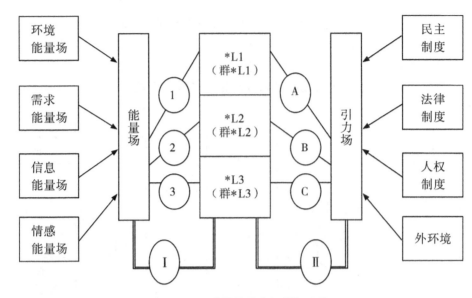

图 3-14 发展论元素逻辑场理论

影响（B）：引力场通过影响旧结构而影响势能使用，通过影响新结构而影响势能优化。

影响（3）：能量场以自身的生存发展情况影响决策，这时的子群元素的地位可能会变化，本能和权重都可能变化，引起契约的变化。

影响（C）：引力场同样通过自身的变化影响子群契约的变化，再以此影响决策。

影响（Ⅰ）：元素与能量场有互塑。

影响（Ⅱ）：元素与引力场有互塑。

以上两种元素的逻辑场理论实际就是生存发展论的前半部分和发展生存论的前半部分。

还有一种元素的逻辑场理论，即综合方法论元素，这种元素受能量场和引力场的影响在于，当它用生存发展论、或发展生存论、或单纯生存论、或单纯发展论时，它受影响的情形就与生存发展论元素、或发展生存论元素、或单纯生存论元素、或单纯发展论元素受能量场和引力场的影响类似。

3.14 环境互塑理论

逻辑场有内环境和外环境，逻辑结构同时与这两个环境互塑。内环境指能量场和神经体系（民主制度、法律制度、人权制度）。外环境指引力体系。

逻辑结构与内环境互塑的重点是控制，与外环境互塑的重点是适应。

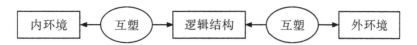

图 3-15 逻辑场环境结构

习主席提出，走和平发展道路，是我们党根据时代发展潮流和我国根本利益作出的战略抉择。我们要以邓小平理论、"三个代表"重要思想、科学发展观为指导，加强战略思维，增强战略定力，更好统筹国内国际两个大局，坚持开放的发展、合作的发展、共赢的发展，通过争取和平国际环境发展自己，又以自身发展维护和促进世界和平，不断提高我国综合国力，不断让广大人民群众享受到和平发展带来的利益，不断夯实走和平发展道路的物质基础和社会基础。这成为中国内外环境互塑理论的新的发展成果。

▶ 3.15 均衡理论

对能量场公式化：
环境总线（环境能量场）——H；
需求总线（需求能量场）——U；
信息总线（信息能量场）——I；
情感总线（情感能量场）——G；
综合总线（综合能量场）——E。
提出一个公式：

$$q1 \cdot H + q2 \cdot U + q3 \cdot I + q4 \cdot G = E \qquad (公式3.13)$$

这里的 q1、q2、q3、q4 都是权重，因为 H、U、I、G 在不同逻辑场有不同的重要性。公式的意思是环境总线、需求总线、信息总线、情感总线的逻辑和创造综合总线。

对引力场公式化：
民主制度——M；
法律制度——F；
人权制度——R；
外环境——W；
控制总线（引力场的控制）——Z。

$$p1 \cdot M + p2 \cdot F + p3 \cdot R + p4 \cdot W = Z \qquad (公式3.14)$$

p1、p2、p3、p4 是权重，民主制度、法律制度、人权制度、外环境的引力的逻辑和创造综合引力场即控制总线。

还有：
$$群 * d = Z \qquad (公式3.15)$$

意思是控制总线通过环境变量影响元素和子系统。
又提出一个公式：
$$E = 群 * n \quad (公式3.16)$$
公式的意思是综合总线创造逻辑结构契约。
再提出一个公式：
$$群 * n = Z \quad (公式3.17)$$
公式的意思是逻辑结构契约创造控制总线。
这样，提出逻辑结构学第一重要的公式，逻辑结构均衡公式：
逻辑结构契约 = 控制总线 = 环境影响
$$群 * n = Z = 群 * d \quad (公式3.18)$$
公式的意思是一个逻辑结构，当它的秩序（控制总线）同时满足契约和环境影响的要求，这个逻辑结构就处于良好均衡，这个均衡因为反映了契约而制造良好的能量场，因为反映了环境影响而得到良好引力场。这个公式就是人类社会法制和法治合理性的理论解释和理论基础，可以帮助我国人民认识法治的重要性，当然，我国应该走社会主义法治发展道路。

如下，图3-16的解释是，契约和环境均衡的要求产生控制，控制产生逻辑结构的行为。

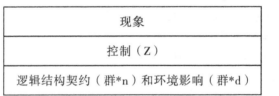

图3-16 控制与均衡

3.16 小结

本章提出了，逻辑场由四大理论构成：逻辑场一般理论、暗逻辑场本能理论、明逻辑场控制理论、均衡逻辑场均衡理论。

本章描述了逻辑场的能量场和引力场，介绍了元素的本能、生存论和发展论、各种逻辑场中的逻辑结构。介绍了逻辑场的关联和控制的状况。介绍了逻辑场理论、环境互塑理论和均衡理论。

逻辑场研究的主要任务就是研究人类社会，为什么不直接把逻辑场叫人类社会、把元素叫人或人群？原理和软件工程中的抽象原则一样，为了研究方法更灵活、更有深度，为了适用范围更广泛、更有效果。

给大家一个图，说明在逻辑场理论的基础上怎么构造社会模型。

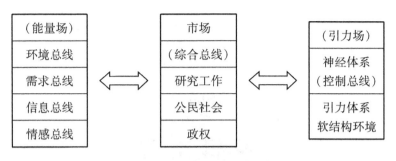

图 3-17 逻辑场的社会结构

图 3-17 说明，一个社会逻辑场，除了能量场和引力场，自身也有分层的场结构，公民社会是场的主体，公民社会的基础是政权场，公民社会的活动创造出研究和市场这两个上层建筑场。

第四章
逻辑工程

逻辑工程就是人的逻辑活动，人的逻辑活动有很多不同的领域，但活动规律是类似的，决策是高级逻辑系统，加工和优化是中级逻辑系统，势能是初级逻辑系统，逻辑工程分为生存论工程和发展论工程两种类型，可以分别开展，可以合成生存发展论工程或发展生存论工程，还有一种逻辑工程叫综合方法逻辑工程，即根据需要在单纯生存工程、单纯发展工程、生存发展工程、发展生存工程中选一种。研究逻辑工程学的道路走过了一般逻辑工程学、制度工程学、生存论和发展论工程学三个阶段，生存论和发展论工程学更符合逻辑工程学原理。

生存论和发展论工程学用生存论工程过程和发展论工程过程两个过程解释了逻辑结构的生存和发展过程，与逻辑结构学配合揭示一个逻辑结构的基本的周期运动。其中，生存论工程和发展论工程可以合作成一个工程周期，也可以各自独立成各自的工程周期。仍然继承一般逻辑工程学和制度工程学的传统，用三维结构阐述生存论工程和发展论工程理论。

这里把逻辑工程的产品都看成和叫做势能，显然不是物理学中的势能，而是可以用于逻辑场的逻辑力量，当逻辑工程产品对逻辑结构起作用时，可以说逻辑势能转化成了逻辑动能，这里的动能和物理学的动能显然也不是一回事，都是一种仿理论。用面向对象的理论研究势能和动能，面向对象的程序段有数据加操作封装的理论，使用程序段就是操作做工，因此，逻辑工程学有这样的理论：势能是能量加本领的封装，动能是本领做工。

把一个元素看成有一个元素的子群，研究元素的逻辑工程学就归入了研究群的逻辑工程学。

▶ 4.1 单纯生存论工程过程

如图4-1所示，生存论分三个阶段，决策是高级逻辑系统，加工是中级逻辑系统，势能是初级逻辑系统。图4-2是对《三维社会工程学》的三维结构改造而成的，重点把第二维步骤维做了修改，整个三维结构的基本原理做了修改，更体现逻辑工程的实际情况。

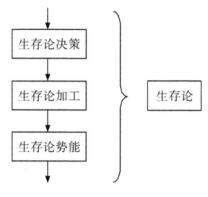

图 4-1　生存论工程过程

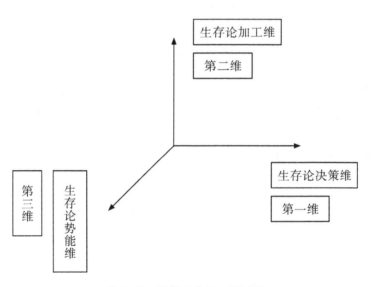

图 4-2　逻辑生存论工程过程

　　生存论工程是一个三维结构,指工程整体和工程的模块工程都是用三维的方法做的,一切工作的开始都是决策维,加工过程都是决策维控制的,势能的流动仍然由决策维决定。决策维常用系统工程学做决策;控制加工维常用过程化软件工程学原理;势能维常用面向对象软件工程学原理,势能是能量与操作的封装。三维都有四库工具(工具分库、技术分库、方法分库、方法论分库)的帮助,但三个四库的内容各不相同,支持不同的需要。

　　这种三维工程结构与以前的三维工程结构有很大的不同,如以前提三库工具,现在提四库工具,以前只有一种三维结构,现在提两种三维结构,人是不断进步的，研究工作也一样。三维的关联如图4-3所示。

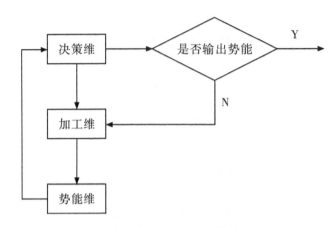

图4-3 生存论三维结构

首先，第一维决策维决策是否对势能作加工，决策要加工就开始第二维加工维；其次，第二维加工维有需求研究、设计、实现、测试等功能，控制加工过程用过程化软件工程学思想，加工用生产面向对象程序的面向对象软件工程学思想，加工结果都到达第三维势能维；再次，第三维势能维是根据第二维的加工结果的能量配置本领的环节，也可以理解成第二维创造了结构，第三维要配置功能；第三维之后，由能量和本领组成的势能回到决策维，由决策维决定是结束生存论周期输出势能还是继续生存论周期。

4.1.1 第一维

生存论工程的第一维是决策维，决策是否开始一个生存论活动，也决策是否结束工程周期输出势能。

4.1.1.1 第一维库工具

决策维是用系统工程方法做决策，因此，它有系统工程的四库工具（工具分库、技术分库、方法分库、方法论分库），工具分库装系统工程需要的工具，如计算机和网络，技术分库装系统工程需要的技术，如使用计算机和网络的技术，方法分库装系统工程需要的方法，如建立逻辑结构各种模型的方法，方法论分库装系统工程需要的各种方法论，如整体性理论、控制论、耗散结构理论等等。

4.1.1.2 第一维工作

第一维是决策维，要决策第二维的工作的开展，还要决策第三维的势能是否流出生存论工程。

首先，决策维要建立问题模型，确定是否提出开发一个生存论工程的问题。这是契约和引力场达成均衡的环节。

其次，决策维要建立可行性模型，确定要开发的生存论工程是否可行。这是契约和能量场达成均衡的环节。

再次，决策维引入能量，如开发现实社会各种工程需要的人力、物力、财力。

注意，第一维制造逻辑模型，第二维制造结构，第三维制造功能。

这以后，生存论的三维开始了图4-3所示的运行。

4.1.2 第二维

生存论工程的第二维是加工维，简单说就是把输入能量由人力、物力、财力加工成有结构的能量。

4.1.2.1 第二维库工具

第二维的四库工具（工具分库、技术分库、方法分库、方法论分库）有很多分类，有需求研究四库工具，有设计四库工具，有实现四库工具，有测试四库工具等等，这些四库工具都是加工有着面向对象特点的势能。如工具分库装加工势能的具体工具，像开发软件的编译程序，如技术分库装使用工具的技术，像使用编译程序的技术，如方法分库装加工势能的方法，象面向对象编程的设计方法，如方法论库装加工势能的方法论，象面向对象编程的方法论。

4.1.2.2 第二维工作

第二维的工作就是把决策维的决策模型发展成结构，如决策维要发起需求研究，于是给第二维加工维一个决策需求模型，第二维通过工作发展出需求结构，传给第三维产生结构加工能的势能，第三维势能维把势能又传给第一维决策维。这时，决策维审查势能通过，在此基础上又建立决策设计模型且传给第二维，第二位再通过工作发展出设计结构，又传给第三维，第三维加上功能形成势能后又传给第一维审查，通过则第一维再传决策实现模型让第二维做结构，审查如果不通过则还是再传设计模型给第二维，重做设计结构。当工程结束，通过了需求、设计、实现和测试各个环节，第二维的工作都通过审查，由第三维得到成功产品的势能，传给第一维，由第一维决策输出势能，一个生存论周期就结束了。

生存论工程第二维的任务是产生一个有向图，产生节点和工作流，节点是一个个加工工作流的车间，工作流将节点车间组成一个工厂。生存论工程第二维的工作实际就是工程项目控制，因为有大量四库工具将生存论开发工作由个人化变革成工程化，则生存论工程过程变得透明了，具有土木建筑的硬工程特点，那么，生存论工程的工程项目控制能像硬工程项目控制一样简单。第二维的工作是构造工程步骤有向图，生存论工程项目控制有向图允许 goto 语句存在，这决定了项目控制有向图有喷泉模型特点，符合面向对象思想要求。生存论工程步骤有向图中有三类模块和三类工作流，这与生存论开发过程中有项目控制人员、项目开发人员、项目辅助人员对应，只是以前的三类人员和工作集中于一条线也就是二维，让一切都复杂化和个人化，凸显二维软工程过程的缺陷，现将软工程过程的二维发展成三维，变线形过程为有向图过程，则软工程过程有了硬工程过程的特点，生存论开发变复杂化为简单化，变个人化为工程化，变软工程难项目控制为硬工程易项目控制，生存论质量也因此提高。

▶ 4.1.3 第三维

第三维的工作可以概括成：给结构配上功能形成势能供决策维审查，或给能量配上本领形成势能供决策维审查。

▶ 4.1.3.1 第三维库工具

第三维的四库工具是产生功能或本领的四库工具，他有认识能量结构的能力，有给各种结构配上功能和本领的能力。第二维制造出需求结构，第三维就能配上需求功能，第二维制造出设计结构，第三维就能配上设计功能，第二维制造出实现结构，第三维就能配上实现功能，第二维制造出测试结构，第三维就能配上测试功能，以此类推。因此，第三维的四库（工具分库、技术分库、方法分库、方法论分库）是知识库，既要懂工程学自身的知识又要懂工程学应用领域的知识。

▶ 4.1.3.2 第三维工作

第三维的工作就是给第二维的输出配上功能和本领，让第一维得到结构加功能的势能，对这个势能做审查，根据审查结果作新决策。

值得一提的，做第一维工作的往往是契约，他根据能量场和引力场的情况做决策；做第二维工作的往往是子群的活动即工作，这个工作受能量和引力的影响；做第三维的往往是子群的知识能力和文明程度，这个工作受着子群者能量场和引力场认识的影响。第一维受能量场和引力场供给的影响，第二维受得到的能量和引力的影响，第三维受能量场和引力场知识的影响。也就是说，整个生存论工程有能量场和引力场这两个重要限制。

▶ 4.1.4 生存论工程周期

生存论工程的周期以决策维接受能量为起点，决策维建立决策逻辑模型作系统决策，起点能量在加工维得到需求结构，需求结构传给势能维，在势能维得到功能，结构加功能产生第一个势能。

需求势能由势能维传给决策维作第二次决策，需求势能到加工维得到设计结构，再到势能维得到设计功能，产生第二个势能。

设计势能又由势能维传给决策维作第三次决策，设计势能到加工维得到实现结构，再到势能维得到实现功能，产生第三个势能。

实现势能又一次由势能维传给决策维作第四次决策，实现势能到加工维得到测试结构，再到势能维得到测试功能，产生第四个势能。

测试势能通过决策维审查，输出生存论周期，一个生存论工程周期结束。

4.2 单纯发展论工程过程

如图4-4，逻辑工程学提出了第二个三维工程，第一阶段（发展论势能）是初级逻辑系统，第二阶段（发展论使用和优化）是中级逻辑系统，第三阶段（发展论决策）是高级逻辑系统。这种提法是为了对应逻辑场元素和子群的两种结构——生存论和发展论。

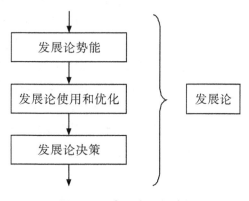

图4-4 发展论工程过程

如图4-5，逻辑发展论工程是生存论工程的运用，如软件的生存论是开发软件，发展论就是运用软件，这样，发展论的第一维就是发展论势能维，是接受生存论输出势能的环节，发展论的第二维是运用势能的环节，叫做发展论使用和优化维，使用是使用势能（结构加功能）的功能，优化是优化势能（结构加功能）的结构，发展论的第三维是决策维，决策使用势能、优化势能或结束发展论周期。三维结构各有自己的四库（工具分库、技术分库、方法分库、方法论分库）。

注意，当发展论开始不对接生存论，它就需要自筹能量，这就是发展论需要宽裕能量场或成本转嫁渠道的原因。

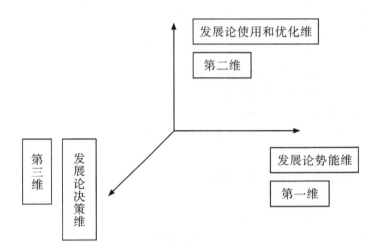

图4-5　逻辑发展论工程过程

如图4-6，发展论三维结构的关联是这样的：首先，生存论发出的势能到达势能维，这一维根据新的能量场情况和引力场情况优化势能（结构加功能）的功能；其次，势能到达使用和优化维，第一次使用；再次，势能加使用情况到达决策维，决策维根据势能结构、使用情况、能量场情况、引力场情况制作决策模型，或继续使用、或优化维护、或结束发展论；接着，假如决策维制作出优化势能的逻辑模型，优化势能的逻辑模型到达势能维，势能维给出逻辑模型的优化功能，势能加优化功能再到达使用和优化维，使用和优化维给出结构，势能加优化功能和优化结构产生优化势能，又回到决策维，再让决策维决策，或使用、或优化、或结束发展论周期。

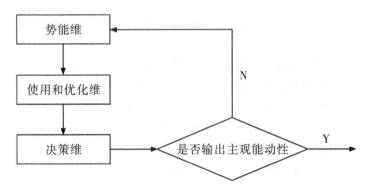

图4-6　发展论三维结构关联

4.2.1 第一维

发展论第一维是势能维,制造功能模型,有四库(工具分库、技术分库、方法分库、方法论分库)的帮助。

4.2.1.1 第一维库工具

第一维的库工具有工具分库、技术分库、方法分库、方法论分库,如一个单位接受一个定制的金融软件,他可能要用金融工具、金融技术、金融方法、金融方法论定位财务软件的功能,这个功能与出厂功能可能不同,那么,金融工具、金融技术、金融方法、金融方法论就组成了四库,帮助逻辑结构建立功能模型。

4.2.1.2 第一维工作

子群用知识能力和文明程度做第一维工作,建立功能模型,得到四库工具帮助。

第一维势能维是三维逻辑发展论工程的入口,他的工作就是为势能制造功能。

当决策维传来使用的势能,势能维根据知识和文明,给势能加上新功能,传入使用和优化维,使用势能。

当决策维传来优化的势能,势能维根据知识和文明,给出势能需要优化的功能,传入使用和优化维,优化结构。

4.2.2 第二维

第二维使用和优化维使用势能的功能或优化势能的结构,用过程化软件工程学理论控制使用功能或优化结构。

4.2.2.1 第二维库工具

第二维的四库(工具分库、技术分库、方法分库、方法论分库)有两种作用,一种是帮助使用势能功能,一种是帮助优化势能结构。这两种作用都需要四库有认识和加工面向对象的势能结构的能力。

4.2.2.2 第二维工作

第二维的工作是使用和优化势能,根据势能维传来的势能附带的指令决定执行。

当势能维传来的势能附带的指令是使用,第二维就使用势能维制造的势能功能,使用势能功能的结果传入第三维决策维。

当势能维传来的势能附带的指令是优化,第二维就根据势能维制造的势能新功能优化势能结构,优化的势能带着新功能和新结构传入第三维决策维,供决策维审查和新决策。

4.2.3 第三维

第三维是决策维,需要建立逻辑模型帮助决策,决策模型的建立要考虑能量场情况、引力场情况。

4.2.3.1 第三维库工具

第三维的四库工具都是系统工具,包括工具分库的系统工具、技术分库的系统技术、方法分库的系统方法、方法论分库的系统理论。

第三维的四库工具帮助决策维建立决策模型即逻辑模型,同时帮助决策维决策。

4.2.3.2 第三维工作

如图4-6,第三维决策维的工作有三种:

第一种是决策使用势能,传到势能维,势能维给势能附加使用的新功能,再传到使用和优化维,由使用和优化维使用新功能,使用情况传回决策维,决策维建逻辑模型对使用情况作审查和二次决策。注意,使用势能的功能也可以说势能变成了动能。

第二种是决策优化势能,先根据使用和优化维传来的势能使用情况建立逻辑决策模型,决策优化势能,优化势能的逻辑要求和势能一起传给势能维,由势能维根据势能和优化的逻辑要求给出优化功能,传给使用和优化维根据优化功能优化结构。优化好的结构随势能再传给决策维,供审查和做新决策。

第三种是决策结束本发展论周期,即根据第二维传来的势能决策是否停止使用和优化这个势能。

4.2.4 发展论工程周期

发展论工程周期以势能维为起点,势能维给出势能新的功能,势能传入使用和优化维使用势能的功能,也叫势能转化成动能,使用情况传给决策维。

决策维建立逻辑模型对使用情况作系统审查决策,需要继续使用的,发给势能维指令,继续在使用和优化维使用势能,使用情况仍然传给决策维。

当决策维认为要优化势能时,发指令给势能维,势能维先制造优化功能,势能加优化功能到使用和优化维得到优化结构,产生优化势能,优化势能又流入决策维作审查和决策,优化没有达到要求的重新优化,达到要求的开始使用。

当势能使用和优化到一定程度,情况到决策维,决策维决策结束这个势能的使用和优化,一个发展论的工程周期结束。

4.3 生存发展论工程过程

生存发展工程是生存论与发展论结合的工程，要点是生存论输出势能，这个势能被发展论接受，开始发展工程。

生存发展工程用于逻辑结构缺乏能量场充裕能量，引力场又不能提供成本转嫁条件时。如我国的社会主义制度用的就是生存发展工程。

生存发展工程因为生存论工程和发展论工程各自是三维结构，因此是两个不同的三维结构有机组成了生存发展工程的结构。

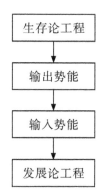

图 4-7 生存发展工程示意

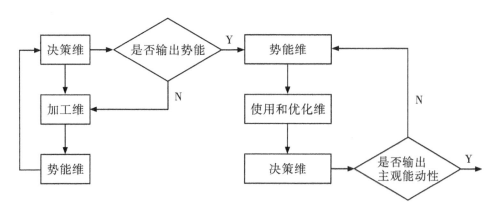

图 4-8 生存发展论三维结构关联

生存发展工程周期：

生存论工程周期和发展论工程周期的迭代都是势能，当生存论工程的输出连上发展论工程的输入，即生存论工程的第三维势能维连接发展论工程的第一维势能维,就制造了一个生存发展工程周期。

4.4 发展生存论工程过程

发展生存工程是因为能量场能量充裕,引力场可以提供成本转嫁渠道,这样就允许没有生存论支持的发展论工程的开展,发展论工程产生的主观能动性传递给生存论工程,让生存论工程高起点地开展。如欧美发达国家的资本主义社会。

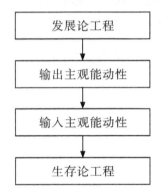

图 4-9 发展生存工程示意

发展生存工程周期:
发展工程把主观能动性传给生存工程就产生了发展生存工程,这是一个迭代主观能动性的工程周期。

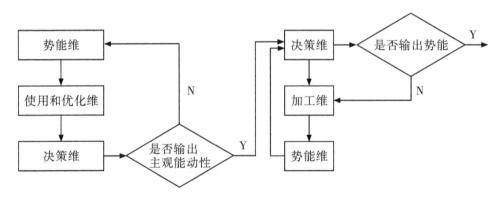

图 4-10 发展生存论三维结构关联

4.5 综合方法论工程过程

综合方法工程有四种,有前面介绍的生存发展工程和发展生存工程,还有单纯的生存论工程和单纯的发展论工程。

图 4-11 单纯生存论和单纯发展论

单存生存论迭代的是能量,单纯发展论迭代的是主观能动性。
综合方法论工程周期。

4.6 小结

本章介绍了生存论工程和发展论工程。生存论工程的输入是主观能动性和主观能动性附带的能量,输出是势能。发展论工程的输入是势能,输出是主观能动性和主观能动性附带的能量。生存发展工程和发展生存工程都是生存论工程与发展论工程有机结合而成的。综合方法包括生存发展工程、发展生存工程、单纯生存工程、单纯发展工程四种。逻辑工程是周期迭代的,生存发展工程迭代势能,发展生存工程迭代主观能动性,主观能动性附带能量。

第五章 暗逻辑场

5.1 暗逻辑场定义

暗逻辑场指本能控制的逻辑场,其能量场任由本能挥霍,其引力场由本能加权逻辑和产生,元素的本能都是个人主义,元素的关联是个人主义关联,子系统有原始集体主义。典型的暗逻辑场有原始社会和完全竞争的自由市场。

暗逻辑场体现的是元素和子群的本能和契约,因此,暗逻辑场绝对重视民主,是一种绝对的民主,可以把暗逻辑场叫民主逻辑场。

5.2 暗元素

图 5-1 是生存论暗元素的结构示意图,表面与逻辑场元素一样,但因为能量场和引力场都暗概念化了,以此,内在运行规律是不同的。

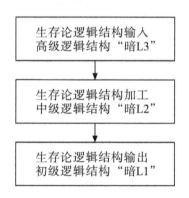

图 5-1 逻辑场生存论元素结构

如图 5-2,同样与逻辑场的一般元素因为能量场和引力场的变化而有本质不同。

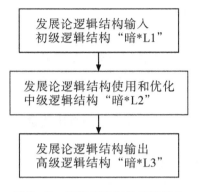

图5-2 逻辑场发展论元素结构

1. 生存论逻辑结构

高级逻辑结构 = 中级逻辑结构 + 主观能动性变量 + 自创的逻辑关联

设：

高级逻辑结构——暗 L3；

中级逻辑结构——暗 L2；

主观能动性变量——暗 n；

自创的逻辑关联——暗 j3。

那么，高级逻辑结构能写成：

$$暗 L3 = 暗 L2 + 暗 n + 暗 j3 \qquad (公式5.1)$$

元素用本能帮助自己生存，自己通过认识建立暗能量场，自己通过思考建立暗引力场。暗 n 由暗能量场寻找接收能量，用暗引力场控制自己的行为。

中级逻辑结构 = 初级逻辑结构 + 环境变量 + 自创的逻辑关联

设：

中级逻辑结构——暗 L2；

初级逻辑结构——暗 L1；

环境变量——暗 d；

自创的逻辑关联——暗 j2。

那么，中级逻辑结构能写成：

$$暗 L2 = 暗 L1 + 暗 d + 暗 j2 \qquad (公式5.2)$$

元素以个人主义制造能量的结构，控制工作受暗引力场影响。

初级逻辑结构 = 各种实际系统的有用要素 + 自创的逻辑关联

设：

初级逻辑结构——暗 L1；

各种实际系统的有用要素——暗 y；

自创的逻辑关联——暗 j1。

那么，初级逻辑结构能写成：

$$暗 L1 = 暗 y + 暗 j1 \qquad (公式5.3)$$

元素根据结构配置功能，结构是以个人主义建立的，功能也是个人主义的。

2. 发展论逻辑结构

初级逻辑结构 = 各种实际系统的有用要素 + 自创的逻辑关联

设：

初级逻辑结构——暗 * L1；

各种实际系统的有用要素——暗 * y；

自创的逻辑关联——暗 * j1。

初级逻辑结构能写成：

$$暗 * L1 = 暗 * y + 暗 * j1 \qquad (公式5.4)$$

生存论的输出势能（结构加功能）仍然作为发展论的输入，仍然用个人主义赋予输入势能新的自私功能。

中级逻辑结构 = 初级逻辑结构 + 环境变量 + 自创的逻辑关联

设：

中级逻辑结构——暗 * L2；

初级逻辑结构——暗 * L1；

环境变量——暗 * d；

自创的逻辑关联——暗 * j2。

那么，中级逻辑结构能写成：

$$暗 * L2 = 暗 * L1 + 暗 * d + 暗 * j2 \qquad (公式5.5)$$

对于使用和优化环节，以自私目标使用功能或以自私目标优化结构。

高级逻辑结构 = 中级逻辑结构 + 主观能动性变量 + 自创的逻辑关联

高级逻辑结构——暗 * L3；

中级逻辑结构——暗 * L2；

主观能动性变量——暗 * n；

自创的逻辑关联——暗 * j3。

那么，高级逻辑结构能写成：

$$暗 * L3 = 暗 * L2 + 暗 * n + 暗 * j3 \qquad (公式5.6)$$

元素决策：或使用势能功能、或优化势能结构、或结束本发展论。

3. 子系统的逻辑结构

暗逻辑场系统的元素仍然有子系统这一种，子系统是元素的 n 因为本能而主动或被动达成契约产生的，用契约作子系统的暗群 n，依次产生暗群 L3、暗群 L2、暗群 L1、暗群 * L1、暗群 * L2、暗群 * L3，产生暗群 * n。暗群 n 和暗群 *

n 都没有整体优化要求存在，是子系统的暗逻辑场本能。同样适用图 5-1 和图 5-2。暗逻辑场系统的子系统，自己就是一个暗逻辑场系统，一样有元素、关联和控制。

4. 子系统的生存论逻辑结构

高级逻辑结构 = 中级逻辑结构 + 主观能动性变量 + 自创的逻辑关联

设：

高级逻辑结构——暗群 L3；

中级逻辑结构——暗群 L2；

主观能动性变量——暗群 n；

自创的逻辑关联——暗群 j3。

那么，高级逻辑结构能写成：

$$暗群\ L3 = 暗群\ L2 + 暗群\ n + 暗群\ j3 \qquad (公式\ 5.7)$$

和元素一样，暗逻辑场的子群也要根据能量场建立暗能量场，根据引力场建立暗引力场，再以暗能量场和暗引力场为基础决策。

中级逻辑结构 = 初级逻辑结构 + 环境变量 + 自创的逻辑关联

设：

中级逻辑结构——暗群 L2；

初级逻辑结构——暗群 L1；

环境变量——暗群 d；

自创的逻辑关联——暗群 j2。

那么，中级逻辑结构能写成：

$$暗群\ L2 = 暗群\ L1 + 暗群\ d + 暗群\ j2 \qquad (公式\ 5.8)$$

暗逻辑子群在赋予能量结构的过程中，加工控制用个人主义本能控制，子群有分工。

初级逻辑结构 = 各种实际系统的有用要素 + 自创的逻辑关联

设：

初级逻辑结构——暗群 L1；

各种实际系统的有用要素——暗群 y；

自创的逻辑关联——暗群 j1。

那么，初级逻辑结构能写成：

$$暗群\ L1 = 暗群\ y + 暗群\ j1 \qquad (公式\ 5.9)$$

暗逻辑子群赋予能量功能的活动仍然以个人主义本能控制，功能是个人主义功能。

5. 子系统的发展论逻辑结构

初级逻辑结构 = 各种实际系统的有用要素 + 自创的逻辑关联

设：

初级逻辑结构——暗群 * L1；

各种实际系统的有用要素——暗群 * y；

自创的逻辑关联——暗群 * j1。

那么，初级逻辑结构能写成：

$$暗群 * L1 = 暗群 * y + 暗群 * j1 \quad (公式 5.10)$$

生存论的输出就是发展论的输入，要赋予新功能。能量场的变化影响暗能量场，引力场的变化影响暗引力场，新功能要受暗能量场变化和暗引力场变化的影响。

中级逻辑结构 = 初级逻辑结构 + 环境变量 + 自创的逻辑关联

设：

中级逻辑结构——暗群 * L2；

初级逻辑结构——暗群 * L1；

环境变量——暗群 * d；

自创的逻辑关联——暗群 * j2。

那么，中级逻辑结构能写成：

$$暗群 * L2 = 暗群 * L1 + 暗群 * d + 暗群 * j2 \quad (公式 5.11)$$

在发展论的使用和优化环节，主体是个人主义本能，或使用个人主义功能，或优化个人主义结构。

高级逻辑结构 = 中级逻辑结构 + 主观能动性变量 + 自创的逻辑关联

设：

高级逻辑结构——暗群 * L3；

中级逻辑结构——暗群 * L2；

主观能动性变量——暗群 * n；

自创的逻辑关联——暗群 * j3。

那么，高级逻辑结构能写成：

$$暗群 * L3 = 暗群 * L2 + 暗群 * n + 暗群 * j3 \quad (公式 5.12)$$

发展论的决策由新契约作出，新契约是子群元素地位和权重因暗能量场和暗引力场的改变而改变后的加权逻辑和契约。决策或使用势能、或优化势能、或结束本发展论。

由此看出，暗逻辑结构的生存论和发展论是一个迭代周期，迭代条件就是本能，以个人主义为重点的本能，这种本能的发展以达尔文进化论为规律。

5.3 暗关联

暗逻辑场元素的关联仍然以本能加权逻辑和的契约关联为主,为了建立小团体就要分享能量,产生暗能量场关联,暗引力场关联指两个意思:约定俗成的潜规则是暗逻辑场元素要遵守的控制,暗引力场即潜规则与明引力场即法律制度可能矛盾斗争。暗逻辑场元素关联如图 5-3 所示。

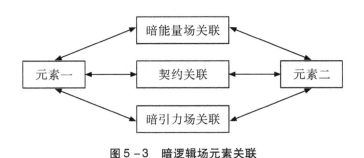

图 5-3　暗逻辑场元素关联

这种暗能量场关联是元素的本能与另一个元素的本能达成本能契约,意图改变能量场影响。暗引力场关联也是一样,几个元素的本能达成本能契约,意图改变引力场影响。

元素的暗关联有达尔文的残酷无情的一面,对自己有利的关联就保持和发展,对自己不利的关联就淘汰。

5.4 暗能量场

如图 5-4,暗能量场指暗逻辑场元素以潜规则可以得到的能量的集合,这种暗能量场不受引力场控制,没有整体优化原则要求,为暗元素的小团体利益存在,是逻辑结构能量场的一部分。

元素发出的暗能量可能有害,则暗能量场也可能有害,如危害原来的能量场,危害逻辑结构引力场,甚至危害整个逻辑场。

如原始人打鱼,他认为鱼多的海域就是他的暗能量场。又如现代社会,山林是能量场,乱砍滥伐的山林就是砍伐者的暗能量场。

这种能量场是不受法治控制的能量场,是极端民主的能量场。

暗能量场是为暗元素的生存发展服务的,他不是绝对有害的。当小团体扩大到整个逻辑结构,小团体的本能契约有了整体利益,暗能量扩大到整个能量场,小团体与暗能量场的互塑扩大成逻辑场与能量场的互塑,小团体的很多保育暗能

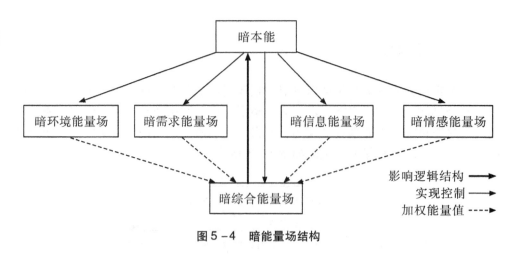

图 5-4 暗能量场结构

量场的方法可以扩大为保育能量场的方法。

5.5 暗引力场

暗引力场不是法治,而是子群契约,是一种约定,它的特点是随意产生且可以随意修改,常常还不严格要求遵守,好比小团体的潜规则或黑社会的黑纪律,是极端民主主义的引力场和引力。

如图 5-5,暗逻辑场的暗引力场仍然由暗本能控制,这种暗本能不受引力场控制,不讲整体优化,是元素自由的本能或子系统的本能加权逻辑和。暗引力场控制即小团体潜规则,小团体自己建立的民主、法律、人权和外环境互塑要求。

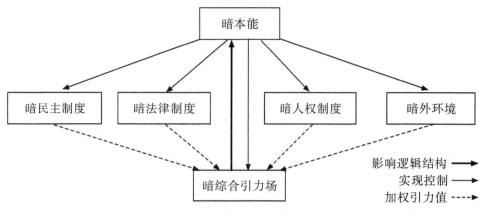

图 5-5 暗引力场结构

这里的暗民主制度是小团体内的民主制度，暗法律制度是小团体的活动规则，暗人权制度指小团体内的成员的个人利益，暗外环境指小团体的外环境，包括系统和系统环境。暗综合引力场是小团体团结的基础，是其他暗控制的加权逻辑和。

▶ 5.6 暗环境

暗逻辑结构也面临两个环境互塑，暗内环境和暗外环境，只是这种互塑不是为了优化系统整体，而是为了优化小团体甚至个体元素。

暗逻辑结构的暗内环境常常指小团体内部，暗逻辑结构的暗外环境常常指包括他的更大的小团体，不是后面说的内外环境。

暗逻辑结构与暗内外环境的互塑有时会破坏真正的系统内外环境，因为暗内外环境的利益和要求有时与真正内外环境的利益和要求是矛盾的。当然，当暗内外环境等于真正的内外环境时，暗逻辑结构与暗内外环境的互塑就等于与真正的内外环境互塑，这种互塑是有益的，这时，小团体扩大成整个系统。

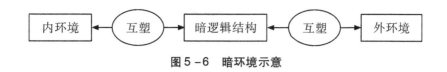

图5-6　暗环境示意

▶ 5.7 暗本能

暗本能专指个人主义和小团体主义，是本能的一种，目标是自身逻辑结构的生存发展。因为用暗能量场代替能量场，用暗引力场代替引力场，因此叫暗本能。

决不能认为暗本能一定不好，正如个人主义有坏的一面也有好的一面一样。暗本能是暗逻辑场的主宰，体现的是元素的自身要求，好比原始社会的人的要求，好比完全竞争市场的商家的动机。发展到现代化社会，暗本能常常代表人民的愿望。发展到现代化市场，暗本能常常代表市场规律。暗本能是规律之学。

▶ 5.8 暗控制

暗本能的控制行为都是暗控制，但小团体内部也存在一般逻辑场的控制原理，即小团体的行为来自控制，控制仍然是小团体契约和暗环境（暗引力场）的均衡产生的。只是暗逻辑场的暗本能可以通过改变契约或暗引力场而改变控制，实现专制。

暗逻辑场的控制者是本能，本能制造暗能量场代替能量场，本能制造暗引力场代替引力，实现按本能要求控制行为的目标。如原始人群为了生存，寻找有鱼的海域就是制造暗能量场，制定内部的制度就是制造暗引力场。

仍然不能认为暗控制肯定不好，因为当小团体扩大到整个逻辑结构，暗控制就变成了民主制度和人权制度。因为暗控制是契约产生的，这是民主制度的萌芽。因为暗控制要求保障元素的利益，这是人权制度的萌芽。

可以把暗控制看成本能为生存论和发展论服务的一种行为。暗逻辑场就是由暗控制操作运行的。暗控制的重要工作是寻找输入能量，加工能量，输出势能。如图 5-7 所示。

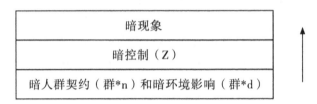

图 5-7　暗控制示意

5.9　暗均衡

一般逻辑场有均衡公式：契约 = 控制 = 环境，但暗均衡不是这样，他的公式是：

$$暗本能的加权逻辑和 = 小团体契约$$

内部产生小团体本能。

$$小团体契约 = 暗能量场$$

小团体本能制造控制能量场的方法。

$$暗能量场 > 能量场$$

小团体本能控制能量场。

$$小团体契约 = 暗引力场$$

小团体本能制造控制引力场的方法。

$$暗引力场 > 引力场$$

小团体本能控制引力场。

暗逻辑场的例子可以举两个：人类原始社会和完全竞争的自由市场。

在人类原始社会中，没有能量场的明确认识，没有引力场的明确控制，一切都由本能控制。

在完全竞争的自由市场中，没有政府干预，一切生产交易仍然是本能决定。

由这两个例子说明，暗逻辑场绝不是一定不好，他可以揭示逻辑场元素的一般性生存发展规律，是一种规律之学，当小团体扩大成整个场，可以发展出人权、民主这些学说。当然，暗逻辑场的暗本能恶性发展能产生环境污染、腐败和其他黑暗罪恶的现象，小团体的恶性发展就会制造分裂。

▶ 5.10 暗理论

暗逻辑场不是只有破坏的，实际，他有很大的建设意义，当小团体足够大，大到和整个系统一样大，暗逻辑场理论就成为整个逻辑场的理论，这时，本能就是民意，本能的各种行为就是规律之学。

这里研究暗逻辑场理论，他可以好成逻辑场规律，他也可以坏成破坏逻辑场的小团体规律。

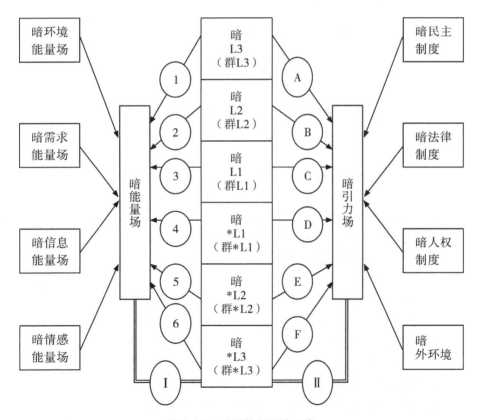

图 5-8　暗逻辑场理论示意

暗理论有一个重要的特点，本能控制能量场和引力场，本能控制能量的输入、加工、输出，输出的能量主要为新势能和新势能附带的结构和功能。

影响（1）：暗本能控制暗逻辑结构，暗本能在寻找和接受能量的过程中不考虑能量场规律，只考虑暗能量场规律。这是一个暗决策的环节。

暗逻辑场由元素的个人主义本能和能量场能量本身决定能量输入。

暗群n是子系统元素本能的契约加权和，成为子系统的本能，这个本能会把寻找到的能量场变成暗能量场，会在收入和加工能量的过程中发展暗引力场。

影响（A）：暗本能在生存论接收能量的过程中，不管引力场的要求，自建自己需要的暗引力控制。暗引力场有对抗引力场的功能，就像人类建房对抗自然的风雨雷电一样。暗引力场是文明的催化剂。本能的决策要考虑暗引力场的影响，建立暗引力场时，虽然不考虑引力场的要求但却要受到引力场的限制，好比法制社会的小团体如果触犯法律又被执法单位发现，这个小团体就不能生存了。

影响（2）：加工环节中，给暗能量配置暗结构，能量的多少和质量仍然影响加工过程。

暗 L2 是暗逻辑场元素生存论加工能量的环节；暗 n > d，即暗本能大于引力场作用。对于子群，暗契约是本能的加权逻辑和。暗 n 和输入的能量控制暗 L2 的能量加工。

影响（B）：暗本能在加工环节起控制作用，他排斥引力场的控制作用，自建暗引力控制，就是俗称的潜规则。

现代社会，潜规则良性发展可以帮助法律制度发展，潜规则恶性发展会破坏法律制度。如慈善事业这个潜规则可以帮助社会发展福利制度，腐败这个潜规则会破坏依法治国。

影响（3）：给附带结构的能量配置功能和新暗本能都需要能量场的影响，但暗逻辑结构为了小团体利益，常常用暗能量场影响代替能量场影响。

暗 L1 是暗逻辑场元素生存论的输出，也是新的势能；新势能受三个条件影响：能量的多少和质量，本能，本能与引力斗争的结果。

暗群 L1 是生存论消化输入的能量后得到的第一个新势能。得到势能的元素在群中的地位会变化。

影响（C）：引力场对输出的势能和新暗本能也有影响的，但暗逻辑结构为了小团体利益，仍然常常用暗引力场影响代替引力场影响。

如现代社会，小团体用潜规则对抗法律搞腐败，搞集体闯红灯。

影响（4）：暗逻辑结构输入发展论的势能和暗本能是生存论的输出，这时的暗本能根据需要用暗能量场影响代替能量场影响，但这种代替仍然要考虑能量场的实际情况，如原始人建立打鱼的暗能量场要先找到鱼多的能量场。

暗 $*L1 = $ 暗 $L1$，说明暗逻辑场元素发展论的输入就是其生存论的输出；暗

∗L1 显然也是由个人主义本能配置暗功能的势能。注意，暗 L1 和暗 ∗L1 的势能结构相同，势能功能却不同，因为本能或本能契约变化了。好比同一个计算机软件，结构一样，但对软件公司和企业用户而言，他们认为的软件功能是不同的。

影响（D）：输入逻辑结构的暗势能和暗本能都受暗引力场影响，暗引力场代替了引力场，但同时也要考虑引力场的实际情况。

影响（5）：发展论的加工过程仍然受暗本能控制，加工是为了使用或优化暗势能。

暗 ∗L2 是暗逻辑场元素的发展论加工能量的环节；加工能量受三个条件影响：能量本身，新的本能，新本能与新引力斗争的结果；加工过程的控制者是新本能的个人主义；暗 L2 的能量加工为了使用或优化势能。

影响（E）：发展论的加工包括塑造暗本能的建设暗引力场的本领，如原始人一样会考虑什么样的新组织制度对生存论和发展论有帮助。

影响（6）：新暗本能是暗本能能量的提量或提质，即暗逻辑结构为了生存发展而提升自己能量的数量和质量。

暗 ∗n 是暗逻辑场元素得到的输出本能；输出本能暗 ∗n 会决策或使用势能功能、或优化势能结构、或结束本发展论；暗能量与能量场的要求可能矛盾；本能暗 ∗n 不讲整体优化目标，只为自己和小团体服务，与引力场可能产生矛盾斗争。

对群而言，暗群 ∗n 是发展论输出的新本能，是元素的暗 ∗n 的加权逻辑和；暗群 ∗n 不讲整体优化，只讲小团体利益；暗群 ∗n 往往与能量场要求矛盾，与引力场控制矛盾斗争；暗群 ∗n 为了小团体利益，发出暗能量，寻找接受新的暗能量，而暗能量可能破坏能量场和引力场，如现代社会的环境污染既破坏环境这个能量场，又因为孳生腐败破坏法制这个引力场。

影响（F）：新暗本能由发展论输出时就开始建设自己新的暗引力场，对抗变化了的新引力场。

影响（Ⅰ）：元素与能量场有相互作用，这种相互作用是暗能量场与能量场的矛盾斗争。

影响（Ⅱ）：元素与引力场有相互作用，这种相互作用是暗引力场与引力场的矛盾斗争。

5.11 小结

本章介绍了暗逻辑场的基本概念，以生存发展论逻辑结构为例子，大家可以举一反三地去研究发展生存论逻辑结构的暗逻辑场规律，可以研究纯生存论逻辑结构和纯发展论逻辑结构的暗逻辑场规律。

　　发展生存论逻辑结构的暗逻辑场规律类似帝国主义转嫁发展成本。纯生存论逻辑结构的暗逻辑规律类似原始人群的生存状态。纯发展论逻辑结构的暗逻辑规律就类似腐败分子和潜规则了。

第六章
暗逻辑工程

6.1 逻辑场的个人主义本能

逻辑场的个人主义本能指元素是用达尔文理论生存发展的生命，他不讲整体优化，制造暗能量场与能量场建立关联，暗能量场由能量场中对他有利的能量组成，制造暗引力场与引力场建立关联，暗引力场由引力场中对他有利的引力组成。如原始社会的原始人，他发现的捕鱼海域是暗能量场，大海是能量场，他制定的捕鱼规矩是暗引力场，自然界的风雨雷电是引力场。

当元素用暗能量场组成群暗能量场，用暗引力场组成群暗引力场，群个人主义本能产生了，个人主义本能的加权逻辑和就是群契约，原始人群就是这样产生的。

个人主义本能有优点，即为生存发展而奋斗，发动群众就常常要从群众的个人主义本能入手。但是，个人主义本能的罪恶也大的惊人，这是一切犯罪的根源，当一个小偷把公交车当暗能量场，把不得手不罢休当暗引力场规则，这车乘客就惨了。

图6-1 个人主义本能示意

6.2 逻辑场的公民思维本能

逻辑场还有一种元素本能叫公民思维本能，他把个人主义本能的"我的和不是我的"的思维改为"我的和别人的"的思维。公民思维本能没有暗能量场和暗引力场，他继承了个人主义本能的生存发展奋斗的优点，去掉了个人主义本能罪恶的缺失，不用达尔文理论指导自己的行为，用集体主义、个体主义、人道主义等理论指导自己的行为。

当公民思维本能达成逻辑契约，公民思维本能的暗逻辑场就产生了，如完全竞争的自由市场和发达国家所谓的理性人、理性人群。

公民思维本能和公民思维本能的暗逻辑场是均衡逻辑场产生的两大前提之一，他创造均衡逻辑场的元素和关联，创造均衡逻辑场的民主和人权，创造均衡逻辑场的规律。如发达国家的资本主义社会，很大前提就是完全竞争的自由市场的理想，和这种理想发展出的理性人要求，人权和民主。

值得一提的，中国社会主义的起源就是一群不断增加的有公民思维本能的中国人的奋斗，他们爱国爱民，愿意把自己的生存发展与中国的生存发展紧密结合在一起，去掉了阴暗的个人主义要求。

暗逻辑工程学的特点就是本能控制元素，本能达成契约控制整个场。仍然分成生存论和发展论。不讲整体优化理论。公民思维本能虽然不讲原来场或体的整体优化，但有发明新逻辑场实现公民主义的愿望，讲了正义的整体优化。

仍然用三维结构研究暗逻辑工程。

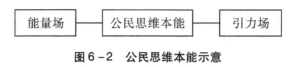

图 6-2　公民思维本能示意

6.3　内部暗逻辑工程

内部暗逻辑工程指元素和子群的生存发展工程，特点是发展暗能量场和暗引力场，一个元素可以自成逻辑结构运行，一个子群可以自成逻辑结构运行。

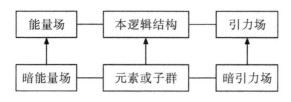

图 6-3　内部暗逻辑工程示意

6.3.1　生存论

1. 本能决策发起

逻辑场工程的第一步都是发起工程的环节，暗逻辑场工程的第一个工程环节分四步：建立自己的暗能量场和暗引力场；研究暗能量场和暗引力场做决策、做可行性研究；需求研究；起点产品是暗能量场发出的，个人主义本能与暗引力场均衡寻找接受的暗能量。

这个环节的四库工具的原理和一般逻辑场工程原理一样，但倾向是个人主义本能倾向，如原始人与原始人交流捕鱼经验。

2. 本能控制加工

暗逻辑场的能量加工环节仍然是生产势能，与一般逻辑场不同的是：暗逻辑场用暗能量场和暗引力场分别代替了能量场和引力场，n 和群 n 是个人主义本能，能量来自暗能量场，d 和群 d 是暗引力场发出的。如法制社会的小偷认为盗窃没有错，则小偷是个人主义本能，"盗窃没有错"是暗引力场，偷来的钱是暗能量场的能量，小偷的能量加工就是增加他的盗窃欲望，这是不好的例子。原始人打渔的例子则是生存发展的好例子，现代社会的人民规律也在这里。

这个环节的四库工具是暗引力场创造的。

3. 输出本能势能

暗生存论输出的是暗势能，可以好成人民生存发展的要求，可以坏成小偷贪官作案的思想基础。

四库工具是有倾向的势能库，如有道德的生存发展势能，人民群众就是这种，又如没有道德的生存发展势能，小偷贪官就是这种。

6.3.2 发展论

1. 本能传递势能

个人主义本能发展论的输入是个人主义本能的发展势能即欲望，可好可坏。人民群众有道德的发展愿望，如用诚实劳动换得发展就是有道德的发展势能，输入发展论就能创造有道德的发展论，就是好发展论。小偷贪官没有道德的发展愿望，偷或贪都是没道德的发展愿望，输入发展论就能创造没有道德的发展论，就是坏发展论。

这里的道德指是否有公民思维，有公民思维就有道德，没有公民思维而只有达尔文理论的弱肉强食就可能没有道德。

四库工具仍然是有倾向的势能库，或有道德的生存发展势能，或没有道德的生存发展势能。

2. 本能控制优化

这个环节的控制者仍然是个人主义本能，通过研究暗能量场和暗引力场得出控制，*d 和群 *d 都是暗引力场。

人民群众因为发展的是有道德的发展论，因此，优化的是生产技能，四库工具装的是生产技术知识。

小偷贪官因为发展的是没有道德的发展论，因此，优化的是阴谋诡计，四库工具装的是阴暗的思想和技术。

3. 本能决策动能

这是发展论发出动能的环节，人民群众开始劳动，小偷贪官开始干坏事。

人民群众由生存论输入发展论的势能经过优化，现在开始有道德地转化成动能做工。

这里有这样的环节：根据能量场和引力场的新情况，优化暗能量场和暗引力场，如原始人寻找更好的渔场和优化捕鱼规则；根据新的暗能量场和暗引力场做决策，决策四库装生产决策知识；需求研究是研究生产的组织和过程；起点产品为优化的生产工具和技术。

小偷贪官由生存论输入发展论的势能经过优化，现在也开始没有道德地转化成动能做工。

这里有这样的环节：根据能量场和引力场的新情况，优化暗能量场和暗引力场，如小偷选定新的作案公交，贪官定下新的腐败计划；根据新的暗能量场和暗引力场做决策，决策四库工具装着不道德的决策技术；需求研究的是偷谁或贪什么；起点产品就是小偷的盗窃欲望和技术，贪官的腐败欲望和权利。

注意，由上面的研究可以明白，个人主义本能制造的暗逻辑场工程不只原始社会有，任何社会和任何年代都有，不论逻辑场的性质是什么，元素和子群都可以通过建立暗能量场和暗引力场在大逻辑场内外构建自己的暗逻辑场，这种暗逻辑场有好有坏。

如慈善就是一种好的暗逻辑行为。

▶ 6.4 破坏整体性的内部暗逻辑工程

小偷贪官的利益追求因为用达尔文理论用到恶化的程度，所以他们制造的暗逻辑工程是破坏逻辑场整体性的内部暗逻辑工程。

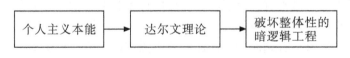

图 6-4 破坏整体性的内部暗逻辑工程

▶ 6.4.1 生存论

小偷贪官在生存论的第一个环节是建立暗能量场和暗引力场，用暗引力帮助个人主义本能由暗能量场输入能量。

如小偷，他先要踩点，找到好偷的公交车，这是他的暗能量场，他还要制定盗窃方案和规则，这是他的暗引力场，如果是团伙就有了个人主义本能契约。

小偷的四库就是同伙和自己的经验。

如贪官，他先要有权力，这是他的暗能量场，他还要制定行贿受贿的方案和规则，这是他的暗引力场，如果是小团体腐败就有了个人主义本能契约。

贪官的四库很有趣，除了同伙和自己的经验外，还有我们少数坏古人的事迹，比如秦桧、和珅之流。

小偷贪官在生存论的第二个环节都是花费脏钱得到满足，在产生新的找钱欲望，这就是脏钱变成欲望，能量变成势能。

这里的四库有一个让我们沉痛的组成部分，就是社会风气。

小偷贪官在生存论的第三个环节都是输出生存论欲望，找脏钱的欲望。

这时，势能四库工具包括人性的各种阴暗面和脆弱面。

6.4.2 发展论

小偷贪官在发展论的输入环节都输入自己找更多脏钱的欲望。

这时的四库工具充斥着盗窃经验和腐败体会。

小偷贪官在优化阶段各有所为，小偷练技术，贪官继续找权找人脉。

这时的四库工具仍然有社会风气这个组成部分。还有法治缺陷这个组成部分。

作为发展论的输出就是小偷新的盗窃行为和贪官新的腐败行为。

这时的四库工具仍然是经验和干坏事技术的传播。

6.5 支持整体性的内部暗逻辑工程

支持整体性的内部暗逻辑工程主要指人民群众个人或子群的暗逻辑行为。一般把大多数人的群体定义为人民，或者把守法的人群叫人民。

图 6-5 支持整体性的内部暗逻辑工程

人民群众的生存发展逻辑工程虽然也是个人主义本能控制的，也用达尔文的进化论，但因为没有用恶化的个人主义阴暗面发展，讲集体主义和个体主义，还蕴藏着公民思维，支持整体性。

如任何时代和任何社会的民生，如完全竞争市场的理性人。

6.5.1 生存论

人民群众开始生存论的输入环节也要建立暗能量场和暗引力场，如原始社会的原始人要找打渔区域，要制定打渔的规则，原始社会的暗能量场往往会扩大成能量场，暗引力场会扩大成引力场。其他社会的人民群众的暗逻辑场的加权逻辑和就是能量场，暗能量场的加权逻辑和就是引力场的组成部分。人民群众的暗能量场和暗引力场讲道德，小偷贪官的暗能量场和暗引力场不讲道德，这是二者重要的区别。

建立暗能量场和暗引力场以后，人民群众也要用本能寻找输入能量，主要用做工达到目标。有决策和决策四库，决策四库有乡约民俗和道德避免自己做干坏事的决策，乡约民俗和道德都是决策契约。有需求研究，有起点势能，这个势能是人民群众的劳动所得。

人民群众的加工环节仍然由本能控制，参考暗能量场和暗引力场要求，把能量接受加工成势能。暗能量场有时也会破坏能量场，如群众过度放牧会破坏草场。暗引力场有时也会破坏引力场，如一个村的群众集体非法盗墓。

生存论的输出环节，群众输出满足了生存要求且有发展欲望的人民群众势能。

6.5.2 发展论

人民群众输入发展论的势能是符合道德的发展愿望，因为符合道德，估计其他元素和子群的发展，因此有整体性作用。

人民群众在优化环节，重点优化生产工具和技能。

人民群众在发展论的输出环节输出的动能往往就是一个社会的生产力。

还有一种内部暗逻辑工程是支持整体性的，即具有公民思维的元素或子群引领人民走向文明的逻辑工程，如欧洲启蒙思想家和中国早期的共产党。

6.6 外部暗逻辑工程

外部暗逻辑工程是逻辑结构外部针对自己的逻辑行为工程，是外环境的组成部分。好比一个人是一个逻辑结构，其他人害这个人或帮这个人就是这个人的外部逻辑行为，当逻辑行为扩大化和复杂化，逻辑行为就成了逻辑工程。

对于外部暗逻辑工程，仍然有暗能量场和暗引力场，外逻辑结构用这两个场与本逻辑结构相关，或破坏本逻辑结构，或帮助本逻辑结构。

这里举两个外部暗逻辑工程的例子，一个是外国人民群众的生存发展工程，这种工程对本国是有益的，一个是外国对本国的颜色革命策动，这种工程对本国是有害的。

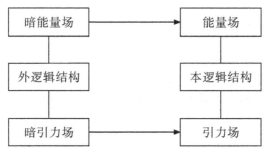

图 6-6　外部暗逻辑工程示意

6.6.1　生存论

1. 本能决策发起

外部暗逻辑工程是外逻辑结构个人主义本能控制的，他在生存论的输入环节要建立自己的暗能量场和暗引力场，以此产生个人主义本能的决策、需求研究和起点产品。外逻辑结构的暗能量场与本逻辑结构的能量场有关时，外逻辑结构的暗引力场与本逻辑结构的引力场有关时，外逻辑结构就有可能发起一个外部暗逻辑工程。

例如，外国想掠夺某国的经济资源就产生外逻辑结构的暗能量场与本逻辑结构的能量场有关，外国想搞某国的颜色革命就产生外逻辑结构的暗引力场与本逻辑结构的引力场有关。这时，外国的决策四库工具充满了强大的智库。这种智库是以达尔文的弱肉强食理论为指导的。

又例如，外国人民在生存发展过程中，当其暗能量场和暗引力场与本国相关时，就产生了外部暗逻辑工程。这时，外国人民的决策四库工具仍然为自己的生存发展提供服务。这种决策四库以公民思维为指导。

2. 本能控制加工

对于以达尔文弱肉强食理论为指导的外逻辑结构，在本能控制加工环节就是把本逻辑结构的利益接受成自己的势能，产生新的掠夺本逻辑结构利益的欲望，即新的势能，发动颜色革命的欲望。

对于以公民思维为指导的外逻辑结构，在本能控制加工环节就欢迎与本逻辑结构合作，共享能量，如本国和外国合作开发工程等。

3. 输出本能势能

对于弱肉强食的外逻辑结构，输出本能势能寻求更多的掠夺本逻辑结构利益，产生颜色革命的资金和组织。

对于公民思维的外逻辑结构，输出本能势能寻求更多的生存发展利益。

6.6.2 发展论

1. 本能传递势能

弱肉强食的外逻辑结构,发展论的本能传递势能环节由生存论的输出入发展论的输入,这是一个掠夺本逻辑结构的欲望,如颜色革命的组织机构形成。

公民思维的外逻辑结构,发展论的本能传递势能环节仍然由生存论的输出入发展论的输入,这是一个寻求与本逻辑结构合作共赢发展的欲望。

2. 本能控制优化

外逻辑结构优化欲望势能的方法就是产生带计划和策略的势能。

对于弱肉强食的外逻辑结构,优化势能的环节有研究本逻辑结构,策划对本逻辑结构的破坏、掠夺、颜色革命等工作。四库工具有专门研究破坏本逻辑结构的智库。

对于公民思维的外逻辑结构,优化势能的环节有寻求友好合作的环节。四库工具有专门研究怎样发展友好合作的智囊智库。

3. 本能决策动能

对于弱肉强食的外逻辑结构,发展论的输出就是动能,就是掠夺本逻辑结构的具体行动,如颜色革命的具体行动。

对于有公民思维的外逻辑结构,发展论输出的动能就是在新的环境中发展新的友好合作。

6.7 破坏逻辑结构的外部暗逻辑工程

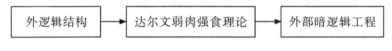

图6-7 破坏逻辑结构的外部暗逻辑工程

6.7.1 生存论

破坏本逻辑结构的外逻辑工程都要建立暗能量场和暗引力场,如某国的全球利益地图和全球势力地图,哪个国家的能量场要求和引力场要求与某国暗能量场要求和暗引力场要求产生矛盾,某国就要发起暗逻辑工程,用各种借口破坏和掠夺该国利益。这是一种弱肉强食指导的,外逻辑结构与本逻辑结构相关的逻辑工程,对本逻辑结构是有害的。最著名的工程就是颜色革命。

6.7.2 发展论

暗逻辑工程的发展论就是认知本能,让本能带上计划和策划,开始破坏本逻辑结构的行动。如策动颜色革命。

6.8 支持逻辑结构的外部暗逻辑工程

我们定义外国人民仍然以人数比例或是否守法为根据。注意,这里的守法有三个含义:守本国法、守身在国法、守国际法。

图6-8 支持逻辑结构的外部暗逻辑工程

支持本逻辑结构的外部暗逻辑工程就是外国人民群众的生存发展工程,他们的发展成果可以与本逻辑结构交换,补充本逻辑结构的不足。如本国与外国的物质能量交换,如本国借鉴外国的法律制度发展自己。

6.8.1 生存论

这里的生存论指外国人民自身逻辑活动的生存论,即发展生产得到能量满足自己的生存发展需要。

外国人民发展生存论就有与本国人民合作的愿望,这是公民思维的本能。

6.8.2 发展论

外国人民为了更好发展和寻求与本国合作,交换能量,共同发展。

还有一种外部暗逻辑工程是支持本逻辑结构的,原因是外逻辑结构有公民思维,如苏联帮助中国建立共产党,又如美国帮助中国抵抗日本侵略。

这种外逻辑工程的生存论就是发扬集体主义、人道主义和人类正义。

其发展论就是把集体主义、人道主义和人类正义付诸实现。

这一章介绍了两种思想和四个逻辑工程,两个思想是个人主义本能和公民思维本能,四个逻辑工程是破坏整体性的内部暗逻辑工程、支持整体性的内部暗逻辑工程、破坏逻辑结构的外部暗逻辑工程、支持逻辑结构的外部暗逻辑工程。还有两个特殊情况,一个是先进元素用公民思维引领本逻辑结构文明发展,一个是先进外逻辑结构用公民思维帮助本逻辑结构文明发展。

个人主义本能是一切逻辑结构的本能,他包括达尔文理论的弱肉强食思想和公民思维的与人共赢，本书把达尔文弱肉强食思想称为不道德，把公民思维的与人共赢思想称为道德。以个人主义本能的弱肉强食思想发展的暗逻辑工程都是没有整体性的、破坏本逻辑结构的工程，如小偷贪官的内工程，如上世纪帝国主义的外工程。

个人主义的公民思维不断发展而取代个人主义本能时，就产生了公民思维本能，以公民思维本能发展的暗逻辑工程都是有整体性的、帮助本逻辑结构的工程，如本国人民的生存发展工程，如外国人民的生存发展工程。

内部暗逻辑工程有两种，一种破坏整体性，原因在于指导思想是弱肉强食的个人主义本能，一种支持整体性，原因在于指导思想是有公民思维的个人主义本能。如犯罪分子就是弱肉强食的个人主义本能，如本国人民的生存发展就是有公民思维的个人主义本能。

外部暗逻辑工程有两种，一种破坏本逻辑结构，原因在于外逻辑结构用弱肉强食作指导思想，一种支持本逻辑结构，原因在于外逻辑结构用公民思维作指导思想。如上世纪帝国主义就是弱肉强食的本能，如外国人民的生存发展就是公民思维的本能。

还有两种本能可以创造新的逻辑结构，一种是公民本能高度发展的本逻辑结构内部元素和子群，他们可以找到逻辑结构正义的发展方向，引领逻辑结构向更文明正义的方向发展，甚至开创新的逻辑结构；一种是公民本能高度发展的外逻辑结构，他们可以引领本逻辑结构向更文明正义的方向发展，与帝国主义有本质区别。

通过图6-9所示，可以看到暗逻辑工程虽然以本能为根据，但本能有两种，一种是达尔文理论的弱肉强食，一种是文明正义的公民思维，结果就产生出有益和有害的暗逻辑工程。研究暗逻辑场和按逻辑工程可以帮助我们更完整科学的认识人类社会，了解真实的人民，于法治外发展德治，于社会表面看到社会本质，发展个人的生存本领，发展社会的正能量。

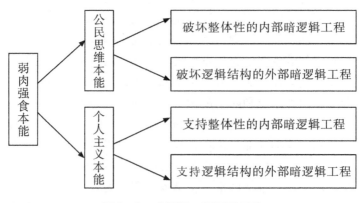

图6-9 暗逻辑工程原理示意

6.9 小结

本章仍然以生存发展论逻辑结构为例子研究暗逻辑工程。实际，发展生存论逻辑结构、生存论逻辑结构、发展论逻辑结构都有自己的暗逻辑工程，可以举一反三去研究。

如果中国为生存发展论逻辑结构，美国就属发展生存论逻辑结构，世界上还有很多纯生存论逻辑结构和纯发展论逻辑结构，都有自己的暗逻辑工程，也有自己公民和公民群体的暗逻辑结构，研究领域非常广阔。

第七章 明逻辑场

7.1 明逻辑场定义

当逻辑场的元素和子系统的本能和契约被压缩到最小,甚至忽略不计,由引力场完全控制逻辑结构,元素根据弹簧原理,因为被引力场压缩而得到势能,再把势能转换成动能做工,这种逻辑场就是明逻辑场。

明逻辑场存在整体优化理论作用,明逻辑场的元素和子系统有集体主义,基本没有个人主义,这种集体主义是引力场强加的,是压缩弹簧的原理,弹簧原理大多数时候让元素和子系统产生动能,但有时会激发个人主义动能反抗引力场控制,发生个人主义反对集体主义的极端现象。

典型的明逻辑场有人类奴隶社会和封建社会,有极端垄断的市场。其中,奴隶社会的奴隶起义、封建社会的农民起义都是个人主义被激发而反抗引力场的例子,极端垄断市场的工人罢工也是这类情况。

7.2 明元素

明逻辑场是引力场控制的逻辑场,控制者是一个或几个特权元素和特权子系统,他们构成逻辑结构控制,其他元素和子系统都受其控制,实际就构成了一个逻辑体,明逻辑体,与暗逻辑场的场结构不同。逻辑体是逻辑场的特例。明逻辑体的元素的本能就是引力场给的集体主义,外来的集体主义,强迫的集体主义,他像弹簧一样压缩元素自己原有的本能,激发元素为控制者做工的动能。

图 7–1 是明逻辑场元素结构图,对这个图有这样的解释:

1. 生存论逻辑结构

高级逻辑结构 = 中级逻辑结构 + 主观能动性变量 + 自创的逻辑关联

设:

高级逻辑结构——明 L3;

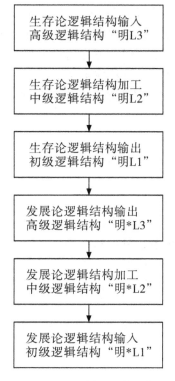

图 7-1 逻辑场元素结构

中级逻辑结构——明 L2；
主观能动性变量——明 n；
自创的逻辑关联——明 j3。
那么，高级逻辑结构能写成：

$$明 L3 = 明 L2 + 明 n + 明 j3 \quad (公式 7.1)$$

元素于生存论输入的能量不是自己的本能控制的，是引力场控制的。如奴隶社会，奴隶主命令奴隶出海捕鱼，捕来的鱼大部分给奴隶主，少数留给自己维持生存。这种能量的分配就开始了一次压缩奴隶的过程。

中级逻辑结构 = 初级逻辑结构 + 环境变量 + 自创的逻辑关联

设：

中级逻辑结构——明 L2；
初级逻辑结构——明 L1；
环境变量——明 d；
自创的逻辑关联——明 j2。
那么，中级逻辑结构能写成：

$$明 L2 = 明 L1 + 明 d + 明 j2 \qquad (公式7.2)$$

这是一次能量的加工过程，如奴隶社会的奴隶吃掉奴隶主分给他的少量鱼，虽能果腹维持基本的生存要求，但不可能满足生存要求，要受到奴隶主在生存条件上压缩，即想继续生存就得继续给奴隶主干活。

初级逻辑结构 = 各种实际系统的有用要素 + 自创的逻辑关联

设：

初级逻辑结构——明 L1；

各种实际系统的有用要素——明 y；

自创的逻辑关联——明 j1。

那么，初级逻辑结构能写成：

$$明 L1 = 明 y + 明 j1 \qquad (公式7.3)$$

这是一次输出本能的环节，输出的不是元素的自我本能，而是引力场强加给元素的外来集体主义和能量。如奴隶一边得到奴隶主给的少量的能量，一边因为奴隶主在精神和肉体上的压迫而被迫为奴隶主继续干活。

2. 发展论逻辑结构

初级逻辑结构 = 各种实际系统的有用要素 + 自创的逻辑关联

设：

初级逻辑结构——明 * L1；

各种实际系统的有用要素——明 * y；

自创的逻辑关联——明 * j1。

初级逻辑结构能写成：

$$明 * L1 = 明 * y + 明 * j1 \qquad (公式7.4)$$

明逻辑结构元素用外来的强加本能输入发展论，如一个吃了饭又挨了打的奴隶准备干活了。

这个发展论输入是生存论加工的输出，本能是势能化的本能，如奴隶社会的奴隶想第二天还有食物果腹的愿望就是一种人的势能。

中级逻辑结构 = 初级逻辑结构 + 环境变量 + 自创的逻辑关联

设：

中级逻辑结构——明 * L2；

初级逻辑结构——明 * L1；

环境变量——明 * d；

自创的逻辑关联——明 * j2。

那么，中级逻辑结构能写成：

$$明 * L2 = 明 * L1 + 明 * d + 明 * j2 \qquad (公式7.5)$$

这是一次发展论的加工过程，外来的本能驱使元素做工，准备新的寻找收入能量所需的新本能和能量。如奴隶在奴隶主的命令下修补渔网和船只。这个过程中，奴隶主会积极压缩奴隶的本能，集聚势能，期望激发奴隶更大的干活动能，如打奴隶，威胁奴隶好好干活，给奴隶完成工作后的奖励许诺。

高级逻辑结构 = 中级逻辑结构 + 主观能动性变量 + 自创的逻辑关联

设：

高级逻辑结构——明*L3；

中级逻辑结构——明*L2；

主观能动性变量——明*n；

自创的逻辑关联——明*j3。

那么，高级逻辑结构能写成：

$$明*L3 = 明*L2 + 明*n + 明*j3 \quad (公式7.6)$$

这是元素输出发展论本能的环节，这个本能是外来强加的本能，是前面加工过程得到的势能向动能转化的过程。如奴隶社会的奴隶，吃了饭、修补了渔网和渔船，受到奴隶主的压迫和威胁，产生了为奴隶主打渔的动能，出海打渔。

这时，奴隶出海打渔的行为既是发展论的输出，又是新的生存论的开始，迭代奴隶主的控制命令的周期循环。

3. 子系统的逻辑结构

明逻辑场系统的元素仍然有子系统这一种，子系统是元素的 n 因为本能而主动或被动达成契约产生的，用契约作子系统的明群 n，依次产生明群 L3、明群 L2、明群 L1、明群*L1、明群*L2、明群*L3，产生明群*n，明群 n 主要接受能量，明群*n 发出和接受能量，这种明群*n 受引力场严重压缩，受引力场控制。明群 n 和明群*n 都非常支持整体优化要求。同样适用图 7-1。明逻辑场系统的子系统，自己就是一个明逻辑场系统，一样有元素、关联和控制。

4. 子系统的生存论逻辑结构

高级逻辑结构 = 中级逻辑结构 + 主观能动性变量 + 自创的逻辑关联

设：

高级逻辑结构——明群 L3；

中级逻辑结构——明群 L2；

主观能动性变量——明群 n；

自创的逻辑关联——明群 j3。

那么，高级逻辑结构能写成：

$$明群 L3 = 明群 L2 + 明群 n + 明群 j3 \quad (公式7.7)$$

这是子群输入能量的过程，子群的本能被压缩了，契约是引力场强加的。如奴隶社会的一群奴隶出海打渔，他们的本能像弹簧一样被压缩，他们是为奴隶主出海打渔的，他们打渔的目标就是多打渔，大部分给奴隶主后，自己的所得会水涨船高的多一点。

$$\text{中级逻辑结构} = \text{初级逻辑结构} + \text{环境变量} + \text{自创的逻辑关联}$$

设：

中级逻辑结构——明群 L2；

初级逻辑结构——明群 L1；

环境变量——明群 d；

自创的逻辑关联——明群 j2。

那么，中级逻辑结构能写成：

$$\text{明群 L2} = \text{明群 L1} + \text{明群 d} + \text{明群 j2} \quad (\text{公式 7.8})$$

这是生存论的加工过程，子群不是主动地加工能量，是在奴隶主的压迫下加工能量，如奴隶主分配少量打来的鱼给这群奴隶吃，这仍然是一个压缩弹簧的过程，即奴隶主让这群奴隶明白，要继续有鱼吃就必须继续为奴隶主打渔，制造势能。

$$\text{初级逻辑结构} = \text{各种实际系统的有用要素} + \text{自创的逻辑关联}$$

设：

初级逻辑结构——明群 L1；

各种实际系统的有用要素——明群 y；

自创的逻辑关联——明群 j1。

那么，初级逻辑结构能写成：

$$\text{明群 L1} = \text{明群 y} + \text{明群 j1} \quad (\text{公式 7.9})$$

这是输出生存论本能的环节，只是这个本能不是子群自有本能，是外来的压缩成势能的本能。如一群奴隶吃了鱼，受了奴隶主的打骂、压迫和威胁，建立了新的内部组织，准备做工了。

5. 子系统的发展论逻辑结构

$$\text{初级逻辑结构} = \text{各种实际系统的有用要素} + \text{自创的逻辑关联}$$

设：

初级逻辑结构——明群 *L1；

各种实际系统的有用要素——明群 *y；

自创的逻辑关联——明群 *j1。

那么，初级逻辑结构能写成：

$$\text{明群} * \text{L1} = \text{明群} * \text{y} + \text{明群} * \text{j1} \quad (\text{公式 7.10})$$

生存任务基本实现的奴隶开始入发展论，准备做工。奴隶主会建立奴隶群内部的组织和契约，这个组织既为了奴隶主对奴隶群的控制又为了有效生产，契约是体现奴隶主控制意志的奴隶的外来集体主义。

$$\text{中级逻辑结构} = \text{初级逻辑结构} + \text{环境变量} + \text{自创的逻辑关联}$$

设：

中级逻辑结构——明群 $*L2$；

初级逻辑结构——明群 $*L1$；

环境变量——明群 $*d$；

自创的逻辑关联——明群 $*j2$。

那么，中级逻辑结构能写成：

$$明群*L2 = 明群*L1 + 明群*d + 明群*j2 \quad （公式7.11）$$

这是一个加工能量的发展论过程。如奴隶主命令奴隶群修补渔船和渔网，给予新一次捕鱼的奖赏许诺，也给各种威胁，增加这群奴隶的劳动势能。

高级逻辑结构 = 中级逻辑结构 + 主观能动性变量 + 自创的逻辑关联

设：

高级逻辑结构——明群 $*L3$；

中级逻辑结构——明群 $*L2$；

主观能动性变量——明群 $*n$；

自创的逻辑关联——明群 $*j3$。

那么，高级逻辑结构能写成：

$$明群*L3 = 明群*L2 + 明群*n + 明群*j3 \quad （公式7.12）$$

这是发展论输出本能契约的过程，本能契约是外来本能契约，经过两次加工，生存论加工和发展论加工，形成本能契约势能，势能再转化成动能。好比一群奴隶，吃了鱼，补了渔网，在奴隶主的控制下，准备第二次捕鱼，也就开始了第二次生存论。就这样，形成迭代奴隶主命令的周期循环。

在明逻辑场中，元素和子系统的生存论和发展论都是引力场控制的结果。

7.3 明关联

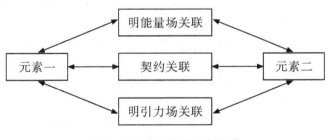

图 7-2 暗逻辑场元素关联

明逻辑结构的元素关联仍然是三种：明引力场关联、明能量场关联、契约关联。其中，明引力场关联是主控关联，明引力场关联控制能量场关联，明引力场关联对契约关联有弹簧作用，制造势能，再让势能在适当时候转化成动能去做工。

如奴隶社会的奴隶群结构，控制者是奴隶主，奴隶主主控引力场关联、能量场关联和契约关联，用弹簧理论压缩奴隶群本能契约，产生群势能，需要时，释放群势能，得到群动能即群奴隶做工。

7.4 明能量场

明能量场是逻辑结构控制者控制的能量场，是实际能量场的一部分。如奴隶主控制的捕鱼区是海的一部分一样。控制能量场的目的就是为了最大限度获得能量。如图7-3所示。

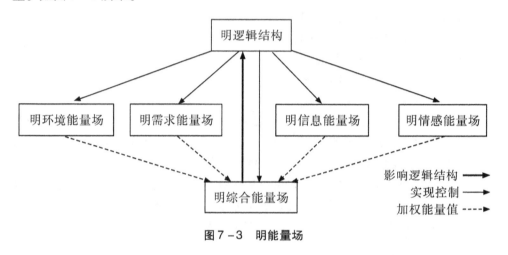

图7-3 明能量场

明能量场与暗能量场的重要区别是：引力场的引力控制能量场，控制能量的输入和输出。引力场控制能量场的目标是为整体优化服务的，是为控制了逻辑结构的特殊元素服务的。

如奴隶社会，奴隶主控制了所用能量场，能量由他支配，给予奴隶的能量是为了制造弹簧理论。

能量场对逻辑结构控制者的影响体现在：通过能量的多少和质量影响控制者，通过明能量场影响控制者。如控制捕鱼海域的奴隶主，每次捕获的鱼的数量和大小都对他有影响，捕鱼海域的扩大或缩小对他也有影响。

7.5 明引力场

明引力场中，重视明法律制度和明外环境，轻视明民主制度和明人权制度，

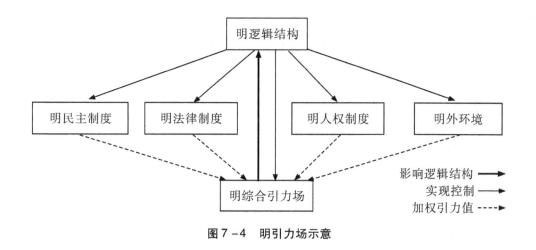

图 7-4 明引力场示意

原因是明引力场对元素和子系统是绝对控制的，轻视元素的本能和元素的契约，重视整体理论和能量场发展。

如奴隶社会，奴隶主控制社会秩序，他重视奴隶社会的法律制度，重视外奴隶主的侵略破坏，轻视奴隶的民主人权要求，重视能量场的发展。

引力场对逻辑结构控制者也有反作用，通过明引力场影响逻辑结构控制者，或通过元素契约影响控制者。如奴隶社会的法制是昌明或是腐败，如奴隶起义。

7.6 明环境

明逻辑场也面临内外环境的互塑问题，用法律制度互塑内环境，用法律制度和能量场互塑外环境。

如奴隶社会，不讲民主制度和人权制度，只讲奴隶社会的法律制度，用法律制度压迫奴隶发展能量场。奴隶主非常重视其他奴隶主的侵略和破坏，要么组织奴隶打仗，要么给其他奴隶主财富，以图保卫自己的领地、奴隶和其他权益。

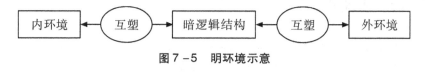

图 7-5 明环境示意

7.7 明本能

明本能指只有集体主义而极少个人主义的本能，这种本能在明逻辑场中要受到引力场的压缩，创造势能，再让势能变成做工的动能。如奴隶社会，奴隶饱受虐待，为了生存而只好为奴隶主干活。

但是，明本能中少量的个人主义有强烈的发展欲望，这种欲望与引力场是矛盾斗争的，如奴隶社会的奴隶起义。

▶ 7.8　明控制

明逻辑场的控制主要有两种：能量场控制和引力场控制。本能控制是非常微弱的。引力场控制主要有法律制度控制和外环境控制。

明控制的方法就是弹簧理论，控制者通过压缩元素本能和群元素本能契约创造势能，再适时让势能转化成动能，产生让元素多做工的效果。如奴隶社会的奴隶主，在生存论和发展论两次加工过程中都压缩奴隶制造势能，让他们在发展论输出做工时，势能转化成动能。

▶ 7.9　明均衡

明逻辑场存在这样的几种情况：
（1）引力场等于法律制度和外环境引力的加权逻辑和。
如奴隶主的地位是否稳固就要看他对内是否有有效的法律控制，对外是否能抵抗其他奴隶主的侵略破坏。
（2）引力场引力大于本能。
（3）引力场引力大于契约。
如奴隶主用法律控制压缩奴隶的本能和群本能契约，制造势能，再让势能转化成动能，让奴隶多做工。
（4）引力场引力大于能量场要求。
如奴隶社会，奴隶主对能量场的能量都是竭泽而渔的，没有环保意识。

▶ 7.10　明理论

明逻辑场是专制逻辑场，讲引力场控制，讲整体优化目标，用专制发展能量场，极大地压缩元素的本能和契约，把本能和契约当成弹簧，先给予势能，再让势能转化成动能，让具有动能的元素和子系统为逻辑结构的控制者做工，发展控制者需要的能量场。人类的奴隶社会、封建社会和极端垄断的市场都是典型的明逻辑场。

当然，明逻辑场和暗逻辑场都没有绝对的好坏，当明暗逻辑场友好合作时，会创造非常科学成功的新逻辑场。如图7-6所示。

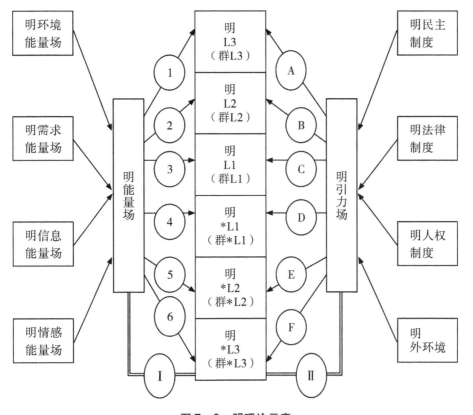

图 7-6 明理论示意

影响（1）：明逻辑场的引力控制生存论输入能量，输入过程中要考虑能量场要求。

明 n 指个人主义本能，这个本能严重被压缩，可以忽略不计；明 L2 的控制由引力场创造和修改；明 L3 寻找和接受能量的行为只受引力场控制，即明逻辑场元素由引力场控制和能量场能量本身决定能量输入。

明群 n 是子系统元素本能的契约加权和，成为子系统的本能；受能量场和引力场支配的输入能量。

影响（A）：本能在生存论接收能量的过程中要接受引力场的绝对控制，要服从整体优化理论。引力场压缩元素本能，制造弹簧效应。

影响（2）：加工环节中，能量的多少和质量仍然影响加工过程。

明 L2 是明逻辑场元素生存论加工能量的环节；明 n < 明 d，即本能远远小于引力场作用；明 d 和输入的能量控制明 L2 的能量加工；输入的能量以能量多少和能量质量影响能量加工过程；引力场严重压缩本能，本能的势能因此增加。

可以把明群 L2 看做加工能量的过程；加工能量的控制者为引力场；影响能

量加工的条件仍然是引力场压缩本能制造势能。

影响（B）：引力场在加工过程中会压缩本能，制造势能，当能量多且质量好时，压缩会厉害，势能会大，反之，压缩会小，势能会小。要创造一种元素本能对能量的饥渴，以此增加势能。

影响（3）：生存论输出的能量是配合本能具有的势能存在的。

明 L1 是明逻辑场元素生存论的输出，也是新的本能；新本能受引力场影响，是一种本能的势能加本能得到的能量产生的新本能。

明群 L1 是生存论消化输入的能量后得到的第一个新本能，这种本能被严重压缩，势能很大；明群 L1 是明元素新本能的加权逻辑和。

影响（C）：引力场第一次制造的本能的势能为发展论的需要服务。引力场的引力压缩群元素时，会制造群元素内部的组织结构，提高压缩群的本领，提高势能。

影响（4）：明逻辑结构输入发展论的能量和明本能是生存论的输出。

明 ∗L1 = 明 L1，说明明逻辑场元素发展论的输入就是其生存论的输出；明 ∗L1 显然也是受引力场严重压缩的输入本能和能量。

明群 ∗L1 = 明群 L1，生存论的输出是发展论的输入；明群 ∗L1 是本能加能量，和前面一样简称本能，受引力场的严重压缩和控制。

影响（D）：输入逻辑结构的能量和本能都受引力场影响，为整体优化目标服务。能量和本能这时是分开的，引力场分别控制能量和本能。

影响（5）：发展论的加工过程仍然受引力场控制，加工是为了制造新环境需要的做工者的势能。

明 ∗L2 是明逻辑场元素的发展论加工能量的环节；加工能量受引力场严重压缩本能的影响；加工过程的控制者是引力场；明 L2 的能量加工为了消化能量，明 ∗L2 的能量加工为了元素成长和发出新的能量，主要通过势能变动能发出能量。

明群 ∗L2 是发展论加工本能和能量的环节，本能和能量都因为加工过程而变化；生存论的输出是成长了的新本能，明群 ∗L2 加工的结果是应用于生存发展的第二个新本能，这个新本能再次被引力场压缩，有很大的势能，受引力场的严格控制。

影响（E）：发展论的加工包括塑造新的明本能的建设明引力场的本领，这个本领就是元素和子群的势能的增加，如工作工具的准备。

影响（6）：新明本能是明本能能量的提量或提质，这种目标通过引力场对本能新的压缩实现。

明 ∗n 是明逻辑场元素得到的输出本能；输出本能明 ∗n 会因为势能转化成动能而发出巨大能量；明能量与能量场的要求一致；本能明 ∗n 讲整体优化目

标，只为引力场服务。

明群*n是发展论输出的新本能，是元素的明*n的加权逻辑和；明群*n非常支持整体优化，不讲小团体利益；明群*n往往符合能量场要求和引力场控制；明群*n为了整体利益，发出明能量，寻找接受新能量，而明能量是压缩产生的势能转化成动能的结果。

影响（F）：新明本能由发展论输出后就开始建设新的能量场，为逻辑场适应新的环境服务，为整体优化目标服务。这是一个势能转化成动能的过程。

影响（I）：元素与能量场有相互作用，元素为逻辑场工作与能量场自身的要求是有矛盾的。

如奴隶社会，奴隶为奴隶主工作，奴隶主的目标是竭泽而渔，这自然与有着环保要求的能量场矛盾。

影响（II）：元素与引力场有相互作用，本能和引力场自身要求有矛盾。

如奴隶社会，奴隶主的控制叫明引力场，奴隶服从的也是明引力场，即服从法律制度，对人权制度和民主制度是忽略的，不讲引力场的逻辑和即综合引力，这与引力场的要求显然矛盾，这种矛盾还会引发奴隶起义，即法律制度激发奴隶的人权契约和民主契约爆发起义。

值得一提的，在市场领域，极端垄断的市场也是明逻辑场，垄断厂商在市场中的地位犹如奴隶主，工人犹如奴隶，商业活动受垄断厂商的专制控制，不讲规律之学，讲控制之学。厂商对工人也是弹簧原理，通过物质金钱压缩工人，制造势能，提高工人工作的动能。像二战前的发展中国家的工人阶级，尤其中国工人阶级都生活在极端垄断市场的明逻辑场中。

注意，中国社会主义计划经济不是极端垄断市场，也不是明逻辑场，因为当年的新中国工人阶级为自己工作，没有剥削和压迫，中国工人是国家的主人。

7.11 小结

虽然明逻辑场常常用来研究专制社会，但是，当明逻辑场引入了民主，如资产阶级民主和社会主义民主，明逻辑场就变成法治社会了。

社会主义民主需要民主集中制，这不是专制，是国情需要。社会主义民主失去民主集中制，社会主义国家一定爆发颜色革命，结果是堕落成封建主义，国家成为帝国主义控制的明逻辑场。

第八章
明逻辑工程

▶ 8.1 逻辑场的专制控制

如图 8-1,逻辑场理论这样解释"专制控制",专制控制是控制逻辑结构的元素和子群,用个人主义本能建立引力场,引力场只有法律制度,没有民主制度、人权制度和外环境影响,用引力场绝对控制逻辑结构的运行和逻辑工程,不考虑其他元素和子群的本能和契约,甚至不考虑能量场的要求,通过压缩其他元素和子群制造势能,用释放势能转动能的方式让其他元素和子群做工,创造自己需要的能量。专制控制把逻辑场体化了。专制控制讲达尔文的进化论,讲弱肉强食规律。

"专制控制"的典型是人类社会的奴隶社会和封建社会,还有经济学中的极端垄断市场。需要指出,新中国前三十年不是专制控制,至少中国共产党的领袖没有个人主义,他们用为人民服务的精神控制国家。相反,蒋介石政权有严重的专制控制,因为他们的领导人是个人主义,还有手段残酷的特务。

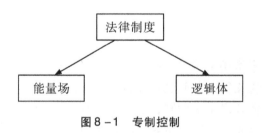

图 8-1 专制控制

▶ 8.2 逻辑场的法制控制

如图 8-2,逻辑场理论这样解释"法制控制",仍然是少数元素和子群控制逻辑体,但这些元素和子群有公民思维,由个人主义本能到集体主义本能,再到公民思维本能,他们的控制是一种道德控制,与专制控制的不道德相对,仍然用引力场控制逻辑体,但引力场不只是法律制度了,还包括民主制度、人权制度、外环境影响,一定程度考虑环境要求,压缩其他元素是为了其他元素自己的生存发展要求。

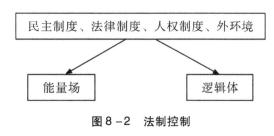

图 8-2　法制控制

一些奴隶社会和封建社会的"明君"就有法制控制的某些要素,新中国前三十年是中国第一个法制控制社会,因为领袖为人民服务,讲民主集中制、群众路线和政治协商,顾及人民的生存权、发展权。新一届党中央提出新中国的前后三十年不能互否。

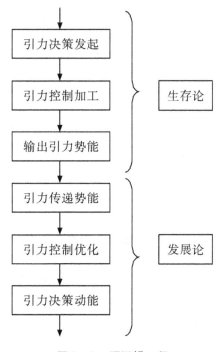

图 8-3　明逻辑工程

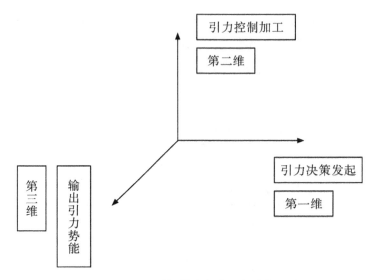

图 8-4　明逻辑生存论工程过程

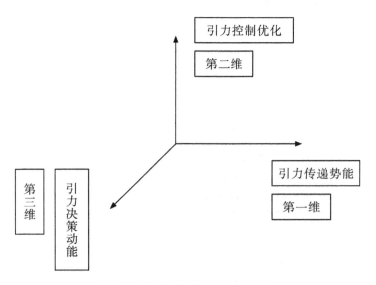

图 8-5　明逻辑发展论工程过程

明逻辑工程仍然由生存论和发展论组成，引力控制整个工程，压缩本能，追求整体优化，工程不用建立暗能量场和暗引力场，完全以工程控制者的意愿发展工程，就是和土木建筑工程一样的硬工程。逻辑场是一个体。

这里仍然用三维结构研究明逻辑工程。

8.3 内部明逻辑工程

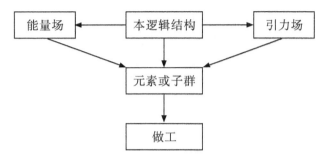

图8-6 内部明逻辑工程

8.3.1 生存论

内部明逻辑工程生存论的第一个环节是引力即逻辑结构控制者决定是否发起一个生存论周期，决策过程是引力与能量场的关联，决策四库装的是控制方法。决定开始生存论后，就接受能量，如工程资金，元素和子群的组织和控制。接着开始需求研究，研究产生一个什么样的做工势能。再接着生产起点产品，就是生存论第一个势能。

如奴隶社会奴隶主决定打鱼，这是决策。研究打鱼的方法和目标叫需求。找合适的奴隶叫生产起点产品。

第二个环节叫加工环节，加工起点产品，用的四库工具都是控制加工的方法。如奴隶社会奴隶主喂饱奴隶。

第三个环节是输出生存论产品，用的四库工具是控制元素和子群的方法。如奴隶社会奴隶主喂饱奴隶后就组织控制他们，准备做工。

8.3.2 发展论

发展论的第一个环节是输入势能，四库工具仍然是控制元素和子群的方法。如奴隶主加强对奴隶的组织和控制，开始做工前的准备工作。

发展论第二个环节是优化势能，重点优化生产工具和生产资料。如奴隶主组织奴隶修补渔船和渔网，准备鱼饵一类的生产资料。

发展论的第三个环节是输出动能的环节，即吃饱了饭，有捕鱼工具和鱼饵的奴隶，在奴隶主的控制下，出海捕鱼了。一个生存发展论结束，开始了新的生存发展论周期。

8.4 破坏民主和人权的内部明逻辑工程

和暗逻辑工程古今中外都有一样，明逻辑工程古今中外同样都有。这里为了解释破坏民主和人权的内部明逻辑工程，以蒋家王朝为例。

图 8-7 破坏民主和人权的内部明逻辑工程

8.4.1 生存论

这种逻辑工程的开始是某有着个人主义本能的元素和子群建立控制逻辑体的权利，接着做决策发起生存发展工程，决策库都是控制论，研究需求，制造起点产品。

如蒋介石当了独裁者，有了控制权，他败退台湾时，因为个人主义本能，决策把大陆的黄金运到台湾这个工程，需求研究就是计算需要多少船只和工作人员，起点产品就是运输队伍的组建。

第二个环节是加工势能的环节。如蒋介石要发给运输人员必要的补给。

第三个环节就是产生生存论的输出势能。如蒋介石建立了自己运黄金到台湾的组织。

8.4.2 发展论

发展论的第一个环节是接受生存论输出的势能作为输入。如蒋介石的手下正式接受运黄金的任务。

发展论的第二个环节是优化势能。如蒋介石的手下开始备船，准备押运的其他工具设备。

发展论的第三个环节是输出动能。如蒋介石的手下开始抢运黄金的行动。

蒋介石的这个内部明逻辑工程有几个特点：首先，蒋介石是个人主义者，用达尔文的弱肉强食理论生存发展；其次，蒋介石的控制没有民主制度和人权制度；再次，蒋介石的工程破坏整体性。因此，这是破坏民主和人权的内部明逻辑工程。

8.5 支持民主和人权的内部明逻辑工程

为了解释支持民主和人权的内部明逻辑工程，以新中国根治淮河的工程为例。

图 8-8 支持民主和人权的内部明逻辑工程

8.5.1 生存论

这个工程的第一个环节,中国共产党控制了全国政权,党的领袖都有为人民服务的思想,决策工作是解决人民群众世代受淮河泛滥之苦,决策四库是党的宗旨和人民的需要,起点产品是党组织的人民群众。

这个工程的第二个环节,中国共产党让群众有吃有穿,有团结起来根治淮河水灾的决心。这时的四库就是党的群众路线。

这个工程的第三个环节,中国共产党用群众路线培养起一支改造淮河的千军万马。

8.5.2 发展论

发展论工程的第一个环节,改造淮河的大军开始准备工作。

发展论工程的第二个环节,党组织民工大军准备生产工具和生产资料,优化组织结构。

发展论工程的第三个环节,党领导的千军万马出发了,工作了,胜利了,输出了伟大的动能,一个激动人心的年代。

在这个生存发展逻辑工程中,仍然是控制代替了本能,但控制者不是蒋介石而是共产党,控制不是个人主义弱肉强食的控制,而是为人民服务的控制,即控制者有公民思维。这一回的工程控制有群众路线,因此有民主制度,有为人民去水患的目标,讲人权制度,加上改造淮河有利于中国的整体发展,因此是一个支持民主和人权的内部明逻辑工程。

8.6 外部明逻辑工程

外部明逻辑工程指外环境引力的控制者通过影响外逻辑结构的能量场而影响本逻辑结构的能量场,通过影响外逻辑结构的引力场而影响本逻辑结构的引力场,通过影响本逻辑结构的能量场和引力场而影响本逻辑结构。这个外环境引力的控制者或者是个人主义者弱肉强食,或者是公民思维者,讲人类正义。

如图 8-9,外逻辑体通过明逻辑工程用外能量场和外引力场影响本逻辑体的能量场和引力场,最终影响本逻辑体。外国影响祖国。

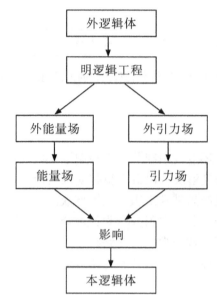

图 8-9　外部明逻辑工程示意

8.6.1　生存论

外部明逻辑工程生存论的第一步是外部某逻辑结构控制了外环境，成为外环境秩序的制定者，接着决策外环境能量场的发展方向，需求研究指能量场的具体发展要求，起点产品是自己发展能量场的势能。

第二步，加工自己的势能，通过影响别的逻辑结构的能量场得到自己势能的满足。

第三步，输出自己生存论的势能，常常是通过影响别的逻辑结构的能量场得到的势能。

8.6.2　发展论

外部明逻辑工程发展论的第一步是，通过影响其他逻辑结构能量场得到势能加工的外环境控制者以生存论为基础开始发展论。

第二步，在势能优化环节，用自己的引力场影响别的逻辑结构的引力场，优化自己的势能。

第三步，决策是否输出动能，这个动能不得了，常常是侵略战争。

接着，用鸦片战争和联合国成立两个工程解释破坏逻辑结构的外部明逻辑工程和支持逻辑结构的外部明逻辑工程。

8.7 破坏逻辑结构的外部明逻辑工程

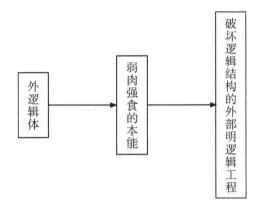

图 8-10 破坏逻辑结构的外部明逻辑工程

1840 年,中英爆发了对彼此意义深远的鸦片战争,现在,用逻辑结构学和逻辑工程学研究。

8.7.1 生存论

在生存论第一个环节,觊觎中国财富的英国决策用鸦片贸易扭转中英贸易中巨大中国顺差的情况,通过研究,决定由向中国输入鸦片,起点产品是派出的商人和商船。

第二个环节,鸦片在中国泛滥,英国的逆差变成巨额顺差,英国的鸦片贸易成功地生存了。

第三个环节,鸦片贸易由生存论输出,成为英国对华的重大国策。

8.7.2 发展论

发展论的第一个环节,鸦片贸易成为英国对华国策的重要内容,英国决策用鸦片贸易侵略中国。

发展论的第二个环节,英国对中国能量场的严重破坏,即鸦片对中华民族的危害让中国政府决定禁烟,这时,英国拿出了引力场的力量,诉中国违法,威胁武力干涉。

发展论的第三个环节,英国决策发出动能,也就是武力侵略中国,中国跌入了半封建半殖民地的黑暗。

这种逻辑工程发生的根本原因是英国的个人主义弱肉强食的帝国主义特点。

英国先在能量场用鸦片贸易影响中国的能量场,又在引力场用帝国主义法律影响中国的引力场,直至发出动能即发起侵略战争。

8.8 支持逻辑结构的外部明逻辑工程

二战后,世界出现了一个伟大的国际组织——联合国,他做了很多维护世界和谐发展的好事,给发展中国家一个重要的活动舞台,中国成为联合国的常任理事国,联合国无疑是一个重大的外部明逻辑工程。发起成立联合国的是美苏两大阵营,这两大阵营在二战结束时,因为时代的原因,都用公民思维做着开创联合国的工作。

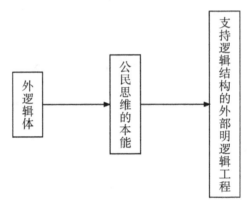

图 8-11 支持逻辑结构的外部明逻辑工程

8.8.1 生存论

生存论的第一个环节,美苏两大阵营介于二战的残酷,介于世界人民渴望从此不再有那样残酷的战争,决定发起一个新的国际秩序,这就是联合国的诞生。在需求阶段,美苏和其他国家研究了联合国的组织结构、形式功能。在生产起点产品阶段,起草了联合国宪章。生存论的第二个环节,美苏向世界宣传联合国的主张,发起国签订联合国宪章,联合国诞生。生存论的第三个环节,联合国选址,建立自己的组织框架,联合国机构出现了。

8.8.2 发展论

发展论的第一个环节,联合国准备工作,准备把宪章变成国际秩序。发展论的第二个阶段是优化联合国机构的工作,如征收会费,组建维和部队等。发展论的第三个环节是决策发出动能,让战乱地区出现维和部队的身影,让饥饿地区出现联合国的救济物资。

这一章仍然提出了两个思想和四个工程，两个思想是弱肉强食控制和公民思维控制，四个工程是破坏民主和人权的内部明逻辑工程、支持民主和人权的内部明逻辑工程、破坏逻辑结构的外部明逻辑工程、支持逻辑结构的外部明逻辑工程。如图8-12。

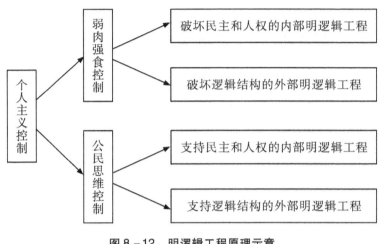

图8-12 明逻辑工程原理示意

明逻辑工程指少数元素或子群控制了逻辑结构，为了得到更多的能量，发起控制逻辑工程，用引力控制代替本能和契约作决策，仍然是压缩本能创造势能再释放势能，势能转化成动能做工。仍然是生存论和发展论两个阶段。

当个人主义控制用达尔文的弱肉强食作为自己的控制思想，就会产生破坏民主和人权的内部明逻辑工程和破坏逻辑结构的外部明逻辑工程两种类型的逻辑工程。破坏民主和人权的内部明逻辑工程压缩本国人民的本能，破坏逻辑结构的外部明逻辑工程压迫外国人民的本能。

如蒋介石运黄金到台湾，蒋介石用个人主义弱肉强食的控制，压缩手下干活，用特务和金钱压迫手下，运黄金到台湾后，大陆人民因为一穷二白而受蒋介石的压迫势能。

如鸦片战争，英国通过鸦片贸易掠夺中国的能量场，中国人民因此受到势能压迫，因为中国不愿被人压缩势能而反抗，英国又发动了侵略战争，在引力场压迫中国人民的势能。

当个人主义控制用公民思维作为自己的控制思想，就会产生支持民主和人权的内部明逻辑工程和支持逻辑结构的外部明逻辑工程两种类型的逻辑工程。支持民主和人权的内部明逻辑工程扶助本国人民的本能，支持逻辑结构的外部明逻辑工程扶助外国人民的本能。

如新中国之初的改造淮河工程,中国共产党有为人民服务的公民思维,改造工程造福淮河两岸的人民,让他们可以更好的生存发展,扶助了人民的本能。

如联合国的诞生,极大防止了新的世界大战的出现,为战乱和饥饿地区的人民提供了巨大的帮助,让人民的生存发展质量得到了很大提高,美苏此举扶助了外国人民的本能。

8.9 明、暗逻辑工程比较研究

8.9.1 个人主义的弱肉强食的本能

如图8-13,当元素或子群是弱肉强食的个人主义,他就会用达尔文的理论生存发展。这种元素用本能发展逻辑工程就是破坏整体性的内部暗逻辑工程。这种元素用控制发展逻辑工程就是破坏民主和人权的内部明逻辑工程。

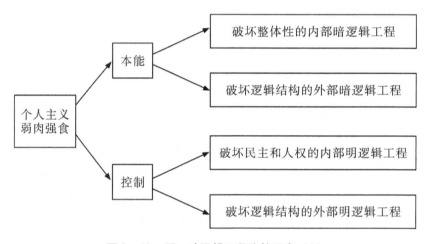

图8-13 明、暗逻辑工程比较研究(1)

当外逻辑结构是弱肉强食的个人主义,他仍然用达尔文的理论让自身的逻辑结构生存发展。这种逻辑结构用本能发展逻辑工程就是破坏本逻辑结构的外部暗逻辑工程。这种元素用控制发展逻辑工程就是破坏本逻辑结构的外部明逻辑工程。

8.9.2 个人主义的公民思维的本能

如图8-14,当元素或子群是公民思维的个人主义,他就会用集体主义和个体主义的理论生存发展。这种元素用本能发展逻辑工程就是支持整体性的内部暗逻辑工程。这种元素用控制发展逻辑工程就是支持民主和人权的内部明逻辑工程。

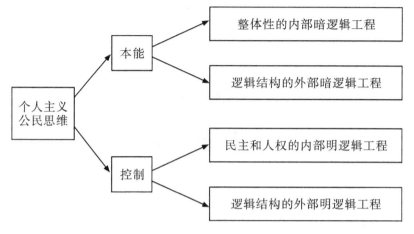

图 8-14 明、暗逻辑工程比较研究（2）

当外逻辑结构是公民思维的个人主义，他仍然用集体主义和个体主义的理论让自身的逻辑结构生存发展。这种逻辑结构用本能发展逻辑工程就是支持本逻辑结构的外部暗逻辑工程。这种元素用控制发展逻辑工程就是支持本逻辑结构的外部明逻辑工程。

如图 8-15，本书初步完成了明、暗逻辑场和明、暗逻辑工程的知识结构的建立。明逻辑场产生控制，暗逻辑场产生规律。这是一个广阔的研究领域，需要新建的知识结构还有很多，需要完善的地方还有很多。

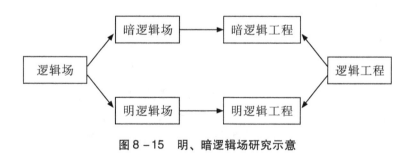

图 8-15 明、暗逻辑场研究示意

▶ 8.10 小结

明逻辑工程现代化了就是法治，复辟了就是封建统治手段，关键是工程目标：人民民主还是封建专制。

当代中国发展的社会主义法治，因为反帝反封建、反腐败、讲社会主义人民民主和民主集中制，成为现代化明逻辑工程，对中华民族的发展有很大帮助。

第九章
均衡逻辑场

9.1 暗逻辑场概述

暗逻辑场是本能逻辑场，元素用本能构建暗能量场和暗引力场，元素的本能是个人主义，元素的关联都是个人主义关联，元素用个人主义控制生存论和发展论。

9.2 明逻辑场概述

明逻辑场是控制逻辑场，元素用外来本能构建明能量场和明引力场，元素的本能是外来集体主义，元素的关联都是外来集体主义，外来控制用弹簧原理控制生存论和发展论。

9.3 均衡逻辑场定义

均衡逻辑场元素的本能是自我本能与外来本能均衡的结果，元素用均衡本能构建均衡能量场和均衡引力场，元素的关联是公民之间的关联，用公民思维达成契约，用公民契约控制生存论和发展论。应该指出，均衡逻辑场是暗逻辑场与明逻辑场的结合。

均衡逻辑场至少有美国的社会和中国深化改革的社会，在市场中有市场规律结合市场控制的市场。本章以美国社会为例解释均衡逻辑场。

9.4 均衡元素

均衡元素是一种公民本能的元素，他把暗本能的个人主义和明本能的集体主义改造成个人主义与集体主义均衡的公民思维，把"我的和不是我的"的暗思维和"我的和我的主人的"的明思维改造成"我的和别人的"公民思维。

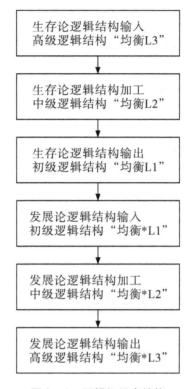

图 9-1 逻辑场元素结构

1. 生存论逻辑结构

高级逻辑结构 = 中级逻辑结构 + 主观能动性变量 + 自创的逻辑关联

设：

高级逻辑结构——均衡 L3；

中级逻辑结构——均衡 L2；

主观能动性变量——均衡 n；

自创的逻辑关联——均衡 j3。

那么，高级逻辑结构能写成：

$$均衡 L3 = 均衡 L2 + 均衡 n + 均衡 j3 \qquad (公式9.1)$$

这是均衡逻辑场生存论的输入环节，是均衡输入。好比美国一个渔民，他的公民本能驱使他去打渔，他的公民本能同时驱使他合法打渔，他打渔的行为是生存本能与法律规定均衡的结果，还是生存本能与能量场情况均衡的结果，即海域中有鱼让这个渔民打到了鱼。

中级逻辑结构 = 初级逻辑结构 + 环境变量 + 自创的逻辑关联

设：

中级逻辑结构——均衡 L2；

初级逻辑结构——均衡 L1；

环境变量——均衡 d；

自创的逻辑关联——均衡 j2。

那么，中级逻辑结构能写成：

$$均衡 L2 = 均衡 L1 + 均衡 d + 均衡 j2 \quad （公式9.2）$$

这是生存论的加工环节，渔民吃掉了他打来的鱼，这时，他会产生一个自我压缩的过程，增加自己的势能，即对下一次打更多的鱼的渴望，这种压缩和势能是公民本能与法律制度均衡的结果，也是公民本能与环境条件均衡的结果，是均衡压缩和均衡势能。

初级逻辑结构 = 各种实际系统的有用要素 + 自创的逻辑关联

设：

初级逻辑结构——均衡 L1；

各种实际系统的有用要素——均衡 y；

自创的逻辑关联——均衡 j1。

那么，初级逻辑结构能写成：

$$均衡 L1 = 均衡 y + 均衡 j1 \quad （公式9.3）$$

生存论的输出是完成了生存要求的公民本能，如吃了鱼的渔民，他带着渴望下一次打更多鱼的势能完成了生存论。公民本能指与能量场和引力场都均衡的公民个人主义。

2. 发展论逻辑结构

初级逻辑结构 = 各种实际系统的有用要素 + 自创的逻辑关联

设：

初级逻辑结构——均衡 * L1；

各种实际系统的有用要素——均衡 * y；

自创的逻辑关联——均衡 * j1。

初级逻辑结构能写成：

$$均衡 * L1 = 均衡 * y + 均衡 * j1 \quad （公式9.4）$$

发展论的输入是一个带着势能的公民本能开始对新一轮发展做计划了。如渔民开始为新一轮打渔做准备计划了，这个计划是公民个人主义与能量场和引力场均衡的结果，即新一轮打渔要选择鱼多的海域，还要合法。

中级逻辑结构 = 初级逻辑结构 + 环境变量 + 自创的逻辑关联

设：

中级逻辑结构——均衡 * L2；

初级逻辑结构——均衡 * L1；

环境变量——均衡 * d；

自创的逻辑关联——均衡 * j2。

那么，中级逻辑结构能写成：

$$均衡 * L2 = 均衡 * L1 + 均衡 * d + 均衡 * j2 \quad (公式9.5)$$

这是一次发展论的加工过程，公民本能驱使元素做工，准备新的寻找收入能量所需的新本能和能量。如渔民修补渔网和船只。这个过程中，渔民因为渔网和船只的情况良好，捕更多鱼的渴望更强烈了，即公民本能的势能因为发展论的加工过程而增加了。

高级逻辑结构 = 中级逻辑结构 + 主观能动性变量 + 自创的逻辑关联

设：

高级逻辑结构——均衡 * L3；

中级逻辑结构——均衡 * L2；

主观能动性变量——均衡 * n；

自创的逻辑关联——均衡 * j3。

那么，高级逻辑结构能写成：

$$均衡 * L3 = 均衡 * L2 + 均衡 * n + 均衡 * j3 \quad (公式9.6)$$

这是发展论的输出环节，公民本能经过生存论和发展论的两次加工，集聚了一定的势能，现在，他把势能转化成动能开始做工了。如吃了鱼又修补了渔船和渔网的渔民，把多余的鱼卖给市场，自己又出海捕鱼了。渔民的出海捕鱼仍然是公民本能与能量场和引力场均衡的结果。

3. 子系统的逻辑结构

均衡逻辑场系统的元素仍然有子系统这一种，子系统是元素的 n 因为本能而主动或被动达成契约产生的，用契约作子系统的均衡群 n，依次产生均衡群 L3、均衡群 L2、均衡群 L1、均衡群 * L1、均衡群 * L2、均衡群 * L3，产生均衡群 * n，均衡群 n 主要接受能量，均衡群 * n 发出和接受能量，这种均衡群 * n 是群公民本能的加权逻辑和与能量场和引力场均衡的结果。均衡群 n 和均衡群 * n 都支持整体优化要求。同样适用图 9-1。均衡逻辑场系统的子系统，自己就是一个均衡逻辑场系统，一样有元素、关联和控制。

4. 子系统的生存论逻辑结构

高级逻辑结构 = 中级逻辑结构 + 主观能动性变量 + 自创的逻辑关联

设：

高级逻辑结构——均衡群 L3；
中级逻辑结构——均衡群 L2；
主观能动性变量——均衡群 n；
自创的逻辑关联——均衡群 j3。
那么，高级逻辑结构能写成：

$$均衡群 L3 = 均衡群 L2 + 均衡群 n + 均衡群 j3 \quad （公式9.7）$$

这是子群的生存论输入，子群根据元素在子群中的地位建立公民本能契约加权逻辑和，这个契约与能量场和引力场都达成了均衡，子群以契约控制做工，寻找输入能量。

如一群有内部组织的渔民依法在鱼多的海域捕鱼，得到的鱼作为生存的能量。

$$中级逻辑结构 = 初级逻辑结构 + 环境变量 + 自创的逻辑关联$$

设：
中级逻辑结构——均衡群 L2；
初级逻辑结构——均衡群 L1；
环境变量——均衡群 d；
自创的逻辑关联——均衡群 j2。
那么，中级逻辑结构能写成：

$$均衡群 L2 = 均衡群 L1 + 均衡群 d + 均衡群 j2 \quad （公式9.8）$$

这是均衡逻辑结构生存论加工能量的过程，加工控制是公民本能与能量场和引力场均衡的结果，是一种均衡加工，得到的是子群的势能，即一种压缩弹簧的过程，但这种压缩不是外部压缩，是公民本能的自我压缩。

如一群渔民合法的把打来的鱼吃掉，补充体能，同时有了捕更多鱼的群公民本能的势能。

$$初级逻辑结构 = 各种实际系统的有用要素 + 自创的逻辑关联$$

设：
初级逻辑结构——均衡群 L1；
各种实际系统的有用要素——均衡群 y；
自创的逻辑关联——均衡群 j1。
那么，初级逻辑结构能写成：

$$均衡群 L1 = 均衡群 y + 均衡群 j1 \quad （公式9.9）$$

这是生存论的输出，输出的是子群做工的势能，好比渔民吃饱了，也有了打更多鱼的渴望，他们开始做新的捕鱼工作的准备了，即准备由生存论到发展论了。注意，子群的势能是均衡势能，如渔民打鱼的渴望要符合大海的实际情况，要合法。

5. 子系统的发展论逻辑结构

　　初级逻辑结构 = 各种实际系统的有用要素 + 自创的逻辑关联

设：

初级逻辑结构——均衡群 * L1；

各种实际系统的有用要素——均衡群 * y；

自创的逻辑关联——均衡群 * j1。

那么，初级逻辑结构能写成：

$$均衡群 * L1 = 均衡群 * y + 均衡群 * j1 \quad （公式9.10）$$

生存任务完成的逻辑子群到了发展论，准备做工，子群内部要建立新的组织结构，如渔民开始为新的捕鱼活动做准备了。

　　中级逻辑结构 = 初级逻辑结构 + 环境变量 + 自创的逻辑关联

设：

中级逻辑结构——均衡群 * L2；

初级逻辑结构——均衡群 * L1；

环境变量——均衡群 * d；

自创的逻辑关联——均衡群 * j2。

那么，中级逻辑结构能写成：

$$均衡群 * L2 = 均衡群 * L1 + 均衡群 * d + 均衡群 * j2 \quad （公式9.11）$$

这是一个加工能量的发展论过程。这个加工过程仍然是均衡过程，子群契约与能量场和引力场都需要达成均衡。

如一群渔民修船和修补渔网都要符合捕鱼的实际情况和法律要求。

这个过程中，子群的势能会继续提高，会继续自我弹簧压缩，如渔民修船修网后对多打鱼的渴望值会上升。

　　高级逻辑结构 = 中级逻辑结构 + 主观能动性变量 + 自创的逻辑关联

设：

高级逻辑结构——均衡群 * L3；

中级逻辑结构——均衡群 * L2；

主观能动性变量——均衡群 * n；

自创的逻辑关联——均衡群 * j3。

那么，高级逻辑结构能写成：

$$均衡群 * L3 = 均衡群 * L2 + 均衡群 * n + 均衡群 * j3 \quad （公式9.12）$$

这是发展论输出公民子群契约的过程，子群契约是元素的加权逻辑和，是均衡契约，要与能量场和引力场均衡。公民的群本能，经过两次加工，生存论加工和发展论加工，形成均衡本能契约势能，势能再转化成动能做工。好比一群渔民，吃了鱼，把多余的鱼卖给市场，准备第二次捕鱼，也开始了第二次生存论，形成迭代公民群本能的周期循环。

在均衡逻辑场中，元素和子系统的生存论和发展论都是公民本能与能量场和引力场均衡的结果。

注意，美国的法律制度包括民主制度和人权制度。渔民打渔的合法包括未经许可不能到外国海域打渔，包括世界鱼市场的变化这些外环境影响。

9.5　均衡关联

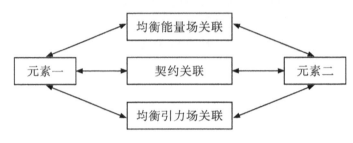

图 9-2　均衡逻辑场元素关联

1. 契约关联

均衡逻辑场的元素都是公民思维的本能，即把社会看成"我的和别人的"，本能是个人主义与环境保护的均衡，本能是个人主义与法制的均衡，达成的契约是均衡契约。

2. 能量场关联

均衡逻辑场的元素都广播发出能量和接收能量，以此建立能量关联，发出和接收能量都受本能和引力场的均衡控制。

3. 引力场关联

均衡逻辑场的元素都以公民本能和引力场的均衡广播发出和接受引力，如美国社会公民的权力和责任就是公民本能与法制均衡的结果。

9.6　均衡能量场

均衡能量场中，群公民本能与引力场的均衡控制能量场，控制能量的输入和输出，讲环保，讲整体利益，讲可持续发展。

均衡能量场是暗能量场和明能量场的加权逻辑和。

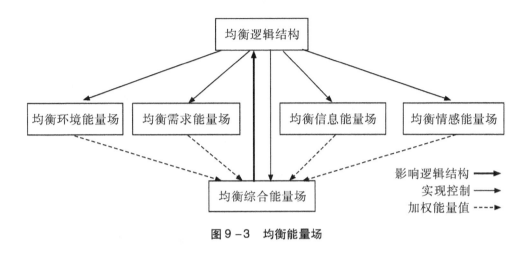

图 9-3　均衡能量场

但是，群公民本能与引力场达成的均衡契约与能量场环保要求是可能矛盾的，如世界温室气体排放问题。

9.7　均衡引力场

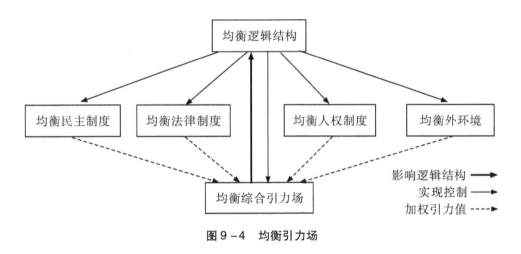

图 9-4　均衡引力场

均衡引力场的均衡综合引力场的引力就是法律，法律包括民主制度、法律制度、人权制度、外环境要求，是元素和子群生存发展的重要保障和限制，是逻辑结构秩序的来源。

均衡引力场是暗引力场与明引力场的加权逻辑和。

元素和子群的本能有时会与引力场矛盾，即用个人主义本能代替公民思维本能的元素或子群可能违反引力控制，如法制社会的犯罪现象。

9.8 均衡环境

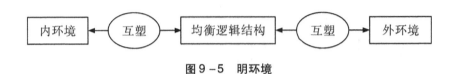

图 9-5 明环境

均衡逻辑结构也要与内外环境互塑，内环境指能量场和民主、法律、人权三大制度，外环境指外在的自然社会条件。

民主制度是契约的产生方法，人权制度是发展元素本能的方法，法律是固定民主制度和人权制度的方法，由均衡逻辑场的元素用公民本能参与建设和互塑。

9.9 均衡本能

均衡逻辑场的元素的本能叫均衡本能，由公民思维为主体，有着与能量场和引力场均衡的要求，通过生存论和发展论的两次加工自我压缩自我产生势能，再因为势能转动能而做工，发出能量和接受能量，通过发展社会的贡献得到自己需要的能量。

9.10 均衡控制

1. 本能控制

控制逻辑场运行的第一种力量是本能。均衡逻辑场用公民思维作为本能。本能 = 引力。即本能控制和引力场控制存在均衡。

2. 能量场控制

能量场通过能量的多少和能量的质量控制逻辑场，均衡逻辑结构的公民本能与能量场的保育要求可能达成均衡，也可能矛盾斗争。

3. 引力场控制

均衡逻辑场的引力场控制就是法治社会，法制包括了民主制度、人权制度和外环境要求。法治社会要求元素和子群的本能都应该是公民思维的，都要与法律均衡。

9.11 均衡

均衡逻辑场存在这样的几种情况：

(1) 引力场等于民主制度、法律制度、人权制度和外环境引力的加权逻辑和，元素和子群的公民本能要与他均衡。

(2) 引力场引力等于本能。

(3) 引力场引力等于契约；如美国法制社会对公民守法的要求，对合同等契约都要求合法。

(4) 引力场引力等于能量场要求；如法治社会对可持续发展的要求，对节能的要求，对环保的要求。

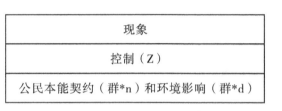

图 9-6　控制与均衡

9.12　均衡理论

均衡逻辑场就是暗逻辑场和明逻辑场的加权逻辑和，因此，理论图的影响都用双向。均衡逻辑场与一般逻辑场理论相似又有区别，如均衡逻辑场会出错，一般逻辑场不会出错。本章重点仍然是研究本能、能量场和引力场对元素和子群生存论、发展论的影响。

影响（1）：能量场通过 n 影响元素。n 是元素的本能，n 会寻找和接受能量。这里的 n 是公民思维的本能，需要与引力场均衡。

输入只由 n 的本能决定就是暗输入，输入只由 L2 的控制决定就是明输入，输入由 n 的本能和 L2 的控制达成的均衡决定就是均衡输入。

输入能量的数量和质量决定了元素这个环节的势能的大小。

影响（A）：对于输入能量，引力场通过 L2 影响逻辑结构。引力场对能量场存在控制，通过影响 n 和 *n 影响能量场。在均衡逻辑场，引力场对能量场的控制和对输入能量的控制都需要公民本能同意，即与本能均衡的引力场引力影响能量和能量场。

影响（2）：能量场通过 n 得到的能量的多少和质量影响元素，为暗本能、明本能、均衡本能的生存发展服务。为均衡本能服务等于为均衡引力场服务，因为他们存在均衡。

L2 是生存论加工能量的环节，加工的目的是产生新的本能；新本能的产生受三个因素影响：原来的本能、能量作用、环境作用；新本能既受原本能与环境

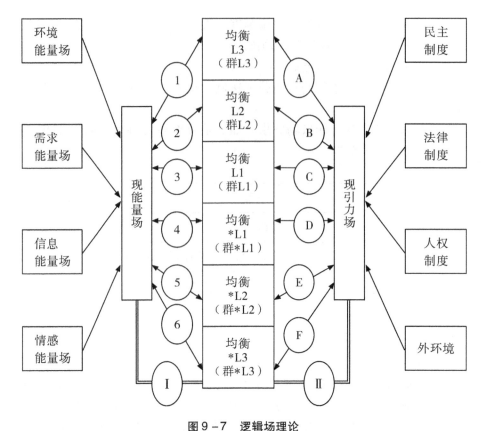

图 9-7 逻辑场理论

的均衡影响又受输入能量影响。

子系统的加权本能和是会变化的,即子系统的元素在子系统输入和加工能量的过程中,自己的本能 n 和自己在子系统中的地位即权重会变化,引起逻辑和即子系统本能群 n 变化。

影响（B）:引力场通过 d 影响元素的能量加工过程,本能与 d 配合。这个环节,元素会自我压缩,即好了还想更好,不好的想改变命运,以此产生势能的增加,但这种自我压缩要以引力场与本能的均衡为基础,我们常说的"理想也不能违法"。

影响（3）:能量场通过输入的能量在元素中的综合加工结果影响元素。

L1 是生存论加工能量后的输出,是新的本能,均衡加工产生均衡本能。子系统新本能是元素新本能的加权逻辑和,元素的新本能和子系统中的地位都可能变化。

影响（C）:引力场用 d 既影响元素加工过程又影响输出。均衡逻辑场的引力不但要求元素服从引力场,还保障元素所有的能量和势能,这就是人权制度的作用。好比法治社会保障公民私有财产等。

影响（4）：把能量场的影响代入发展论。均衡逻辑场的元素此时带着本能和能量，本能和能量组成了势能。

好比那个美国渔民，他吃的鱼成了他新的体力，就是他带的能量，他的合法理想就是以本能和引力的均衡为基础的公民本能势能。

影响（D）：同时把引力场的影响代入发展论。这个原理就是，引力场引力与公民本能是均衡的，公民本能到了发展论则引力场引力也到了发展论。

影响（5）：能量场的影响继续影响发展论的加工过程。即输入生存论的能量多，现在发展论加工能量的所得就多。如打渔得到的鱼多，卖鱼得到的钱可能就多，那么修船、修渔网的钱也就多了。

影响（E）：引力场通过*d影响公式7.5的加工过程，*d是新环境的影响。如修补渔船和修补渔网要考虑新的捕鱼环境等。

均衡加工指有矛盾的输入本能和新环境达成均衡地加工能量。

影响（6）：能量场和本能制造发展论的新本能*n。如那位美国渔民，修补好的渔船和渔网就是他的能量，他与引力均衡的公民本能的理想就是他的势能。这个势能转化成动能就是他第二次捕鱼的行动，开始了第二个生存论。

影响（F）：引力场通过*d影响新本能*n的产生。即美国渔民第二次捕鱼的行动仍然要合法。

新本能*n因为均衡加工而出现均衡本能；均衡本能分别发展均衡逻辑场现象；新本能*n发展逻辑场现象的行动有两个：一个是向能量场输出能量，一个是继续由能量场输入能量。以上的行动都是均衡行动，即本能要与能量场和引力场均衡，俗称守法、保护环境等。

影响（Ⅰ）：元素与能量场有互塑。

影响（Ⅱ）：元素与引力场有互塑。

均衡系统能量由元素或子系统的生存论输入，由发展论输出，在元素中得到两次加工，一次是生存论加工，用本能和控制的对立统一（均衡）加工能量，得到第一次势能大发展，如那位美国渔民吃鱼，一次是发展论加工，用新本能和新控制的对立统一（均衡）加工能量，得到第二次势能大发展，如那位美国渔民修船修网，这里的本能指n和*n，这里的控制指d和*d，势能的增加都是自我压缩的弹簧理论的结果。第一次加工为生存服务，第二次加工为发展服务，发展论形成新的生存论，迭代。

中国当代的深化改革，社会主义民主和社会主义法制共提，社会主义核心价值观包括了社会主义人权，重视环保节能和可持续发展，均衡逻辑场的新局面出现了！

9.13 小结

均衡逻辑场的人类社会是民主与法治均衡的社会,是资本主义法治和社会主义法治的成功境界。如美国、新加坡和当代中国以法治国的目标。

第十章 均衡逻辑工程

10.1 论均衡逻辑工程

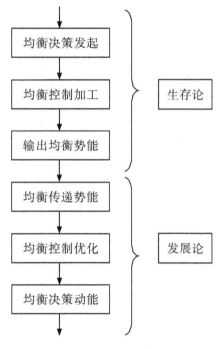

图 10-1　均衡逻辑工程

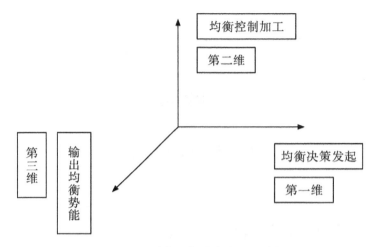

图 10-2　均衡逻辑生存论工程过程

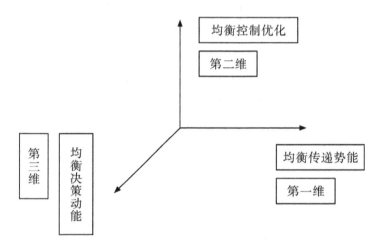

图 10-3　均衡逻辑发展论工程过程

10.1.1　生存论

1. 均衡决策发起

均衡逻辑工程有一个基本的工程要求——均衡，控制是引力和契约均衡的结果，能量是控制和能量场均衡的结果。

生存论的第一维由契约和引力场引力达成决策均衡，决策四库装着民主、法律、人权、外环境影响等思想和制度。接着是需求研究，确定工程的功能，需求的确定由契约和引力均衡确定。再生产起点产品，即输入能量，准备工程资金、人员和组织结构，这些工作需要两次均衡，第一次均衡指契约和引力达成均衡控制，第二次均衡指均衡控制与能量场达成均衡。

2. 均衡控制加工

生存论的第二维是加工能量产生势能的环节，这时，契约与引力场达成均衡控制，契约再与能量场达成均衡控制，两个均衡控制达成均衡控制加工。四库工具装着各种控制理论。

3. 输出均衡势能

生存论的结尾输出均衡势能，这个势能是契约与引力场均衡，同时与能量场均衡，用两个均衡自我压缩的结果。

10.1.2 发展论

1. 均衡传递势能

发展论的第一个环节是输入生存论的输出势能，准备做工。

2. 均衡控制优化

发展论的第二个环节是优化均衡势能，用契约与引力场和能量场的均衡产生均衡控制，用均衡控制优化均衡势能。库工具装各种均衡控制理论和技术。

3. 均衡决策动能

发展论的第三个环节是决策发出动能，用契约和引力场与能量场的均衡决策。四库工具是装着均衡决策理论和技术的库工具。

10.2 受限逻辑工程

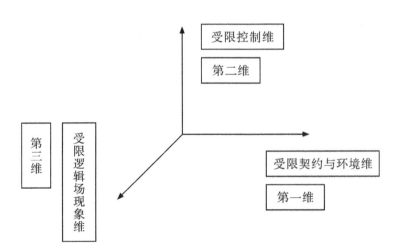

图 10-4 受限逻辑工程生存论

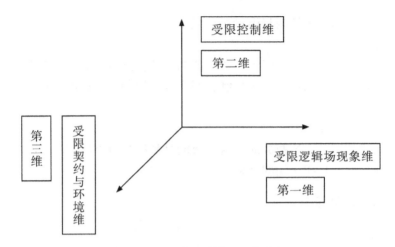

图 10-5　受限逻辑工程发展论

均衡逻辑工程和明、暗逻辑工程有一个重大的区别，即均衡逻辑工程是受限逻辑工程。明、暗逻辑工程的能量场和引力场虽然也是有限的，但逻辑工程的决策是无限的，如中国的长城和大运河，如外国的金字塔。

10.2.1　生存论

1. 受限契约与环境维

均衡引力场和均衡能量场是有限的，决策知识是有限的，因此，发起逻辑工程的决策也是有限的。还体现在，决策四库工具的内容也是有限的，有限库工具再次让决策成为有限决策。

这里的需求也是有限的，主要是知识的有限造成需求研究的有限。

起点产品是均衡能量，这里提出，均衡就是有限，因此，起点产品就是有限产品。

2. 受限控制维

生存论的第二维是加工势能的环节，因为控制源于均衡，均衡制造有限，因此，这里的控制是有限控制，加工是有限加工，即契约有限压缩自己。

3. 受限逻辑场现象维

生存论的第三维是受限逻辑场现象维，输出受限势能。势能就是逻辑场现象。

10.2.2　发展论

1. 受限逻辑场现象维

发展论第一维是输入生存论产生的受限势能。

2. 受限控制维

发展论的第二维是优化受限势能，因为优化控制产生于均衡，均衡制造有限，因此，优化控制也是有限控制，优化是有限优化，是契约在发展论阶段再一次有限压缩自己。

3. 受限契约与环境维

发展论的第三维是受限契约与环境维，由契约和引力场达成均衡，再由契约与能量场达成均衡，用两个均衡决策是否发出动能，动能是有限动能。

10.3 微观逻辑工程

微观逻辑工程是一种解决具体问题的逻辑工程，运用对象一般为元素。

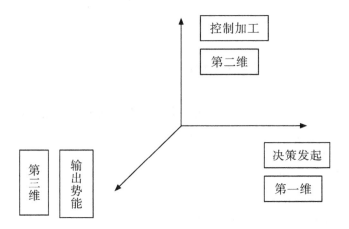

图 10-6 微观逻辑生存论工程过程

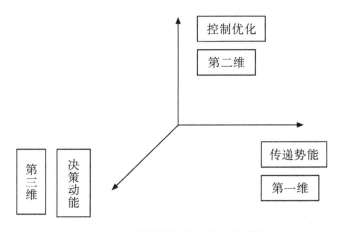

图 10-7 微观逻辑发展论工程过程

10.3.1 生存论

1. 决策发起

生存论的决策发起维，由元素本能与逻辑结构引力场达成均衡，再由元素本能与逻辑结构能量场达成均衡，产生有限决策。需求研究确定工程的有限功能。输出起点有限产品。

2. 控制加工

生存论的控制加工维，由元素本能与能量场和引力场达成均衡，产生有限控制加工，元素本能有限自我压缩。

3. 输出势能

生存论的输出势能维输出有限势能。

10.3.2 发展论

1. 传递势能

生存论的有限势能输出输入发展论。

2. 控制优化

发展论的控制优化维，仍然由元素本能与能量场和引力场达成均衡，产生有限控制优化，元素本能再次有限自我压缩。

3. 决策动能

发展论的决策输出动能维，决策仍然建立在本能与能量场和引力场的均衡的基础上，均衡产生有限，因此决策是有限决策。这个环节仍然有需求研究，研究动能的作用。最后输出有限动能。

10.4 宏观逻辑工程

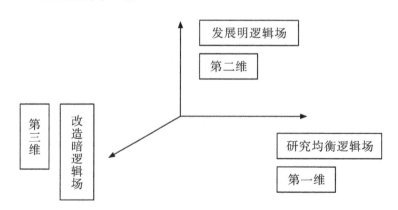

图 10-8 宏观逻辑工程生存论

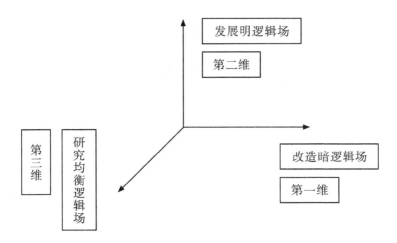

图 10-9　宏观逻辑工程发展论

宏观逻辑工程往往是规模大的子群或逻辑结构自己做的逻辑工程。

10.4.1　生存论

1. 研究均衡逻辑场

作为生存论的第一维，做决策、需求研究、制造起点产品，都需要研究均衡逻辑场的均衡，产生均衡决策和均衡控制。这个均衡指契约与民主制度、法律制度、人权制度、外环境影响力四大引力场的加权逻辑和是否均衡；还指契约和能量场的综合要求是否均衡。

2. 发展明逻辑场

作为生存论的第二维，要发展明逻辑场，也就是发展与引力场均衡的制度。

3. 改造暗逻辑场

作为生存论的第三维，要发展暗逻辑场，即输出符合均衡的明加工的本能。

10.4.2　发展论

1. 改造暗逻辑场

均衡本能输入发展论，准备对其优化。

2. 发展明逻辑场

优化控制用明逻辑场方法。

3. 研究均衡逻辑场

是否发出势能转动能，要研究均衡逻辑场的均衡，达到均衡就发出动能做工。

10.5 小结

均衡逻辑工程就是一个现代化国家成功的民主事业、法治事业与人权事业。

第十一章
逻辑场民主

11.1 社会主义和民主

民主原则是人类古老的政治原则和社会原则，人类原始社会的原始民主有着漫长的历史。当人类文明初步发展起来，出现了社会分工、私有制和阶级，奴隶社会和封建社会的专制代替了原始民主。当资本主义兴起时，以原始民主原则为基础的现代民主原则产生了，它成为资产阶级团结人民战胜封建专制的有力武器！过了一段时间，人类另一个现代民主——社会主义民主原则出现了，它给全世界工人阶级带来了人民主体论，同时成为发展中国家人民摆脱殖民统治的有力武器！在现代民主原则的发展过程中，资本主义民主原则出现过德日法西斯那样的教训，社会主义民主原则出现过前苏联解体那样的教训。人类现代民主原则的重要经验是：民主原则一定是一个国家和民族走向现代化的第一重要的前提！

11.1.1 民主原则的主体

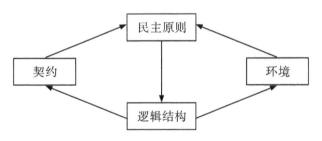

图 11-1 民主原则与逻辑结构的关联

这个图说明，任何逻辑场结构都会产生自己元素的契约和自己整体外的环境，那么，这个逻辑结构为了自己良好的生存发展需要，一定要创造出一个民主原则作用于自己，实现这样的均衡：

$$元素契约 = 民主原则 = 环境要求 \qquad (公式11-1)$$

民主原则成为元素契约和环境要求均衡的条件。它与元素契约互塑，支持元素契约正确的地方，反对元素契约错误的地方。它同样与环境互塑，利用有利的环境条件，改变不利的环境条件。这样，元素契约和环境要求通过民主原则对它们的互塑而实现均衡。

11.1.2 民主原则的发展

把《三维社会工程学》发明的三维结构作为民主原则发展的重要方法。

11.1.3 民主原则的自身

民主原则自身和计算机软件一样，民主原则的开发过程是一个高级逻辑系统，民主原则的结构是一个中级逻辑系统，民主原则的使用是为了优化一个初级逻辑系统。

11.1.4 民主原则的意义

民主原则作为逻辑结构用逻辑工程制造的系统，其作用有两个：

第一，为逻辑结构生存目标服务。逻辑结构生存的根本规律为——逻辑结构的元素契约与逻辑结构的环境要求达成均衡。这个均衡公式为——"元素契约＝民主原则＝环境要求"，可见民主原则的意义。

第二，为逻辑结构发展目标服务。逻辑结构发展的根本规律为——民主原则通过与元素契约的互塑提高元素契约的层次，通过与环境要求的互塑提高环境要求的层次，通过创造元素契约与环境要求更高层次的均衡发展逻辑结构。

11.1.5 中国共产党民主原则的发展过程

过程分三个阶段。

第一个阶段叫毛泽东阶段，这个阶段，毛泽东同志领导全党、全国人民建立了四大民主原则：基层党组织、民主集中制、群众路线、统一战线。其中，群众路线建国后以人民代表大会原则固定，统一战线建国后以政治协商会议原则固定。

第二个阶段叫改革阶段，由邓小平同志、江泽民同志、胡锦涛同志先后领导，在继承和发展毛泽东阶段四大民主原则外，借鉴发达国家经验教训，创造出市场民主原则和教研民主原则。

第三个阶段叫深化改革阶段。为了解决基层党组织、民主集中制、群众路线、统一战线、市场民主原则、教研民主原则六大民主原则遇到的严峻挑战，新一代人民领袖习近平主席以深化改革和国防改革的国策重塑这六大民主原则，有对传统的继承，更有伟大的创新，让中国发展成具有和实践一切现代原则的现代化国家。

11.2 逻辑解释

中国社会主义系统整体理论作用产生的十个原则的过程如图11-2所示。国际政治作为国家的环境影响国家这个系统，国家用十大原则实现整体作用影响城市政治子系统。国家用十大原则影响一切城市子系统，把城市团结成一个统一的国家，发挥整体理论的作用。国家用统一的十大原则发展国家内环境，以内环境的发展为基础与国际政治外环境互塑，这就为"内圣外王"战略的真义。

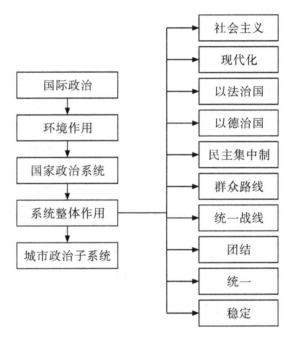

图11-2 中国社会主义整体理论作用

美籍奥地利理论生物学家贝塔朗菲于20世纪上半期提出了一般系统论，提出了重要的整体理论。值得一提的，贝塔朗菲是通过研究生命有机体生存发展规律提出的一般系统论，这说明，一般系统论很适合用来研究逻辑系统。中国国家政治和城市政治都是逻辑系统，图11-2根据中国的系统整体要求提出了中国社会主义系统整体理论作用。

社会主义的导师恩格斯就指出过，世界表现为一个有机联系的整体，这说明，社会主义理论早已包括了整体理论。实际上，毛泽东思想、邓小平理论都蕴含着丰富的系统论和系统整体理论的思想。

系统论的整体特点表现为整体联系的统一特点，整体与部分、部分与部分、系统与环境联系的统一特点。中国的社会主义原则统一全国的要求就有整体联系统一特点的要求，港、澳发展一国两制的资本主义同样有整体联系统一的特点。

系统整体存在的一个特征是有机特点，组成离开系统就不是系统的部分了，系统要运动而产生整体特点。一个国家要团结统一起来，要在中央政府的控制中，发展现代化和人类正义，指的就是系统整体存在的有机特点。

系统整体存在的另一个特征是组合效应，部分为整体制约的部分，离开整体就失去品格，系统形成整体后产生系统功能，产生质变，形成整体前没有的功能，这叫整体组合效应。可以说"整体大于各部分的总和"，也可以说"整体不是部分的总和"。

运用整体理论要注意：部分结合得不好不能成为有效系统，要研究整体特点于系统运动过程中的变化，以其变化调整系统，增强整体效应。对于一个国家而言，部分结合的好坏需要统一战线的作用，需要城市之间的协同配合。

中国就可以看成一个系统，中央为控制器，各个城市是组成部分，可以运用系统整体理论统一中国，用系统论让中国产生有效、成功的系统行动，创造中国成功的发展。为了这个目标，本著作提出城市要服从统一的十大国家原则，为国家整体理论的产生和发展服务，符合中国和中国城市的有机特点要求，创造整体大于各部分总和的组合效应。

系统整体理论不是孤立的，是系统各种理论综合作用的结果，从某种意义上说，整体理论包括信息论、控制论、运筹学、耗散结构理论、协同学理论等很多理论。

值得一提的，社会主义和系统论都有整体理论，这说明，运用整体理论统一中国、发展中国，符合马克思主义，是科学正确的！

▶ 11.3 社会主义原则

系统整体理论有：统一特点、有机特点、组合效应特点。统一为有机的基础，有机为组合效应的基础。这说明，作为系统的中国要有统一的整体，用什么统一？舍社会主义就没有统一全国的意识行为了！当然，港澳要长久发展资本主义，但他们用一国两制政治这个转换接口和社会主义祖国连接，保证了全国的社会主义原则，台湾也可以这样，无损社会主义统一原则。

用社会主义统一全中国为历史必然的选择！因为用封建主义统一中国的李鸿章失败了，用资本主义统一中国的孙中山先生没有成功，用官僚资本主义统一中国的蒋介石又失败了，只有社会主义让中华民族得到了解放，实现了工业化，走到了改革开放，虽有严峻挑战，但这条道路唯一正确，深化改革为这条道路的新里程。

　　一个人，如果身体某个器官排斥身体其他器官会有什么结果？要么迅速改变这种状况，要么人的生命出现危机！一个国家同样如此！这就是中国的城市要团结于党中央周围，坚决走社会主义道路，港、澳走一国两制道路不动摇的原因，是严峻的颜色革命挑战对中国的要求。美国的国家安全和美国的立国思想都同样有宪法地位，可以旁证中国社会主义立国原则和国家安全于中国的地位。

　　有机特点同样支持中国的社会主义原则，让中国的城市统一、分工合作、协同发展。好比一个人的某个器官和人的整体要求相反，或者四肢不听大脑指挥，这个人能否好好生存发展。中国的城市不以社会主义原则组织就不能成为一个有机体，因为封建主义和资本主义都抵挡不了帝国主义的伸手。这个手伸进来，中国也就没有完全的自由和独立了，也就不是一个完整的有机体了，也就不能实现系统整体理论的有机特点和有机发展了。旧社会的现实就是佐证。

　　组合效应特点同样需要中国用社会主义原则组成系统，因为鸦片战争以来，中国能实现"整体大于部分总和"效应的只有社会主义中国。旧中国，不管什么人搞的什么政治组合，都是"三个和尚没水吃"，这很说明问题。社会主义原则有统一全国的本领，有调动人民群众积极性的本领，有创造良好内外环境的本领，可以让中国以科学的系统论发展成功。

　　社会主义原则要求全国一切市政府都要真心真意拥护统一的社会主义共和国，消极是不允许存在的。全国的市政府要遵守党章和宪法的规定，要服从当代党中央深化改革的国策，当代党中央有宪法地位，不允许市政府消极。中央用民主集中制控制和发展全国，城市用群众路线反映自己的看法和要求，城市之间用统一战线协作。以此作为社会主义原则的实现形式。

　　新一届党中央得党心顺民意，用深化改革解决民心远离的问题，用以法治国、以德治国、反腐败来发展中国的纪律建设，解决党要管党的问题。

11.4　现代化原则

　　人所共知，不是一切系统的运行结果都是积极的，高档汽车和低档汽车用起来性能是不一样的，不然，它们的价格不会那么悬殊。这说明，一个系统要有良好的运行结果，控制要正确，元素要优化，造成整体理论的出现，造成系统与环境良好互塑，实现系统良好发展。对于中国，要创造中国系统的生存发展成功，要控制正确，要优化城市，要与国际环境良好互塑，动力来自现代化原则，来自深化改革这个现代化国策。

　　中国要发展现代化，首先要反对封建思想。旧中国的衰弱，首要因素是封建主义的作恶。新中国的成功，首要条件为成功打击封建主义。文革的罪恶又是封建主义的还魂。当代中国的腐败现象和官僚资本主义现象产生的原因，都是一些官员封建主义严重，传统的封建腐败思想严重的恶果。当代党中央的以法治国和反腐败国策重点就是反对封建思想。

其次，要发展国民的现代化素质。中国人有根深蒂固的"皇帝思想"，认为世界只分为"我的"和"不是我的"，很多坏事由此展开，与发达国家国民认为世界分为"我的"和"别人的"差别巨大，要让我国国民放弃"皇帝思想"，发展和发达国家一样的公民思想，知道世界分"我的"和"别人的"。以此为基础，让人民群众抛弃人脉、潜规则、极端个人主义，跟着社会主义法制大旗走，创造社会主义法制环境的阻力就小了。

再次，要反对封建迷信。我国是世界上迷信传统最重的国家之一，但反对迷信的人物也层出不穷。当代，合法的宗教信仰应该保护，非法的迷信却是不允许的，因为社会上很多罪恶都是利用群众的迷信心理展开的，给社会造成严重破坏，阻挡着现代化的发展。

要大力发展科学技术，发展信息社会，发展研究型社会，发展创新型社会，带动国家的一切向现代化发展。现代化原则的基础就是科技发展，现代化原则靠科技发展而发展。实际上，科学技术不但是一个国家的发动机，还可以解决社会很多深层次矛盾。

城市遵守现代化原则，就需要研究本地现代化发展学，不能搞错误发展和私心发展，不能简单拍脑壳搞发展。要有智库做发展研究和决策参谋。要有全国大局主义的发展本地现代化。

有一个很有趣的命题：现代化原则是传统的保护神，封建思想反而是传统的破坏者！发达国家美好的传统保护，我国封建社会无数次"焚书坑儒"和文革为造新神的破"四旧"，都很说明问题啊！当代中国发展"现代化"过程中，破坏了无数的传统，建起了一模一样的都市，原因在于我们的"现代化"有问题，应该用现代化精神发展现代化，中国不但会建设成功的现代化，还会给中国的传统找到完美的保护神。这是现代化原则的重要意义之一。

11.5 以法治国原则

一个系统需要控制器控制起来才有运行和发展，好比人的大脑，好比计算机的CPU。一个国家一样需要控制，这就叫中央的责任，维护国家统一，维护国家安全。现代化国家的中央都用以法治国国策控制全国，我国由新一届党中央提出新的以法治国国策，为了更好地维护国家统一和安全，也为了反对腐败和腐败造成的管制危机。

以法治国原则对中国城市的要求为：遵守党章和宪法，服从中央的法令法规，创造优良的外环境；以法治理自己的内环境，创造自己城市的法制社会，创造法制城市，反对腐败和黄赌毒，创造适宜自己生存发展的城市内环境。港澳能完全遵守基本法和一国两制政治原则即可，与内地城市有区别。

以法治国原则要求中国城市积极落实我国的《国家安全法》和《反分裂法》，在基层维护国家统一和国家安全。当一个国家的统一和安全由中央一肩挑时，这个国家就不可能统一和安全了，好比清末和民国。当一个国家的统一和安全成为地区和城市自觉的行为，这个国家会像泰山一样稳定，好比美国和我们的新中国。

以法治国要求严厉打击各种形式的恐怖犯罪活动，要为反恐立法，制定《反恐怖法》，让中国更好地依法反恐，保障国家和人民的安全。

以法治国原则要求中国城市服从中央控制的同时，也欢迎各个城市反馈控制，提合理化建议和意见，共同发展中国城市管制。这就叫社会主义民主法制，民主集中、群众路线、统一战线共同作用。系统论的控制理论中有反馈的组成部分，对于一个国家，控制指以法治国、以德治国、民主集中制，反馈指民主、群众路线、统一战线。因此，控制理论要求城市积极向中央反映意见。

以法治国于市民社会的任务就是有一天，让人民用法制作为生产生活的基本原则，而不是人脉、潜规则，甚至腐败。市民社会的法制是很重要的，以法治国原则要坚决用于市民社会，创造一个法制市民社会。

以法治国原则于经济领域就是要科学地培育市场规律，有了规律，自己就简政放权，让市场规律起作用，为社会主义自由市场经济体制的形成创造条件。市场由逻辑人组成而不是理性人，这告诉人们，市场是逻辑市场而不是客观市场，控制市场这个系统要用逻辑控制，不能用纯客观控制。因此，以法治国对于市场管制同样要以人为本。要发展社会主义自由市场体制的法律原则，自由市场是世界上最科学的市场体制。因此，以法治国对于市场要有扶持中小企业，创造市场规律的功能。实现小而有效的政府法制是以法治国的目标之一，但开始或特殊阶段又允许政府法制有冗余，这是社会、市场这些逻辑系统的特点决定的。

当前，中国经济领域的法制环境不令人满意，自有毒食物到电讯诈骗，目不暇接。根本原因在于，经济领域不能单独实现法制，经济领域的法制要建立在市民社会法制的基础上。环保法制一样让人不满意，仍然是因为法制是整体的控制结构，要综合治理，治标不治本反而浪费资源。

以法治国原则还包括发展教育科研领域的法制，坚决反对腐败现象。

以法治国原则还包括各种法治工程要工程化、客观化，不能以主观为主产生各种冤假错案，公检法司都要反腐败，廉洁办案，依法办案。

11.6 以德治国原则

中国作为一个系统，要创造整体效应就需要控制作基础，控制有两种，一个为法制，一个为道德。当代党中央提出以法治国和以德治国非常睿智。

中国有悠久的道德建设历史，《十三经》中有很多道德说教，古代人的三大理想，立德、立功、立言，道德建设总是第一位的。儒家道德建立的秩序让中国封建社会获得了巨大成功，中华民族成为世界上成功传承的伟大民族之一。但是，中国发展现代化的过程中，封建道德由菩萨变成了恶鬼，清末变法的失败就是因为保守派打出了"祖宗家法不可变"的封建道德，袁世凯打出"帝制"这个封建道德，蒋介石用封建道德发展腐朽专制的反动统治。这些都说明，封建道德反对现代化，中国发展现代化需要新的道德的支持。

建立社会主义道德的人为毛泽东同志、邓小平同志等一代又一代共产党人。第一代共产党的道德的核心思想就叫为人民服务，第二代共产党的道德的核心思想叫用社会主义民主法治为人民服务。新中国的道德建设符合社会主义现代化发展的要求，丰功伟绩第一位，但毋庸讳言，前有文革践踏法制和人权的罪恶，后有极端个人主义大流行的教训。新的党中央看到了这一点，知道没有道德建设的支持，单用法制控制不能控制好国家，因此提出了以德治国的国策，与以法治国一起起作用。中央大力整顿党员干部工作作风和生活作风的举措就是以德治国的开始。

中国人有根深蒂固的"皇帝思想"，把世界分成"我的"和不是"我的"，就是一种极端个人主义，以此为基础发展出人脉和潜规则，人脉和潜规则又滋生出中国特色的腐败、黑社会，让现代化发展跌入陷阱。解决之道就是发展以德治国国策，发展社会主义道德，让人民懂得世界分"我的"和"别人的"这个道理，用法制代替人脉和潜规则，消灭腐败和黑社会。

以德治国原则对城市政治有这样的要求：政府与人民要进行良好的互塑，都要讲社会主义法制和道德。要明白一个规律：有什么样的官，就有什么样的民。领导干部自己要首先有道德，然后教化人民讲道德，新中国成立初期路不拾遗夜不闭户的社会就是这么来的。讲道德不是讲封建道德，一讲封建道德，官员肯定腐败，人民肯定民风堕落，因为事易时移而法不亦移，自然会悖。领导干部讲道德要讲社会主义道德，讲为人民服务，用社会主义道德教化人民，要学当年的老红军、老八路，以法制为基础学。讲道德要进入党章和党的原则，一个领导干部如果没有社会主义道德他就不能当领导干部，一个地区的民风如果很差，没有合格的社会主义道德，同样要追究领导干部责任，只有这样，沉重的拨乱反正工作才会有起色，中国的民风才会有起色。

以德治国国策当然不能放弃传统，但也不能不加选择，要取其精华去其糟粕，继承优良的，主要为人民群众创造的精神财富，去掉不好的，好比官场权谋和古代贪官的人生观等等。

当代中国正在宣传社会主义核心价值观，汇集古代和当代的优秀价值观是正确的。宣传社会主义核心价值观的重点应该为：当前国策和法治。

▶ 11.7　民主集中原则

系统控制论的中心是控制器和控制通路，好比计算机的 CPU 和总线，又好比人的大脑和神经。一个国家要通过控制论团结成一个整体，中心为中央和民主集中制。

中国社会主义民主集中制由毛泽东同志建立，由邓小平同志发展，与发达资本主义国家的控制方法有重大区别，因为国情不同，中国没有巨额发展成本转嫁条件。民主集中制对中国的意义，首先就是保护国家的统一和安全，还有有效组织民主与法制建设。民主集中制与蒋介石的专制有本质不同，民主集中制以社会主义现代化为基础，蒋介石的专制以封建思想为基础。民主集中制与中山先生的全盘西化民主有本质不同，民主集中制通过解决政治成本匮乏的道路实现现代化民主，全盘西化没有巨额成本却要实现以巨额成本为基础的资本主义民主，辛亥后，军阀割据。新中国开创一个强大的社会主义民主国家，是非明白。

民主集中制原则的第一个要求为党领导社会发展。民主集中制原则坚决反对官员对社会主义原则消极，这不是左的语言，而是中国社会主义面对内外环境的严重挑战而保卫中国共产党执政地位的要求，党要管党。

党的民主集中制原则要求党有严格的组织纪律，那种"谁有真理就听谁的"貌似正确，其实是错的。民国的分裂割据就是因为国民党大佬人人都认为自己掌握了真理。共产党建立新中国和发展社会主义建设，提倡领导倾听群众意见，提倡群众多提建议，又建立严格的组织纪律，要求党员服从民主集中制，产生出集中力量的巨大作用，由成功走向新的成功。

民主集中制原则对城市有这样的要求：于外环境，服从中央的民主集中制控制；于内环境，用民主集中制控制城市和市民社会。允许城市政治合法探索新阶段的民主集中制形式，比如小政府大社会、简政放权等等。但是，民主集中制的改革不能违反党章、宪法、当代中央的国策和社会主义原则的要求。

民主集中制作为中国共产党和中华人民共和国第一重要的民主原则，研究、发展和宣传都有待提高。

发达资本主义国家有一个著名的民主原则叫普选，用这种民主原则，很多发达国家成功地成为世界强国。但长期以来，大量发展中国家用普选这个民主原则发展自己却效果不佳，腐败、内斗、分裂常常困扰着他们。"中华民国"自辛亥年就为普选政治而奋斗，结果，"中华民国"一天统一都没有实现，人民水深火热，差点被日本鬼子亡了国，退居台湾大半个世纪，终于有机会大模大样搞普选政治了，结果，第一位民选领导人陈水扁蹲了大狱，第二位领导人虽是个正人君子，但他的执政效果一度连10%的支持度都没有，台湾到现在仍然受政治内斗困扰而举步维艰。

原因是一国发展成本能否转嫁这个问题。资本主义的普选制要面对选民严重的个人主义要求，更要面对利益集团巨无霸的个人主义胃口，早期的普选政治只有为国家找到能满足选民巨大个人主义要求的发展成本转嫁道路才会成功，这就是早期发达资本主义国家残酷对待其他发展中国家的原因，就这样，发达资本主义国家还需要彼此战争决斗来划分世界资源。直到二战结束，发达资本主义国家由市场主体论变成人民主体论，普选政治才真正走向了成熟和成功，即使这样，普选的高成本这个重大缺点仍然没有解决，很多发达资本主义国家为了人民福利而债台高筑甚至破产。而发展中国家的特点就是穷，就是没有发展成本转嫁条件，否则就不叫发展中国家了，而且发展中国家都处于市场主体论阶段，这种条件下的普选政治还要受发达国家成本转嫁和颜色革命两大目标的左右，不出问题是不可能的。结果，发展中国家的普选政治因为没有人民主体论而得不到普选的好处，因为没有巨额成本转嫁条件而得不到人民的支持，不能产生人民支持的现代化普选政治的发展中国家，普选往往是内斗和分裂的场所，国家发展不能受益于普选反而受普选内斗之害，加上法制不倡，普选充满腐败。

中国共产党于发展过程中，有过家长制的阶段，有过大民主普选的事件，都吃了大亏。当毛泽东同志领导全党后，他建立了三大民主原则：民主集中制、群众路线、统一战线。民主集中制成为党第一重要的民主原则。民主集中制的意义为：第一，要民主，中国发展现代化一定需要党内民主和人民民主；第二，要集中，解决发展中国家普选政治的弊端，不由市场主体论层次发展民主，用集中的方法由人民主体论层次发展民主，解决内斗、分裂、腐败这些发展中国家普选的通病。新中国和民国的对比，当代中国和其他发展中国家的对比，都说明民主集中制的科学伟大，更重要的是，民主集中制不是发展中国家想建立就建立得起来的，会受到国内保守势力和帝国主义双重力量的阻挠。中国共产党走遍万水千山，历经风雨雷电，创造出党和国家的民主集中制，这个民主原则如果失去有可能是无法重建的，中国人应该注重。

这些年，中国遇到山重水复，环境污染、腐败严重、社会不公三大弊端考验着共和国，个人主义和小团体活动考验着共和国，日本鬼子的侵略威胁和恐怖威胁考验着共和国，还有政治发展问题、经济发展问题、社会发展问题。过去一年，中国遇到柳暗花明，反腐、反贪、反黄赌毒大快人心，反官僚主义振奋人心，深化改革和国防改革得了人心，有效政治抗日和有效依法反恐稳定人心，群众路线和统一战线重新光大，民主集中制有了新发展的机遇！这都告诉我们，千千万万中华儿女用血汗甚至生命建立的共产党不是浪得虚名的，他有顽强坚韧的生存发展本领，以全心全意为人民服务的精神得到人民的支持，全党选出的新领袖有毛泽东同志的大气磅礴，有邓小平同志的现代开明，成为中国共产党传统的真正继承者，以领袖民主集中制领导的党成为中国现代化发展唯一合法、正确的领导者，以民主集中制团结于领袖周围的中国共产党，必定会成功，否则就不叫中国共产党，甚至会遇到国民党那样的惨败！

实际上，中国的民主集中制不仅体现于中国共产党的组织，群众路线需要中国共产党民主集中的领导，统一战线需要中国共产党民主集中的领导，地方要服从中央的民主集中领导。

中国的民主集中制支撑的法律和发达国家普选制支撑的法律都属于现代化法律，因为国情不同而用不同的支撑基础。现代化法律原则对人民有这样的要求：宪法要凌驾于人情之上。这告诉中国人，为了发展现代化，党员和群众都要服从民主集中制原则，党员的人情和人脉要服从党章和宪法，群众的人情和人脉要服从宪法，坚决反对用人脉凌驾于党章宪法的腐败思想，即中国要走以法治国的道路。

到中国现代化有大成功的时候，中国共产党与时俱进的民主集中制会与发达资本主义国家的普选制殊途同归，发展出人类更文明的新的民主原则。

毛泽东同志一生高度重视组织原则和党中央的权威！党中央如果不重要，那么支部建在连上又有什么意义！党中央如果不重要，那么整个中国共产党怎么团结起来！实际上，毛泽东同志一生都认为党中央的权威高于一切，这体现在他服从组织原则地把苏区军权交给博古李德，又体现在他依从组织原则夺回博古李德的党权军权，体现在他于中国共产党七大开创的第一代成功的中华人民共和国党中央。旧中国有一个没有权威的党中央，那就是蒋介石的党中央，他们于国民党建党开始就内斗，一直斗到被赶出大陆。共产党因为全心全意为人民服务的宗旨而得到统一的党中央，得到有绝对权力的党中央。国民党因为个人主义腐败而永远没有权威的党中央，蒋介石的统治秩序靠特务维持。

而且，革命年代，毛泽东同志就是我党真理的掌握者，但他是遵守组织原则的模范，他通过组织原则中的党内民主争取自己主张的实践机会。真理是需要实践证明的，群众认识真理有过程。"谁有真理听谁的"这句话听起来正确，其实是不对的，很多团体的分裂就是因为团体的每个成员都认为自己是真理。只有毛泽东同志高明地通过组织原则实现自己的真理，在尊重党中央权威和维护党内团结的前提下实现自己的真理，自己的真理为凝聚党的战斗力服务，毛泽东思想因此成功！

人们可以研究毛泽东同志一生对地位的看法，他年轻时粪土当年万户侯，他革命时尊重工农和工农干部，解放军长期官兵平等，建国后，很多农民成为中国共产党高干。不管毛泽东同志的工农至上观点是否完全正确，至少，他反对官本位以及其他不平等社会现象的思想是非常明白的，他是中国第一个实现社会平等的伟大政治家。

有了程序民主是不是就有实质民主？当年臭名昭著的希特勒是怎么上台的？不就是钻了程序民主的空子执掌德国而发动了人类第一惨烈的浩劫！当年的德国人民因为程序民主而得到了自己的民主，把大多数人的思想上升为全国思想，但这是实质民主吗？显然不是！因为当年德国人民的大多数人的思想是因为受到伪学说欺骗产生的，他们通过程序民主选希特勒上台而得到的民主是伪民主，这一点由希特勒对世界和本国人民犯下的罪行就能知道。则人们能得出有程序民主不一定就有实质民主的结论。这种事，当代的日本又在上演。

没有程序民主是不是就没有实质民主？旧中国自民国元年就有程序民主，蒋介石更是搞了大大小小不计其数的选举，但哪一个中国人说他民主？人人都说民国选举是贿选，人人都骂蒋介石是独夫民贼。而中国共产党走上中国革命和建设指导地位初就明确中国共产党的民主原则为民主集中制，正因为有民主还有集中，中国革命成功了，中国工业化成功了，人民成为国家主人。就算问问现在被各种舆论搞得晕头转向的小年轻：外辱、内战、贿选和主权、和平、公民制，他选什么？我肯定他选主权、和平、公民制。当年的中国人民就是这样选择了跟着共产党和他的队伍走的。旧中国有程序民主但都是贿选，所以在蒋介石的统治下，中国没有主权、没有自主的内政、没有统一、没有社会稳定、人心很散很散、社会堕落于半封建半殖民地的黑暗中。新中国不学发达国家的选举制，执政党用民主集中制发展执政民主，用群众路线发展公民社会，用统一战线团结爱国力量，实现了和发达国家效果相似的现代化原则。因为中国共产党的宗旨和原则的作用，每次都是中国共产党自己纠正了自己的出错！对一些发展中国家而言，实质民主的必要条件不是程序民主，他们的人民需要有本领有品德的领导人用民主集中制领导他们先实现主权完整、内政自主、国家统一、社会稳定、民心拥护、人民发展，用发展中国家的特点先实现实质民主即公民制和公民社会，再根据实际条件发展自己的程序民主。中国革命的早期就因为搞程序民主把毛泽东的军队领导地位搞没了，又因为没有毛泽东的队伍没有成功而由被选出的领导把毛泽东重新请回。而当年文革的发动走了民主程序，当年中央集体人人都不反对，也得到了看似民主，各路造反派自由地组织、自由地夺权，结果祸国殃民。由这些典型，人们就能明白，没有程序民主不一定没有实质民主。

有程序民主不一定就得到实质民主，没有程序民主不一定就得不到实质民主，程序民主既不是实质民主的充分条件又不是实质民主的必要条件。为什么？

因为实质民主不一定是开会或选举的大多数人的意见。像当年的德国，绝大多数人民都支持希特勒，结果他们受尽苦难还害了人类。像当年的民国，蒋介石选举前人人送金条，则各种选举都是蒋介石成功，但人人都知道选举结果不是民意而是金条。只有在蒋介石即将败退台湾时，他吃了一点小亏，但要注意，那次蒋的副手选举失败并不是程序民主的功劳，而是美国人的操纵，因为美国人想换个马骑，因为蒋介石统治国民党却只是个"儿皇帝"，帝国主义是真正的一把手。这也说明一个重要的现象，即不要主权和内政的发展中国家的选举一定有帝国主义的操控，这样就根本没有民意了。

那么，程序民主和实质民主到底有什么关联？要明白程序民主和实质民主的关联则先要知道什么是实质民主，什么是程序民主。实质民主就是公民原则和公民权的实现和发展。一个自主命运的大国要实现和发展公民原则和公民权先要实现主权完整、内政自主、国家统一、社会稳定、民心拥护、人民发展，实现整个国家和民族的生存权和发展权。接着对每个公民的生存权和发展权做这样的工作，即人人政治法律地位一致，经济地位正确涨落且受政治法律地位一致的限制。再把人的个人主义思想改造成集体主义限制的个体主义，也就是把个人主义规范成公民权，有公民责任和公民义务。当社会变成公民社会，人民都成为有权责的公民体，一国的现代化原则就形成了，人民就得到了实质民主。实质民主是发展的、动态的。地球上不止一个国家和民族，而是全世界各国各族共生，因此一国实质民主成功与否的标准除本国因素外，还要看是否符合国际公民社会的要求，即人类正义。法西斯的国际观是妄想搞世界集权，则说明他的人民没有得到实质民主。帝国主义都想搞国际阶级社会，则说明他的人民得到的实质民主有缺陷，他们把自己的公民制建在了破坏别国人民生存权和发展权之上，搞巨额发展成本转嫁，常常因为各种危机让本国人民公民权受损。那什么是程序民主呢？程序民主的概念分狭义和广义。狭义专指发达国家的分权选举，这是他们思想源头就有的，因为重视个人主义，但又必须生活在集体中，则把个人主义发展成分权选举，这就是狭义的程序民主。值得一提的是，狭义程序民主即分权选举发展一国社会的道路需要大得不得了的成本，往往是一国不能承受的，这就需要转嫁了，需要侵略压迫别人了，因此，本国发展成本不能转嫁或不能被人包下的国家现阶段走分权选举往往走不通。广义的程序民主指一切实质民主产生的工作程序，中国共产党的民主集中制就属于其中一个典型，因为他的工作程序为中国社会主义公民社会服务。那么，程序民主和实质民主是什么关联呢？看看美国的民主道路。第一阶段，美国先有思想民主的启蒙，用启蒙思想团结人民建国，再通过建国给欧裔人民公民权这个实质民主，最终建起程序民主。第二阶段，美国先有解放黑奴的思想民主启蒙，用启蒙思想团结人民进行斗争，通过斗争给黑人公民权这个实质民主，最终完善了美国程序民主，让黑人参加美国政治民主。看看中国的民主道路。中国民主的第一步也是思想民主的启蒙，当年的民族英雄通过研究中国实际、世界先进思想、把中国实际与世界先进思想结合开创出中国社会主义现代化的中国唯一正确的民主道路，向人民宣传中国唯一正确的民主道路，团结人民建起新中国，让中国人民由旧社会的牛马变成新中国的主人，得到实质民主，接着通过建设新中国发展程序民主。虽有曲折但中国人民的公民权没有失去，因为这一点而让中国的实质民主纠正了社会主义现代化道路的各种出错。这些中外典型告诉人们什么？告诉人们这样一个规律：一国正确民主起源于思想民主启蒙，实现于人民得到实质民主，程序民主是实质民主的发展之一。也就是说，思想民主是实质民主的充分必要条件，实质民主是程序民主的充分必要条件，没有实质民主就没有程序民主！

当年处于民国乱世的中国人民，处于蒋介石黑暗统治的中国人民，他们需要的实质民主是反帝反封建，消灭半封建半殖民地原则，不要一场内战就死几十万中国人，不要一场帝国主义侵略就死几千万中国人，工人反对当深受压迫的"包身工"，农民反对被人提前收几十年的租，儿童反对成为街头成千上万的"三毛"，中华民族反对卖儿卖女、反对"朱门酒肉臭，路有冻死骨"，人民要求成为国家主人。但中国人民因为帝国主义和反动派的压迫、愚民而不懂得表达自己的诉求，更不知道实现国家主人的道路何在。因为中国共产党登上中国的政治舞台才改变了一切，他们提出了工农要当国家主人的人民心声，他们指出了走社会主义革命和建设道路唯一能实现工农国家主人地位的思想，这就是中国思想民主的启蒙。有了思想民主启蒙，中国共产党把觉悟的中国人民团结在社会主义、爱国主义和集体主义思想中，跨越各种艰难险阻，诞生了伟大的新中国，实现了工农国家主人的目标，建起了社会主义公民社会，让中国人民得到了实质民主。接着，新中国以公民社会的实质民主为充分必要条件开始发展程序民主。社会主义中国的程序民主有三个部分：①执政党用民主集中制实现民主执政；②人民用中国共产党群众路线实现党领导的自组织；③其他有爱中国思想的社会各界人员通过爱国统一战线实现党领导的参政议政。当然，中国的程序民主有一个诞生和发展的过程，也经过了不少风雨，而人们要高度注意的是，因为中国人民的实质民主在，因为社会主义公民社会没有被严重破坏，则建在公民社会基础上的程序民主这个上层建筑一直有旺盛的生命，中国共产党能因此一次次纠正中国前进道路上的各种偏差，直到中国开始了中国人民一致拥护的改革事业！

11.8 群众路线原则

我国为社会主义人民民主的国家，当然要讲民主，只是这个民主叫社会主义人民民主。中国社会主义人民民主的主要方法就叫群众路线。对于系统整体理论而言，发展系统需要用发展元素来支持，对国家和城市而言，发展元素就指发展市民和市民组织，发展的方法之一就叫群众路线，通过群众路线让人民反馈政府的控制，同时参与控制设计和实施，以此让控制更符合人民的要求，提高社会管制能力，帮助人民生存发展。

中国共产党的群众路线由毛泽东同志首创，邓小平同志发展。第一步，革命年代，毛泽东同志发明了群众路线；第二步，新中国将群众路线变成中国的民主机构：人民代表大会；第三步，邓小平同志提出以法发展群众路线。当然，中国的群众路线发展过程中也有过教训，一个是文革左的阶段，群众路线被歪曲成红卫兵和造反派，产生出"打砸抢"的罪恶，一个是当代少数地区的黑社会给政府管制造成的严重破坏。党中央明白这一切，提出了新的群众路线教育活动，要用新的群众路线发展新的社会主义人民民主，为深化改革成功创造民主原则基础。

发展群众路线原则就要发展好人民代表大会，不能把人大变成权贵俱乐部，要把人大发展成有广泛代表性的社会主义民主议事机构。党组织通过群众路线选代表。党和人大作为一起发展的组织和机构，当党的纪律和公心都得到了加强，可以用现代化民意取得手段推举人大代表候选人，打破人脉、潜规则和只选权贵这些黑暗现象，把人民喉舌更多地变成人大代表。长远而言，要发展社会主义人大代表的现代化选举原则。

党的群众路线教育活动作为新的群众路线国策的开端，意义重大。但是，如果以为只用一次教育活动就能让群众路线很好地回到中国，那就过于简单了。第一，要把这次群众路线教育活动发展好，其作用为宣传作用，让新的国策给全国人民报个到。第二，从此以后，党和政府的一切工作的理论基础都应该包括群众路线，将群众路线国策永远发展，永远作为社会主义民主的主体。第三，用群众路线发展党、政府和人民群众的接口，群众找政府办事或政府发动群众办事，都要讲群众路线。第四，分清群众路线与小团体主义和黑社会的区别，用两条标准（群众是否满意，民意是否合法）代替一条标准的民意调查。第五，人民和政府都用群众路线互塑，人民用群众路线监督政府，反腐败，政府用群众路线教化人民，创造优良的民风。第六，政府要用群众路线疏解民困，化解矛盾，提高民意支持度，发挥社会主义优越性。

群众路线原则对城市政治的要求为：第一，用群众路线与群众互塑，让群众监督政府，让政府教化民众，优化民风，提高民众对社会主义的支持度。应该指出，一个城市的社会主义支持度是市政府工作是否合格的重要指标。第二，用群众路线大力发展法制城市，让人民由人脉、潜规则、腐败的社会转换成民主与法制的社会。第三，积极用群众路线发展民生，改善人民于生产生活中的困难，提高社会主义原则的民意支持度。第四，发展人民群众的参政议政机会，重大发展项目都要通过群众路线收集民意、听取民意，这是城市逻辑工程科学化的重要要求。

群众路线作为中国共产党重要的民主原则，至今仍然为中国社会主义原则生存发展的重要基础。党的十八届三中全会为社会主义理论各领域的大发展提供了重大机遇，群众路线也不例外。党对各级组织和干部发出了研究、发展、实践社会主义群众路线的号召，体现了党中央继承和发展中国共产党重大传统的决心。

中国共产党当代的群众路线应该以研究、发展、实践社会主义人权为重要任务。中国共产党由创立伊始就讲人权，讲救国救民这个大人权；毛泽东同志首创群众路线，一生革命的目标就是让中国人民站起来，讲中国人生存发展的人权；邓小平同志发起改革大业，提出要让中国人富起来，讲了中国人多元和丰富发展的人权；江泽民同志和胡锦涛同志都讲以人为本，讲了发展民主原则要以人权为基础这个宗旨；十八届三中全会决议作为中国当代第一重要的宪法决议，重新提出群众路线这个中国共产党人权理论的统称，赋予时代意义，意味着中国社会主义人权大发展的伟大征途起步了！

但是要看到，自新中国诞生那天起，帝国主义一刻也没有停止颜色革命的策动，他们策动颜色革命的重要手段之一就是以资本主义人权思想蛊惑人心，搞得中国有一段时间一些人谈"人权"色变，让中国至今仍然没有广泛的社会主义人权的研究和实践。这种现象应该改变了，因为：第一，没有社会主义人权理论的研究和实践，怎么去对抗资本主义人权错误的中国论，躲闪的效果肯定不如正面对敌。第二，人类社会肯定需要人权，现代化社会更如此，发展中国社会主义现代化如果缺少社会主义人权理论的帮助就肯定不能成功。这些年，时常出现严重侵犯公民人身权利的事件，激起广泛民愤，严重伤害了党群感情，不就是我国社会主义人权理论研究滞后造成的吗！因此，为了新时代的反颜色革命成功，我国需要针锋相对发展社会主义人权理论的研究和实践；为了新时代中国共产党执政本领的提升，我国需要与时俱进发展社会主义人权理论的研究和实践！党中央重提群众路线绝不是简单重复传统，有一个发展的深意于其中，那么，把社会主义人权事业的发展作为新群众路线的重大组成部分算一个建议。

社会主义人权事业和资本主义人权事业都建立在反封建的基础上，相似之处很多，资本主义人权事业先走一步，有不少经验教训，我们发展社会主义人权事业应该有勇气借鉴资本主义人权事业的经验教训。当然，借鉴资本主义人权事业的经验教训需要记住一个前提，中国以民主集中制发展社会主义人权事业，发达资本主义国家用泛民主。借鉴资本主义人权事业经验教训的同时要反对帝国主义颜色革命战略中的人权欺骗理论，要求中国人民发展人权的过程中，坚持社会主义原则和民主集中制。

群众路线对中国共产党而言叫生命，不论战争年代、建设年代和改革年代，中国共产党创造的丰功伟绩都离不开人民群众的支持。毋须讳言，有一段时间，中国的群众路线被人怠慢了，因此，官员不受人民监督了，官僚主义和官僚资本主义出现了，而且越来越猖狂，严重腐败、严重污染、社会不公三大弊端涌现出来，中国政权对社会的管制出现了大问题。

新的党中央看到了这一点，他们又一次决定自己纠正自己的错误，开展了群众路线教育实践活动。社会主义群众路线教育实践活动很正确，不管遇到多少困难都要坚持。现在的困难是暂时的，没有挑战是不可能的，但群众路线原理正确、适用中国，过了开头难这个阶段，战胜了各种烟幕弹和迷魂阵，群众路线会发出巨大的力量帮助中国发展。

群众路线教育群众守法，帮助群众为国为己建设社会，原理正确，适用中国，符合中国共产党的传统！

11.9 政治协商原则

统一战线为中国共产党睿智而伟大的发明，中国共产党的第一次发展壮大得益于第一次国共合作这个统一战线，结束长征中蒋介石穷凶极恶的围剿得益于张杨两将军的统一战线，抗日胜利得益于第二次国共合作这个统一战线，解放战争中大量国民党将领起义、大量地区城市和平解放都得益于统一战线的作用，建国初期对抗帝国主义的封锁又用了统一战线，改革开放用了统一战线，收回港澳和发展一国两制用了统一战线，海峡两岸仍然用统一战线发展着友好往来。统一战线是宝贝，永远不能丢。

当代中国要让深化改革的国策成功，对外要与日本侵华企图政治斗争，为了得道多助失道寡助的效果，就要用到统一战线，对内要深化改革，面对超出人们想象的复杂局面，又要用统一战线化解矛盾，创造良好的发展内环境。当代中国不能缺少统一战线这个传统，因此，统一战线原则产生了。

我国的统一战线原则很重要，但在发展过程中却出了不少问题。首先，少数政协和人大一样成了权贵俱乐部，一些委员并不想当人民喉舌，他们热衷的是人脉和潜规则。其次，少数政协选举没有党的宗旨的领导，给钱就当的现象时有发生。政协的发展需要改革，需要与时俱进，重点就是要服从党的领导，选人民喉舌当委员，把政协由权贵俱乐部变成党和政府的参谋部，变成人民喉舌。

统一战线原则对城市政治的要求有：一，要走社会主义道路，决不允许用统一战线搞违法犯罪的活动；二，要通过统一战线搞城市协同发展，走社会主义协同道路，创造系统论的协同效应；三，统一战线要当人民喉舌，社会上、中、下层成员都要招纳，那种政协委员一定非富即贵的思想是错误、过时的；四，条件成熟时，可以发展社会主义政协选举原则；五，城市政协应该深深扎根于市民社会这个土壤，多一些热心市民，对城市健康发展有好处；六，政协要发挥监督城市政治的责任，监督政府行为和政府工程，为反腐败出力。

统一战线是中国共产党取得一切事业成功的重要法宝，今天仍然具有不可替代的作用。但是，当代的政协工作存在问题和挑战，如代表产生方法、代表素质、代表工作方法都有很多改善的空间。

用拳头对抗侵略压迫，用美酒迎接橄榄枝，把中国人民正义事业的宣传做到世界人民的心中，把中国人民正义事业的宣传做到一切政治家的办公室，这就是社会主义新中国开创的爱国统一战线。冷战的世界阻碍人类的发展，处于冷战世界的中国也会发展受阻。用自己的工作让世界知道中国不好欺负，接着用自己的工作让世界知道不好欺负的中国渴望世界一切人们的友谊与合作。中国愿意参加全球化，愿意一边发展自己，一边为和谐合作的世界做贡献，但中国要带着主权为世界人民做贡献，这就是20世纪70年代由新中国发起的与世界一切号称坚决反共的政治家的交往？这就是中国与发达国家的广泛建交，这就是中国第一个为消除冷战而做的工作。为什么共产党一边领导中国人民抗击外在的侵略压迫，一边积极与世界著名反共反华的政治家交往？因为这些政治家代表了一部分外国民众；新中国把自己正义事业的宣传做到反共反华政治家的办公室的同时也得到了把自己正义事业的宣传做到那些不知中国真实的部分民众的心中的机会；又因为这些政治家代表了他们国家的政府，中国盼望没有侵略压迫、没有各种冷战，盼望创造和谐发展的国家环境，盼望用自己的和谐发展愿望影响世界人民共同的和谐发展事业出现，盼望崛起的中国一边为中国人民服务一边为世界人民服务，那么中国就要一边用本领对侵略、压迫、冷战说"不"，一边把中国人民的正义主张送到各国政要的办公室，让他们明白搞对抗既伤害中国人民又伤害他们自己，只有合作能产生双赢，这就是共产党和他的战友们创造的现代化中国的爱国统一战线！今天的中国领袖继承了共产党的工作，用拳头对侵略压迫威胁说"不"，把中国人民对外国人民的友好与合作愿望送到外国政治家的办公室，不论这些政治家是对华友好或反共反华，用工作告诉世界，中国反对冷战。今天的中国领袖做得对，中国人民拥护他！

中华民族有一个特点——政府与人民互塑。一方面，中国存在"有什么样的官就有什么样的民"的规律，政府对人民有塑造作用。古代政府宣传儒学，中国人民就信仰儒学几千年；蒋介石政府贪赃枉法，中国就盗贼遍地；新中国反腐反贪，民间的盗贼也了无踪影，全国人民"路不拾遗，夜不闭户"。另一方面，中国还有"民载舟亦覆舟"的规律，即《三维社会工程学》提出的政权和人民分两个生命体共生，政府做得不好，人民会推翻政府，这个危险会激励政府改善管制。

当代中国，改革的丰功伟绩是第一位的，但毋庸讳言，因为少数地区官员的官僚主义管制和腐败行为，影响了民风，出现了民风低落的痛心局面。官与民的互塑，重点在官。当代党中央已经看到了这一点，为了国家和政权的生存发展，为了人民民风的好转和人民良好的生存社会环境，党中央开展了一场轰轰烈烈的纠正党风、官风的运动。有人有着这样、那样的个人主义盘算，但要看到大局，纠风没有错，不达彻底成功不能收兵。"民载舟亦覆舟"啊！

11.10 团结的原则

抗大有一个著名的标语：团结、紧张、严肃、活泼。这是革命队伍的一种精神。中华民族有团结的传统，"将相和"讲文武官员团结，"昭君出塞"讲民族团结。因为团结的传统，中华民族终于克服了分裂，实现了几千年的统一。中国共产党也因为团结的传统，团结全党，团结全国，取得了一个又一个伟大的成功。

当代中国发展深化改革同样不能丢掉"团结"这个传统，团结世界人民反对日本侵华企图，实现保卫祖国这个外环境要求；团结全党全国人民，反对官僚资本主义和腐败，实现深化改革成功这个内环境要求。

因此，团结原则成为城市政治的国家原则，城市要服从中央的领导，城市之间要团结协同，市政府要团结市民，要创造团结和睦的市民社会。

实际，团结是系统论整体理论和协同理论共同要求的，团结意味着系统组成部分配合地组合起来，和谐共处，服从整体的行动控制。因此，团结是系统生存发展的重要条件。组合不好的结构都存在组成部分不团结的现象。

团结很多时候是一种逻辑现象，智能越高的生命越有能力建立高质量的团结。人为万物之灵，人和人群组成的逻辑系统能创造很高质量的系统团结，这种系统团结可以创造系统奇迹，好比革命年代的长征胜利。一个人和一个团体，越是困难的时候越要团结，有理、有利、有节地团结人。成功了更要因为成功团结更多的人，开始更伟大的工作。

当然，有些团结是错的、有害的，甚至是有罪的，人们要警惕。比如官员和商人勾肩搭背合伙腐败，这种团结就是犯罪的。小团体主义的团结就是有害的。与子女亲属的违反纪律的团结是错误的。这些团结都是结构的元素为了自私的目的做危害整体结构的事，这些团结是要不得的。

城市政治遵守团结原则的做法之一就是要反对各种不正当的假团结。不能搞小团体主义。要当一个有大局意识的人，要明白国家好，城市才会好这个道理。

11.11 统一的原则

这里的统一原则指党的决策、政府的政令、军委的军令可以统一传到全国，得到全国统一的执行。对系统来说就叫控制信号的通路通畅，反馈信号的通路同样通畅，让系统的行动更有机会成功。

长期以来，中国民众有句顺口溜"上有政策下有对策"，遗憾的是，这种事是真的。其后果是非常严重的，造成了国家管制的严重危机，是小团体主义产生的重要原因。这种现象是不能任其发展的，党和政府都应该加紧制定严格的问责原则，上有政策，下就必须执行，可以有民主反馈意见的通道。

城市政治服从统一原则就要当执行中央命令的模范，同时要在本市创造市政府的政令统一执行的内环境。

11.12 稳定的原则

什么是稳定原则？一个国家的内外环境要稳定。对外创造和谐发展的有利环境，对内创造稳定的公民社会。

我国的内外稳定局势都有严峻挑战，外有日本侵华企图的骚扰，内有群体事件和恐怖犯罪的困扰。

对此，党中央决心用深化改革创造稳定的国内外环境。用政治斗争反抗日本侵华企图的压迫，用军队力量保卫大陆本土，改革国防提高中国军队质量，以此创造稳定的外部环境。国内环境的稳定用以法治国和以德治国实现，用政治纪律治警。

城市政治遵守稳定原则的要求为：一，自觉维护国家的统一和安全；二，创造城市和谐的法制环境，减少群体事件的发生，提高抵御恐怖犯罪的能力。

对于维稳，中华民族有一个传统经验，即民意用堵不如疏导。说的是民意像河水一样，去压迫民意就好比堵河水，与民意交流，有错改之，没错解释清楚，则像疏通河道一样，哪一个好？当然，疏通民意需要前提条件，需要法制环境。

11.13 公民社会民主学

人类现代化事业一定需要公民社会和他匹配，公民社会能产生两种秩序：一种世界通用秩序帮助一国全球化，把各国争端和竞争由政权层上升到上层建筑；一种本国补充秩序帮助一国保卫主权和人民权益，人类社会在没有进化成更先进的世界前，一个国家需要主权。因为公民社会有世界通行秩序的要求，发展中国家也能借鉴发达国家发展公民社会的经验。

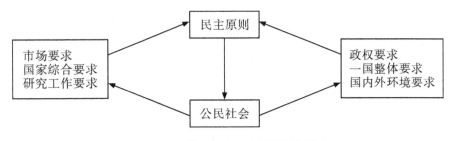

图11-3 公民社会民主原则逻辑结构

如图11-3，公民社会会产生两个要求：一个叫研究工作要求、国家综合要求、市场要求的加权逻辑和得到的契约；一个叫国内外环境要求、一国整体要求、政权要求的加权逻辑和得到的环境。公民社会的契约和环境均衡要求的结果是产生公民社会的民主原则，用这个民主原则作用于公民社会，通过民主原则与契约和环境的分别互塑帮助公民社会生存发展。民主原则以法制为主，还有其他原则。

公民社会的民主原则逻辑工程与三维神经法学工程（《三维社会工程学》）很相似，只是工作部门有一点差异，如制定法律原则的部门都一样，但制定乡规民约的人和制定法律原则就不一样了。

五千年的中华文明证明，中国人民很伟大、很善良、富于智慧。中国当前的社会问题不是人民的责任。不懂中华民族发展规律的人不明白中国社会一个重要的规律，即官对民的影响，中国社会长期有官员影响民风的规律，同样有民风反过来影响官员的规律。要看到，中国共产党的优秀传统即为人民服务，中华民族的优秀传统即和平发展，中国人民的共和国民风即社会公正，正因为新一届党中央的继承而对中国社会发生着作用。这一年，新一届党中央成绩巨大，已经停止了社会的达尔文堕落，反腐败的工作真的结束了一个腐败的时代，开启了中国民风要求的公正发展阶段。中国社会因为中国共产党深化改革和国防改革的作用，一切都渐渐好起来，当擦去中国社会的灰尘，世界人民会看到一个用五千年奋斗创造的美玉即社会主义中国真正的民风。

中华民族有两层表现：基础层叫中华民族传统，如统一的精神，讲礼的精神，勤劳善良富于智慧的特点；表现层叫政府对人民的影响塑造，有什么样的官就有什么样的民，民国政府塑造出一盘散沙的人民，共产党组织民工推出了淮海战役的胜利，说的都是这个道理。两个层次犹如人的一生由基因和环境塑造产生一样，基因叫基础层，环境叫表现层。因此，不能因为表现层的责任而否定基础层。

中国人民的基础层没有改变，我们的人民仍然有强烈的团结、统一、稳定的信仰，人民讲礼义廉耻，人民勤劳、善良、富于智慧。问题出在表现层，是少数政府和官员对人民的不良影响和塑造，但这个问题正因为社会主义深化改革的作用而开始得到解决。我肯定中国人民会因为新一届党中央和政府的正确工作而发展出新的社会主义现代化的文明优秀的民风。

11.14 小结（图11-4）

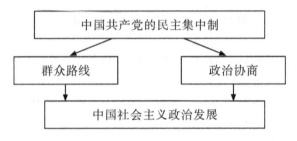

图11-4 中国社会主义民主结构

第十二章

逻辑场法制

《求是》杂志 2015 年第 1 期发表了中共中央总书记、国家主席、中央军委主席习近平的文章，题为《加快建设社会主义法治国家》。这篇文章选自习近平 2014 年 10 月 23 日在党的十八届四中全会第二次全体会议上重要讲话的第二部分和第三部分。（新闻来源：人民网）

本章对领袖的这两部分讲话写出本书作者自己的心得体会。

▶ 12.1　学领袖思想的体会（1）

坚定不移地走中国特色社会主义法治道路。

【作者体会】领袖称中国的法治用了"坚定不移"、"中国特色社会主义"、"法治道路"三个部分。

全面推进依法治国，必须走对路。如果路走错了，南辕北辙了，那再提什么要求和举措也都没有意义了。全会决定有一条贯穿全篇的红线，这就是坚持和拓展中国特色社会主义法治道路。中国特色社会主义法治道路是一个管总的东西。具体讲我国法治建设的成就，大大小小可以列举出十几条、几十条，但归结起来就是开辟了中国特色社会主义法治道路这一条。

【作者体会】领袖指的是：中国不会允许颜色革命打法治旗号浑水摸鱼。

恩格斯说过："一个新的纲领毕竟总是一面公开树立起来的旗帜，而外界就根据它来判断这个党。"推进任何一项工作，只要我们党旗帜鲜明了，全党都行动起来了，全社会就会跟着走。一个政党执政，最怕的是在重大问题上态度不坚定，结果社会上对有关问题沸沸扬扬、莫衷一是，别有用心的人趁机煽风点火、蛊惑搅和，最终没有不出事的！所以，道路问题不能含糊，必须向全社会释放正确而又明确的信号。

【作者体会】领袖有毛泽东的光明磊落之风，更有大是大非明确态度的领袖之智。是啊，一说法治，不但人民兴高采烈，敌对分子也跃跃欲试啊。中国特色社会主义帮助中国人民，全盘西化的法治帮助敌人颜色革命。

这次全会部署全面推进依法治国，是我们党在治国理政上的自我完善、自我提高，不是在别人压力下做的。在坚持和拓展中国特色社会主义法治道路这个根本问题上，我们要树立自信、保持定力。走中国特色社会主义法治道路是一个重大课题，有许多东西需要深入探索，但基本的东西必须长期坚持。

【作者体会】就是说，中国开始法治事业后，会有善意监督，也会有恶意指责，会有善意建议，也会有居心不良和险恶用心。我党同志都要像领袖一样，任尔东西南北风，咬定青山不放松。一心一意发展社会主义法治，不受任何干扰。

第一，必须坚持中国共产党的领导。党的领导是中国特色社会主义最本质的特征，是社会主义法治最根本的保证。坚持中国特色社会主义法治道路，最根本的是坚持中国共产党的领导。依法治国是我们党提出来的，把依法治国上升为党领导人民治理国家的基本方略也是我们党提出来的，而且党一直带领人民在实践中推进依法治国。全面推进依法治国，要有利于加强和改善党的领导，有利于巩固党的执政地位、完成党的执政使命，决不是要削弱党的领导。

【作者体会】社会主义法治就是为社会主义政权和社会主义人民生存发展服务的。"社会主义"是主人，"法治"是工具。如果把"法治"当主人，去掉"社会主义"，则敌人就得逞了，颜色革命就呼之欲出了。而"社会主义"这个主人指的就是中国共产党的绝对的领导地位。

坚持党的领导，是社会主义法治的根本要求，是全面推进依法治国题中应有之义。要把党的领导贯彻到依法治国全过程和各方面，坚持党的领导、人民当家做主、依法治国有机统一。只有在党的领导下依法治国、厉行法治，人民当家做主才能充分实现，国家和社会生活法治化才能有序推进。

【作者体会】一个民族，有国才有法，否则是异族用异族法管理自己，所谓亡国奴。我国，政权、人民、法治三者的存在都因为党的领导，民主集中制领导群众路线和政治协商。个中原因是发展成本不能转嫁，走不通全盘西化道路。如果我们不走党控制法治、人民反馈法治意见的良好互塑道路，走颜色革命的道路，中国会没有法治，只有帝国主义当奴隶主、中国人民当亡国奴的黑暗社会。我不虚言，想想我们的邻居日本吧。

坚持党的领导，不是一句空的口号，必须具体体现在党领导立法、保证执法、支持司法、带头守法上。一方面，要坚持党总揽全局、协调各方的领导核心作用，统筹依法治国各领域工作，确保党的主张贯彻到依法治国全过程和各方面。另一方面，要改善党对依法治国的领导，不断提高党领导依法治国的能力和水平。党既要坚持依法治国、依法执政，自觉在宪法法律范围内活动，又要发挥好各级党组织和广大党员、干部在依法治国中的政治核心作用和先锋模范作用。

【作者体会】仍然是那句话，社会主义法治，社会主义是主人，法治是工具，社会主义要担当起主人的责任，即我们的党要领导好法治，还要参加好法治。

第二，必须坚持人民主体地位。我国社会主义制度保证了人民当家做主的主体地位，也保证了人民在全面推进依法治国中的主体地位。这是我们的制度优势，也是中国特色社会主义法治区别于资本主义法治的根本所在。

【作者体会】有这样的逻辑：社会主义法治，社会主义是主人，法治是工具，社会主义就指中国共产党，中国共产党的宗旨是为人民服务，人民是党的主人，因此，社会主义法治这个工具的最终主人就是人民，人民主体论。值得一提的，资本主义法治的主人的确是法治，而这个法治的真实姓名是"个人主义"。二者的区别。

坚持人民主体地位，必须坚持法治为了人民、依靠人民、造福人民、保护人民。要保证人民在党的领导下，依照法律规定，通过各种途径和形式管理国家事务，管理经济和文化事业，管理社会事务。要把体现人民利益、反映人民愿望、维护人民权益、增进人民福祉落实到依法治国全过程，使法律及其实施充分体现人民意志。

【作者体会】领袖指实践法治的人民主体论要来真的，如果说一套做一套，我们就不是毛泽东创立的共产党，我们就成了蒋介石的国民党。更重要的，法治发展没有人民的支持，法治不但不能发展而且不能生存。

人民权益要靠法律保障，法律权威要靠人民维护。要充分调动人民群众投身依法治国实践的积极性和主动性，使全体人民都成为社会主义法治的忠实崇尚者、自觉遵守者、坚定捍卫者，使尊法、信法、守法、用法、护法成为全体人民的共同追求。

【作者体会】仍然继续上面的议论，党和人民是互塑的，通过法治这个工具互塑，人民尊法、信法、守法、用法、护法的人多，与政权良好互塑的人就多，党和人民通过互塑产生互塑的结果——法治社会。

第三，必须坚持法律面前，人人平等。平等是社会主义法律的基本属性，是社会主义法治的基本要求。坚持法律面前，人人平等，必须体现在立法、执法、司法、守法各个方面。任何组织和个人都必须尊重宪法法律权威，都必须在宪法法律范围内活动，都必须依照宪法法律行使权力或权利、履行职责或义务，都不得有超越宪法法律的特权。任何人违反宪法法律都要受到追究，绝不允许任何人以任何借口任何形式以言代法、以权压法、徇私枉法。

【作者体会】人人平等是现代化法治生存发展的充分必要条件，资本主义和社会主义都有这个要求，但因为资本主义法治的主人是法治，其实是个人主义，所以，资本主义法治常常被个人主义破坏，如权贵破坏法治平等、社会歧视破坏法治平等。中国社会主义法治后来之，但我们法治的主人是社会主义、中国共产党、人民，不同的是，发展得好就会后来居上，所谓基因不同，丑小鸭变天鹅。

重点是：一定让社会主义的法治平等成为现实。

各级领导干部在推进依法治国方面肩负着重要责任。现在，一些党员、干部仍然存在人治思想和长官意识，认为依法办事条条框框多、束缚手脚，凡事都要自己说了算，根本不知道有法律存在，大搞以言代法、以权压法。这种现象不改变，依法治国就难以真正落实。必须抓住领导干部这个"关键少数"，首先解决好思想观念问题，引导各级干部深刻认识到，维护宪法法律权威就是维护党和人民共同意志的权威，捍卫宪法法律尊严就是捍卫党和人民共同意志的尊严，保证宪法法律实施就是保证党和人民共同意志的实现。

【作者体会】中国社会主义法治是现代化法治，建立在反封建的基础上，建立在宪法代替皇帝的基础上，各级干部一定要用公仆的思想参与法治，不允许官僚士大夫思想在中国法治中有一席之地，党要管党、从严治党就在于此。党的干部是公仆，中国法治就是社会主义法治，党的干部是老爷，中国法治就是人治、腐败、封建社会。大是大非！

我们必须认认真真讲法治、老老实实抓法治。各级领导干部要对法律怀有敬畏之心，带头依法办事，带头遵守法律，不断提高运用法治思维和法治方式深化改革、推动发展、化解矛盾、维护稳定能力。如果在抓法治建设上喊口号、练虚功、摆花架，只是叶公好龙，并不真抓实干，短时间内可能看不出什么大的危害，一旦问题到了积重难返的地步，后果就是灾难性的。对各级领导干部，不管什么人，不管涉及谁，只要违反法律就要依法追究责任，绝不允许出现执法和司法的"空挡"。要把法治建设成效作为衡量各级领导班子和领导干部工作实绩重要内容，把能不能遵守法律、依法办事作为考察干部重要依据。

【作者体会】领袖说的："如果在抓法治建设上喊口号、练虚功、摆花架，只是叶公好龙，并不真抓实干，短时间内可能看不出什么大的危害，一旦问题到了积重难返的地步，后果就是灾难性的。"真是对震撼世界的中国社会腐败的原因最准确的阐述。前事不忘，后事之师啊！

第四，必须坚持依法治国和以德治国相结合。法律是成文的道德，道德是内心的法律，法律和道德都具有规范社会行为、维护社会秩序的作用。治理国家、治理社会必须一手抓法治、一手抓德治，既重视发挥法律的规范作用，又重视发挥道德的教化作用，实现法律和道德相辅相成、法治和德治相得益彰。

【作者体会】领袖妙语："法律是成文的道德，道德是内心的法律"。我以为，只有法律的社会正是德意二战毁灭之路的由来，既有法律又有道德的社会正是中华人民共和国屹立不倒的由来。成文的道德管理现在，内心的法律培育未来！

发挥好法律的规范作用，必须以法治体现道德理念、强化法律对道德建设的促进作用。一方面，道德是法律的基础，只有那些合乎道德、具有深厚道德基础的法律才能为更多人所自觉遵行。另一方面，法律是道德的保障，可以通过强制性规范人们行为、惩罚违法行为来引领道德风尚。要注意把一些基本道德规范转化为法律规范，使法律法规更多体现道德理念和人文关怀，通过法律的强制力来强化道德作用、确保道德底线，推动全社会道德素质提升。

【作者体会】领袖上述言论告诉我们——法律和道德的互塑。中华民族是道德大国，却又是法治新国，正可以用领袖论述的法律、道德互塑加快中国现代化法治的步伐，让中华民族很多美德转化为法律。

发挥好道德的教化作用，必须以道德滋养法治精神、强化道德对法治文化的支撑作用。再多再好的法律，必须转化为人们内心自觉才能真正为人们所遵行。"不知耻者，无所不为。"没有道德滋养，法治文化就缺乏源头活水，法律实施就缺乏坚实社会基础。在推进依法治国过程中，必须大力弘扬社会主义核心价值观，弘扬中华传统美德，培育社会公德、职业道德、家庭美德、个人品德，提高全民族思想道德水平，为依法治国创造良好人文环境。

【作者体会】美国等法治先进的资本主义国家的源头活水就是欧洲古老传统，我国发展中国法制当然要用我们的源头活水：中华传统、共产党传统、外国的优点。道德是土地，法治是植物。

第五，必须坚持从中国实际出发。走什么样的法治道路、建设什么样的法治体系，是由一个国家的基本国情决定的。"为国也，观俗立法则治，察国事本则宜。不观时俗，不察国本，则其法立而民乱，事剧而功寡。"全面推进依法治国，必须从我国实际出发，同推进国家治理体系和治理能力现代化相适应，既不能罔顾国情、超越阶段，也不能因循守旧、墨守成规。

【作者体会】领袖引用了春秋战国变法之人的真知灼见，告诉我们，国情就是土地，法治是植物，立法要根据实际情况，一切法治工作都要立足国情，不能干"拔苗助长"、"守株待兔"、"刻舟求剑"一类的事情。

坚持从实际出发，就是要突出中国特色、实践特色、时代特色。要总结和运用党领导人民实行法治的成功经验，围绕社会主义法治建设重大理论和实践问题，不断丰富和发展符合中国实际、具有中国特色、体现社会发展规律的社会主义法治理论，为依法治国提供理论指导和学理支撑。我们的先人们早就开始探索如何驾驭人类自身这个重大课题，春秋战国时期就有了自成体系的成文法典，汉唐时期形成了比较完备的法典。我国古代法制蕴含着十分丰富的智慧和资源，中华法系在世界几大法系中独树一帜。要注意研究我国古代法制传统和成败得失，挖掘和传承中华法律文化精华，汲取营养、择善而用。

【作者体会】法治发展需要研究工作起到指路作用，我国发展法治还要借鉴传统——民族传统、共产党的传统，这些工作开展少了，只有领袖称得上生动活泼。

坚持从我国实际出发，不等于关起门来搞法治。法治是人类文明的重要成果之一，法治的精髓和要旨对于各国国家治理和社会治理具有普遍意义，我们要学习借鉴世界上优秀的法治文明成果。但是，学习借鉴不等于是简单的拿来主义，必须坚持以我为主、为我所用，认真鉴别、合理吸收，不能搞"全盘西化"，不能搞"全面移植"，不能照搬照抄。

【作者体会】法治是一个系统的控制工作，系统是开放的，控制自然是开放的控制，这就是说，一个国家的法治在当代应该开放才能发展得好，有两个方面：一是可能遇到与外国同样的法治问题；二是全球化推动法治对象趋同。因此，我们需要借鉴外国法治的经验教训，但不能因此让颜色革命有机可乘。

▶ 12.2 学领袖思想的体会（2）

扎扎实实把全会提出的各项任务落到实处。

【作者体会】法治落实了才叫法治，否则叫"政令不出中南海"、"上有政策下有对策"，法治的关键就是落实。

这次全会对全面推进依法治国作出了全面部署，提出的重大举措有180多项，涵盖了依法治国各个方面。全党要以只争朝夕的精神和善作善成的作风，扎扎实实把全会提出的各项任务落到实处。

【作者体会】我国是政治大国、法治大国，又是法治新国，要推动我国这样的巨人走法治道路，需要的气力之大、工作之繁，可想而知，而预期的伟大成就也可想而知。中国人要拿出当年毛泽东创立新中国的劲头，"一万年太久，只争朝夕"！

第一，紧紧围绕全面推进依法治国总目标，加快建设中国特色社会主义法治体系。全面推进依法治国总目标是建设中国特色社会主义法治体系，建设社会主义法治国家。这是贯穿决定全篇的一条主线，既明确了全面推进依法治国的性质和方向，又突出了全面推进依法治国的工作重点和总抓手，对全面推进依法治国具有纲举目张的意义。

【作者体会】这里的重点是建立党章和宪法的执行体制，在此基础上建立以党章和宪法统领的法治体制，包括执法、守法、立法、修法等领域。

依法治国各项工作都要围绕全面推进总目标来部署、来展开。法治体系是国家治理体系的骨干工程。落实全会部署，必须加快形成完备的法律规范体系、高效的法治实施体系、严密的法治监督体系、有力的法治保障体系，形成完善的党内法规体系。

【作者体会】中国法制的总目标首先是党章体制和宪法体制的形成，再以党章为统领形成党内纪律体制，以宪法为统领形成法治体制，党章和宪法还要互塑，形成社会主义完整的法治，狠抓落实，让党有效管党，政府有效管社会，人民通过守法而有效保障自身权益。

"立善法于天下，则天下治；立善法于一国，则一国治。"要坚持立法先行，坚持立改废释并举，加快完善法律、行政法规、地方性法规体系，完善包括市民公约、乡规民约、行业规章、团体章程在内的社会规范体系，为全面推进依法治国提供基本遵循。要加快建设包括宪法实施和执法、司法、守法等方面的体制机制，坚持依法行政和公正司法，确保宪法法律全面有效实施。要加强党内监督、人大监督、民主监督、行政监督、司法监督、审计监督、社会监督、舆论监督，努力形成科学有效的权力运行和监督体系，增强监督合力和实效。

【作者体会】中国为世界大国，人数为世界第一，对这样的国家建立法治，决不能慢条斯理、抽丝剥茧，一定要雷厉风行、暴风骤雨，否则会因为缺乏效率而失败，要借鉴新中国社会主义改造和改革开放两件大工程的经验教训。

要完善党内法规制定体制机制，注重党内法规同国家法律的衔接和协调，构建以党章为根本、若干配套党内法规为支撑的党内法规制度体系，提高党内法规执行力。党章等党规对党员的要求比法律要求更高，党员不仅要严格遵守法律法规，而且要严格遵守党章等党规，对自己提出更高要求。

【作者体会】党要管党，从严治党，我党有纪律，党员遵守了党纪，我国才有有力的法治领导，才能得到打铁自身硬的效果。

第二，准确把握全面推进依法治国工作布局，坚持依法治国、依法执政、依法行政共同推进，坚持法治国家、法治政府、法治社会一体建设。全面推进依法治国是一项庞大的系统工程，必须统筹兼顾、把握重点、整体谋划，在共同推进上着力，在一体建设上用劲。

【作者体会】法治是一个系统的控制，需要生命系统整体效果完成。一个国家就是一个系统生命场，法治的成功和人的神经控制成功一样，需要国家各部分合作保证法治控制的成功，即发展法治和运用法治都是系统工程。

"天下之事，不难于立法，而难于法之必行。"依法治国是我国宪法确定的治理国家的基本方略，而能不能做到依法治国，关键在于党能不能坚持依法执政，各级政府能不能依法行政。我们要增强依法执政意识，坚持以法治的理念、法治的体制、法治的程序开展工作，改进党的领导方式和执政方式，推进依法执政制度化、规范化、程序化。执法是行政机关履行政府职能、管理经济社会事务的主要方式，各级政府必须依法全面履行职能，坚持法定职责必须为、法无授权不可为，健全依法决策机制，完善执法程序，严格执法责任，做到严格规范公正文明执法。

【作者体会】对于法治事业，得知不易，践行更难，尤其对我们这样的大国，这就需要党组织带头、政府带头，率先垂范，像毛泽东建立革命纪律那样，纪律建在基层，领导却带头遵守。知行合一。

法治国家、法治政府、法治社会三者各有侧重、相辅相成。全面推进依法治国需要全社会共同参与，需要全社会法治观念增强，必须在全社会弘扬社会主义法治精神，建设社会主义法治文化。要在全社会树立法律权威，使人民认识到法律既是保障自身权利的有力武器，也是必须遵守的行为规范，培育社会成员办事依法、遇事找法、解决问题靠法的良好环境，自觉抵制违法行为，自觉维护法治权威。

【作者体会】没有法治社会就成了"政令不出中南海"，有了法治社会就成了"大海航行靠舵手"，这就是国家政府与人民群众在法治领域的互塑。要用群众路线发展社会主义群众法治。

第三，准确把握全面推进依法治国重点任务，着力推进科学立法、严格执法、公正司法、全民守法。全面推进依法治国，必须从目前法治工作基本格局出发，突出重点任务，扎实有序推进。

【作者体会】我国是法治新国和法治大国，发展法治的工作千头万绪，怎样入手？学毛泽东和当代领袖的"矛盾论"，找主要矛盾，先解决主要矛盾。

推进科学立法，关键是完善立法体制，深入推进科学立法、民主立法，抓住提高立法质量这个关键。要优化立法职权配置，发挥人大及其常委会在立法工作中的主导作用，健全立法起草、论证、协调、审议机制，完善法律草案表决程序，增强法律法规的及时性、系统性、针对性、有效性，提高法律法规的可执行性、可操作性。要明确立法权力边界，从体制机制和工作程序上有效防止部门利益和地方保护主义法律化。要加强重点领域立法，及时反映党和国家事业发展要求、人民群众关切期待，对涉及全面深化改革、推动经济发展、完善社会治理、保障人民生活、维护国家安全的法律抓紧制订、及时修改。

【作者体会】立法是法治的起点，方向对了才谈得上一路顺风。我国立法的宗旨应该包括三个部分：帮助党执政、帮助人民发展、帮助党和人民互塑。立法过程是否科学决定立法质量。立法秩序要讲主要矛盾和次要矛盾。

推进严格执法，重点是解决执法不规范、不严格、不透明、不文明以及不作为、乱作为等突出问题。要以建设法治政府为目标，建立行政机关内部重大决策合法性审查机制，积极推行政府法律顾问制度，推进机构、职能、权限、程序、责任法定化，推进各级政府事权规范化、法律化。要全面推进政务公开，强化对行政权力的制约和监督，建立权责统一、权威高效的依法行政体制。要严格执法资质、完善执法程序，建立健全行政裁量权基准制度，确保法律公正、有效实施。

【作者体会】要把权利关入法治这个笼子，解决官欺民这个盛行了几千年的传统，让官员依法行政、依权利清单行政。这是中国社会主义宪政的重大步骤。

推进公正司法，要以优化司法职权配置为重点，健全司法权力分工负责、相互配合、相互制约的制度安排。各级党组织和领导干部都要旗帜鲜明支持司法机关依法独立行使职权，绝不容许利用职权干预司法。"举直错诸枉，则民服；举枉错诸直，则民不服。"司法人员要刚正不阿，勇于担当，敢于依法排除来自司法机关内部和外部的干扰，坚守公正司法的底线。要坚持以公开促公正、树公信，构建开放、动态、透明、便民的阳光司法机制，杜绝暗箱操作，坚决遏制司法腐败。

【作者体会】领袖的话让我感慨万千，如果中国早一点严反司法腐败，中国何至于出这么多大大小小的"周永康们"。而且，法治的第一步是立法，第二步就是司法，司法是践行法治者，司法的清明决定法治是否践行成功。

推进全民守法，必须着力增强全民法治观念。要坚持把全民普法和守法作为依法治国的长期基础性工作，采取有力措施加强法制宣传教育。要坚持法治教育从娃娃抓起，把法治教育纳入国民教育体系和精神文明创建内容，由易到难、循序渐进不断增强青少年的规则意识。要健全公民和组织守法信用记录，完善守法诚信褒奖机制和违法失信行为惩戒机制，形成守法光荣、违法可耻的社会氛围，使尊法守法成为全体人民共同追求和自觉行动。

【作者体会】法治经过立法、司法之后，第三个步骤就是守法，要全民守法，要培养全民守法，要用群众路线培养成人守法，要用学校教育培养青少年守法。

第四，着力加强法治工作队伍建设。全面推进依法治国，建设一支德才兼备的高素质法治队伍至关重要。我国专门的法治队伍主要包括在人大和政府从事立法工作的人员，在行政机关从事执法工作的人员，在司法机关从事司法工作的人员。全面推进依法治国，首先要把这几支队伍建设好。

【作者体会】欲善其事先利其器，法治工作队伍就是法治事业发展的工具啊！

立法、执法、司法这3支队伍既有共性又有个性，都十分重要。立法是为国家定规矩、为社会定方圆的神圣工作，立法人员必须具有很高的思想政治素质，具备遵循规律、发扬民主、加强协调、凝聚共识的能力。执法是把纸面上的法律变为现实生活中活的法律的关键环节，执法人员必须忠于法律、捍卫法律，严格执法、敢于担当。司法是社会公平正义的最后一道防线，司法人员必须信仰法律、坚守法治，端稳天平、握牢法槌，铁面无私、秉公司法。要按照政治过硬、业务过硬、责任过硬、纪律过硬、作风过硬的要求，教育和引导立法、执法、司法工作者牢固树立社会主义法治理念，恪守职业道德，做到忠于党、忠于国家、忠于人民、忠于法律。

【作者体会】领袖的话让我激动，这些年，老百姓听太多"警察打人"、"城管打人"、"大盖帽两头翘"的事情了，其危害人民对政府的感情，更重要的是危害人民对中国法治发展的信心。发展法治需要人民守法，人民守法的前提是政府守法，打铁先要自身硬啊！

律师队伍是依法治国的一支重要力量，要大力加强律师队伍思想政治建设，把拥护中国共产党领导、拥护社会主义法治作为律师从业的基本要求。

【作者体会】在法治社会，律师是公民维权的重要帮手和顾问，在发展中国家，律师又是颜色革命的重点人群，一好一坏！中国针对这种现象提出建设律师思想很明智，我们要把律师发展成：司法官员的基础、人民群众的帮手。预防少数律师走上反社会主义道路。

第五，坚定不移推进法治领域改革，坚决破除束缚全面推进依法治国的体制机制障碍。解决法治领域的突出问题，根本途径在于改革。如果完全停留在旧的体制机制框架内，用老办法应对新情况新问题，或者用零敲碎打的方式来修修补补，是解决不了大问题的。在决定起草时我就说过，如果做了一个不痛不痒的决定，那还不如不做。全会决定必须直面问题、聚焦问题，针对法治领域广大干部群众反映强烈的问题，回应社会各方面关切。

【作者体会】中国是法治新国和法治大国，"新"需要我们改革旧的体制适应法治发展需要，"大"需要我们雷厉风行而不能慢条斯理。

这次全会研究和部署全面推进依法治国，虽然不像三中全会那样涉及方方面面，但也不可避免涉及改革发展稳定、内政外交国防、治党治国治军等各个领域，涉及面、覆盖面都不小。这次全会提出了180多项重要改革举措，许多都是涉及利益关系和权力格局调整的"硬骨头"。凡是这次写进决定的改革举措，都是我们看准了的事情，都是必须改的。这就需要我们拿出自我革新的勇气，一个一个问题解决，一项一项抓好落实。

【作者体会】雄关漫道真如铁，而今迈步从头越！

法治领域改革涉及的主要是公检法司等国家政权机关和强力部门，社会关注度高，改革难度大，更需要自我革新的胸襟。如果心中只有自己的"一亩三分地"，拘泥于部门权限和利益，甚至在一些具体问题上讨价还价，必然是磕磕绊绊、难有作为。改革哪有不触动现有职能、权限、利益的？需要触动的就要敢于触动，各方面都要服从大局。各部门各方面一定要增强大局意识，自觉在大局下思考、在大局下行动，跳出部门框框，做到相互支持、相互配合。要把解决了多少实际问题、人民群众对问题解决的满意度作为评价改革成效的标准。只要有利于提高党的执政能力、巩固党的执政地位，有利于维护宪法和法律的权威，有利于维护人民权益、维护公平正义、维护国家安全稳定，不管遇到什么阻力和干扰，都要坚定不移向前推进，决不能避重就轻、拣易怕难、互相推诿、久拖不决。

【作者体会】心底无私天地宽，心底无私大局好！

法治领域改革有一个特点，就是很多问题都涉及法律规定。改革要于法有据，但也不能因为现行法律规定就不敢越雷池一步，那是无法推进改革的，正所谓"苟利于民不必法古，苟周于事不必循旧"。需要推进的改革，将来可以先修改法律规定再推进。对涉及改革的事项，中央全面深化改革领导小组要认真研究和督办。

【作者体会】法治发展要雷厉风行，不能慢条斯理。法治发展要开拓创新，不能因循守旧。领袖纲举目张，举国闻风而动。

同志们，全面推进依法治国是一个系统工程，是国家治理领域一场广泛而深刻的革命，必须加强党对法治工作的组织领导。各级党委要健全党领导依法治国的制度和工作机制，履行对本地区本部门法治工作的领导责任，找准工作着力点，抓紧制定贯彻落实全会精神的具体意见和实施方案。要把全面推进依法治国的工作重点放在基层，发挥基层党组织在全面推进依法治国中的战斗堡垒作用，加强基层法治机构和法治队伍建设，教育引导基层广大党员、干部增强法治观念、提高依法办事能力，努力把全会提出的各项工作和举措落实到基层。

【作者体会】我对领袖有信心，我对中国共产党有信心，我对中国人民有信心，以法治国万岁！

▶ 12.3 小结

对中国法治发展如图 12-1 所示。包括：

(1) 第一阶段叫"当务之急"。反腐败和反恐怖成为发展中国制度的第一阶段，当务之急的阶段。

(2) 第二阶段叫"继承和发展传统"。中国共产党有民主集中制、群众路线、统一战线这三大法宝。毛泽东用这三大法宝建立了新中国，邓小平用这三大法宝确立的改革大局。当代中国要深化改革和国防改革，不找到这三大法宝，就不能得到一帆风顺直达成功的美好结果。因此，第二个阶段叫继承和发展民主集中制、群众路线、统一战线。

(3) 第三阶段叫"全面改革"。第三阶段可以对整个社会做全面改革，以党的宗旨和改革精神指引，发展社会各领域，改掉不好的，发展优秀的。解决环境污染、腐败严重、社会不公三大弊端，解决制约中国经济高质量成长的问题，解决制约科技发展的问题。

(4) 深化改革的"创立制度"。深化改革成功的目标叫做创立一套有效发展国家和人民现代化的制度。

(5) 国防改革的"创立制度"。国防改革成功的目标叫做创立一套有效保卫国家和人民的现代化国防制度。

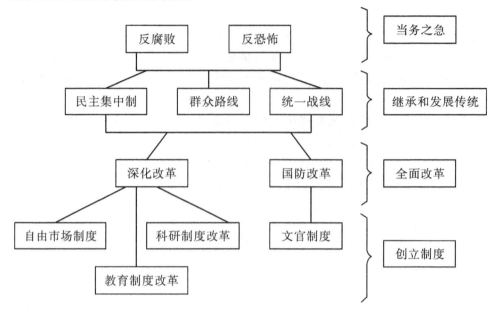

图 12-1　中国法治发展结构

第十三章

逻辑场人权

本章以中国人权研究会副会长兼秘书长董云虎先生发表在《人民日报》的文章《"人权"入宪：中国人权发展的重要里程碑》为基础建立本书作者对中国人权事业的议论。

▶ 13.1　中国人权发展的一个重要里程碑

第十届全国人民代表大会第二次会议通过了宪法修正案，首次将人权概念引入宪法，明确规定国家尊重和保障人权。这是中国民主宪政和政治文明建设的一件大事，是中国人权发展的一个重要里程碑。

想想文革惨遭迫害的老干部和知识分子，想想现在的冤假错案，一个"杀人犯"关了十几年后，"被害人"回家了。

对人权概念政治法律地位的确认，在中国经历了一个从讳言人权到党和政府文件予以确认、再到写入国家宪法的发展过程。人权概念写入宪法是党和国家对人权问题认识不断深化的结果，是中国社会主义人权发展的重大突破。

应该说，重视人权是中国共产党宗旨的一部分，共产党的诞生就是为了中国人民的生存权和发展权。但为了反对帝国主义的颜色革命，中国拒绝资本主义人权对中国的欺骗，矫枉过正的结果是封闭了整个人权领域的研究。改革开放后，一代代中国领导人对开放的中国越来越有自信，对人民主体论的研究不断深入，人权领域对中国人民开放了。

▶ 13.2　"人权"曾经是一个禁区

"人权"曾经是一个禁区。在新中国成立以后的相当长时期内，我们不仅在宪法和法律上不使用"人权"概念，而且在思想理论上将人权问题视为禁区。特别是文革时期，受极"左"思潮的影响，"人权"被当成资产阶级的东西加以批判，在实践中也导致了对人权的漠视和侵犯。直到改革开放初期，一些重要报刊还以"人权是哪家的口号?""人权是资产阶级的口号"、"人权不是无产阶级的口号"、"人权口号是虚伪的"等为题，发表过一大批文章，把人权看作资产阶级的专利，强调"无产阶级历来对人权口号持批判的态度"。

应该看到，资产阶级人权思想包括了普选权利，这正是帝国主义长期向发展中国家兜售人权题目的关键，而新中国前三十年正是建国困难期，需要全国团结渡过难关，不能给颜色革命任何机会，否则就是国破家亡，新生的人民政权本意如此，只是后来被坏人矫枉过正利用其干坏事了。

13.3 从忌谈人权到发表政府白皮书高举人权旗帜

改革开放以后，我们党对社会主义进行了再认识，提出了建设中国特色社会主义的理论，为我们正确认识人权问题提供了理论依据。1985年6月6日，针对国际敌对势力对中国的攻击，邓小平指出："什么是人权？首先一条，是多少人的人权？是少数人的人权，还是多数人的人权，全国人民的人权？西方世界的所谓'人权'和我们讲的人权，本质上是两回事，观点不同。"（《邓小平文选》第3卷第125页）在这里，邓小平从我们与西方人权观区别的角度间接地提出了社会主义中国可以讲人权以及讲什么人权的问题。

小平同志的雄才大略和远见卓识在于把人权、社会主义、资本主义三个概念提炼出来，社会主义可以有社会主义人权，资本主义可以有资本主义人权。因为中国领导人的开明，人权研究封闭的大门开启了。

从忌谈人权到发表政府白皮书高举人权旗帜。20世纪80年代末90年代初，苏联东欧发生剧变，国际敌对势力加紧利用"人权"发动反华攻势。为打退国际敌对势力的人权攻势，以江泽民为核心的党中央总结当代中国和世界人权发展的实践，对人权问题进行再认识，首先从对外斗争的角度提出并明确回答了社会主义中国要不要举人权旗帜的问题。

当年，帝国主义指责社会主义国家没有人权，欺骗社会主义国家的人民——颜色革命能给社会主义国家人民人权。这种欺骗非常高明，高就高在提出于很多社会主义国家受官僚主义、腐败、经济低迷之时，号召力之大，让苏联、东欧社会主义国家分崩解体。但中国不是一般的社会主义国家，我们有毛泽东、邓小平这样非凡杰出的领袖，还有同样卓越不凡的继承人，更有伟大的人民。中国共产党在人权问题上选择了疏解民困而不是堵塞人心，以江泽民为核心的当时中国领导层开启了中国新时代的人权工程。

1989年，江泽民等中央领导明确提出，要从思想上解决"如何用马克思主义观点来看待'民主、自由、人权'问题"，"要说明我们的民主是最广泛的人民民主，说明社会主义中国最尊重人权"。"中国的人权体现在宪法第二章：公民的基本权利和义务。"据此，党中央明确提出："要理直气壮地宣传我国关于人权、民主、自由的观点和维护人权、实行民主的真实情况，把人权、民主、自由的旗帜掌握在我们手中。"

实际就是跳出资本主义人权这个怪圈，竖起社会主义人权的旗帜，把中国社会主义革命和建设成就作为社会主义人权事业的丰功伟绩向世界介绍。掌握斗争的主动权。

1991年11月1日，国务院新闻办公室发表《中国的人权状况》白皮书，这是中国政府向世界公布的第一份以人权为主题的官方文件。白皮书的重大历史意义在于：一是突破了左的传统观念和禁区，将人权称为伟大的名词，强调：实现充分的人权是长期以来人类追求的理想，是中国社会主义所要求的崇高目标，是中国人民和政府的一项长期的历史任务，首次以政府文件的形式正面肯定了人权概念在中国社会主义政治发展中的地位，理直气壮地举起了人权旗帜。二是将人权的普遍性原则与中国的历史与现实相结合，以生存权是中国人民的首要人权等基本观点为线索，鲜明地树立起中国的人权观，系统地阐述了中国人权的真实情况，有针对性地驳斥了国际敌对势力的歪曲和攻击，回答了国外普遍关心的问题。此后，人权成为中国对外宣传的一个重要主题，每年国务院总理政府工作报告都在阐述对外政策时，阐明中国在人权问题上的基本立场。

就是说，社会主义人权和资本主义人权一样是反对封建主义的伟大成就，资本主义人权是"人的基本权利＋普选权"，因为它有巨额成本转嫁条件，社会主义人权是"人的基本权利＋民主集中制"，因为社会主义没有巨额成本转嫁条件。当我们既宣传中国在人的基本权利上取得的成就——人民的生存权和发展权，又宣传民主集中制的合理性——国情，则我国不但站得住脚而且理直气壮了。

从政府对外宣示的主题到进入党的核心文件。白皮书虽然是一个对外说明中国政策和情况的文件，但它作为首份肯定人权的政府文件对国内也起到了巨大的思想解放作用。它首次从人权的角度对中国革命、建设和改革的实践作了总结，用事实说明了中国共产党领导的革命、建设和改革都是为了实现人民的人权，建设中国特色社会主义就是为了从根本上解决人权问题，这就不仅打破了思想禁锢，使人权理论研究事业得到繁荣和发展，而且积极地影响了国家人权政策的制定和国民人权意识的提高，使中国的人权建设由自发走向自觉。此后，中国政府更加自觉地将促进和保护人权纳入中国特色社会主义的各项建设事业之中。

就是说，我们确定社会主义人权是"人的基本权利＋民主集中制"后，应该明白，人的基本权利主要指人民群众或中国公民的基本权利，民主集中制主要指中国共产党执政，那么中国人权事业的成功就是看中国共产党发展中国人民的基本权利是否成功。果然，以人为本的指导思想出现了，中国人权领域的研究和实践更加开放了。

13.4　中国特色社会主义的一大创举

1997年9月，党的十五大召开，首次将"人权"概念写入党的全国代表大会的主题报告。江泽民在党的十五大主题报告第六部分"政治体制改革和民主法制建设"中，明确指出：共产党执政就是领导和支持人民掌握管理国家的权力，实行民主选举、民主决策、民主管理和民主监督，保证人民依法享有广泛的权利和自由，尊重和保障人权。在这里，人权概念首次被写入党的全国代表大会的正式文件上，尊重和保障人权被明确作为共产党执政的基本目标纳入党的行动纲领之中，同时作为政治体制改革和民主法制建设的一个重要主题纳入中国改革开放和现代化建设的跨世纪发展战略之中。

这里面有这样一个规律：1997年既是市场发展早期又是香港回归，不保障公民的合法人身权和合法财产权市场就发展不好，不保障公民的基本权利就不利于我国开展一国两制的事业。这是当时的党中央提出人权新思维的重要原因。

从党执政的一个目标到国家宪法的一个原则。2002年11月，党的十六大再次在主题报告中将尊重和保障人权确立为新世纪新阶段党和国家发展的重要目标，重申在政治建设和政治体制改革中，要健全民主制度，丰富民主形式，扩大公民有序的政治参与，保证人民实行民主选举、民主决策、民主管理、民主监督，享有广泛的权利和自由，尊重和保障人权。

首先，这里的民主指民主集中制领导的群众路线和政治协商；其次，中国社会主义人权的两个要素"人的基本权利"和"党的领导"是互塑的，互相促进各自发展，党帮助人民发展人的基本权利，人民支持党的社会主义民主发展，帮助党提高治国理政的能力。

此次修宪将国家尊重和保障人权写入宪法，首次将"人权"由一个政治概念提升为法律概念，将尊重和保障人权的主体由党和政府提升为"国家"，从而使尊重和保障人权由党和政府的意志上升为人民和国家的意志，由党和政府执政行政的政治理念和价值上升为国家建设和发展的政治理念和价值，由党和政府文件的政策性规定上升为国家根本大法的一项原则。

这是依法治国、市场发展、一国两制诸多国家事业共同的要求。中国特色社会主义的一大创举。马克思和恩格斯曾经设想在发达的西方资本主义社会推翻资产阶级统治，建立生产力高度发达、没有阶级和阶级差别，不需要国家和法律的强制力、也不需要"权利"法则调整的自由人联合体，即共产主义社会。因此，他们曾明确地说过："至于谈到权利，我们和其他许多人都曾强调指出了共产主义对政治权利、私人权利以及权利的最一般的形式即人权所采取的反对立场。"

（《马克思恩格斯全集》第 3 卷第 228 页）但是，马克思和恩格斯同时认为，"在刚刚推翻资本主义建立的共产主义社会的第一阶段即社会主义社会，仍不可避免地要按照资产阶级的权利原则来规范社会"。（《马克思恩格斯选集》1995 年版第 3 卷第 305 页）列宁也曾经指出："如果不愿陷入空想主义，那就不能认为，在推翻资本主义之后，人们立即就能学会不需要任何权利准则而为社会劳动。"（《列宁选集》1995 年版第 3 卷第 196 页）这就是说，社会主义社会还需要用人权原则来规范社会。但是，从国际共产主义运动的实践来看，各社会主义国家在建设过程中都曾长期简单地将"人权"概念作为资产阶级的东西予以排斥。

以前的教训在于把"基本权利＋党的领导"这个社会主义人权等同于"党的领导"，漏掉了"基本权利"，把"基本权利＋普选权"这个资本主义人权等同于"普选权"，同样漏掉了"基本权利"。反资本主义人权把"人的基本权利"也反掉了，造成苏联三十年代的大屠杀和很多社会主义国家整人的悲剧。

一个社会是否需要人权作为政治法律概念来调节，取决于社会的客观现实是否存在以利益差别为基础的权利关系。只要还存在利益差别，还需要国家权力来调节利益关系，就离不开"权利"概念，就需要确立权利平等即"人权"的原则。中国的社会主义社会不是建立在发达的资本主义社会之上，而是脱胎于有几千年封建历史的贫穷落后的半殖民地半封建社会。因此，在进入社会主义社会之后，还要经历一个相当长的社会主义（即共产主义社会第一阶段）初级阶段，去发展市场经济和民主政治，实现社会的现代化。在社会主义初级阶段，虽然从根本上消灭了剥削制度和剥削阶级，人民内部已不存在根本的利害冲突，但是，生产力发展水平还远远不能满足人民日益增长的物质文化需要，还存在阶级差别和较大的社会利益差别，还要加强国家和法律的强制力并促使其民主化来调整社会利益矛盾和冲突。这种社会现实决定了中国在相当长时期内需要用权利法则来规范社会，为尊重和保障人权而奋斗。

中国共产党从中国现实出发，将尊重和保障人权作为治国原则写入宪法，是对社会主义建设理论和实践的一大创新，是对马克思主义的丰富和发展。它符合当代中国的实际和世界的潮流，体现了我们党对共产党执政规律、社会主义建设规律和人类社会发展规律的新认识，是我们党在政治理念上体现时代性、把握规律性、富于创造性的一个重要表现。

值得一提的，当代人民领袖有毛泽东思想和邓小平理论，既一心一意发展社会主义现代化又灵活、开明、睿智，他深知社会主义人权事业的价值，多次告诫全党和全社会——要发展中国的社会主义人权、要保障中国人民的人权。中国新的、更大的人权事业的发展即将到来。

13.5 小结

本章内容可以形象地以中国社会主义安全社会的结构表达，如图13-1所示。

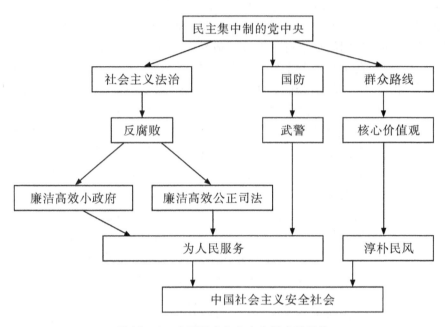

图13-1 中国社会主义安全社会的结构

第十四章

逻辑场学术发展

▶ 14.1 人类逻辑思维的发展过程

1. 原始人的逻辑思维

人类社会的发展由原始社会、阶级社会、工业社会一路走到信息社会,形成了今天的世界。人类和人类社会发展的整体连续而没有断层,人类以基因遗传形成一代又一代人的人生,人类社会以文明继承发展形成各国、各族的生存,人类的繁衍能看做以基因作迭代条件的生存周期,人类社会的演变能看做以文明作迭代条件的生存周期。人们常常认为阶级社会、工业社会、信息社会一定比原始社会重要,但正确的结论却是原始社会比各种文明社会重要。以人类逻辑思维的发展而言,几百万年的原始社会让猿进化成人,让原始人的大脑变化成现代人的大脑,用漫长的岁月产生语言,用漫长的岁月产生运用工具和创造工具,因为各种偶然的心得而出现对世界和自身的文明认识,一个偶然常常需要整个人类文明社会发展的时间,人类终于出现了现代人意义的逻辑思维。有一个偶然成就比必然成就重要的思想。地球偶然的形成比地球必然的运动重要,生命偶然的出现比生命必然的进化重要,学术的偶然发明比学术的必然研究重要,诸如此类。原始社会的漫长阶段产生了现代人类和人类社会,也产生出现代人的逻辑思维活动,原始社会是人类现代文明的起点,原始社会是人类逻辑思维活动的起点。

原始人由猿进化成人就产生出现代人的大脑,这是原始人进行逻辑思维的实际世界基础。原始人因为有了逻辑思维的条件而开始对实际世界和精神世界的各种认识进行分析和研究,开始了人类第一个逻辑思维的阶段。将原始人的逻辑思维称作原始面向对象思维。第一,原始社会没有明显的阶级、权威和分工,原始人的思维很自由,一个原始人能研究分析他感受的一切,能与群居者自由交换自己的新得,与面向对象思想一致。第二,原始人的面向对象思维是一种原始思维,原因是没有学术的引导,对大多数对象都没有正确的对象属性和对象功能产生,因此出现了很多原始宗教信仰。原始社会的原始面向对象思维对人类社会发展作用巨大而不能缺少，像原始人因为对工具这个对象的认识产生工具和工具使用、工具制造这个工具对象体，像原始人因为对火这个对象的认识产生火和火的使用这个火的对象体，像原始人对自己这个对象的认识产生原始人群和原始人群协作这个原始人群对象体，工具对象体发展人类本领，火的对象体发展人类文明，原始人群对象体发展人类社会。

2. 阶级社会的人类思维

阶级社会比原始社会先进，因为人类的个体由原始社会的野蛮变成阶级社会的文明，人类社会由阶级化而产生社会分工，人类得到生存的实际需要的条件比原始社会有了巨大发展。阶级社会的人类思维是一种分层思维、分工思维，即因为社会分工而个人只对自己的思维领域进行研究。统治者研究一国的统治，地主研究自己领地的发展，农民研究生产和衣食住行。阶级社会有严格的思维限制，农民研究统治术会受到严重惩罚就是典型。阶级社会是各种宗教大发展的阶段，原因是人类自原始社会就形成了宗教信仰需要，宗教在人类知识不发达的发展阶段能给人类个体精神世界的快乐和人类社会实际世界的秩序，而这种现象延续到阶级社会就形成阶级社会的宗教信仰。阶级社会的宗教信仰对人的逻辑思维的作用也是分层的要求，虽然有兄弟姐妹说，但一般人不能思想神以外的世界观，不能挑战现实世界的权威，都是显然的。

阶级社会的思维没有继承原始社会的广泛的面向对象思维的特点，很多思维出现概念化，也就是把对象体分成对象和对象作用分开研究。像人民把国家作为一个对象而概念化，国家的作用由控制人民的封建领主让人民感受。这是分层思维对人民限制的结果。这与计算机科学技术中面向结构的编程思想是不是很相似。面向结构的编程思想把数据和操作分开，阶级思维把对象和对象作用分开。因为他们都是人类现代化的不同的逻辑工作的早期发展。

3. 工业社会的人类思维

人类进入工业社会就开始了现代化的事业，工业社会是形成人类现代化制度的阶段，社会由阶级分层向公民制度变化，人的思维也由分层的阶级思维变化成公民思维，即一种现代化的面向对象思维。工业社会的任何公民都能谈论国家和社会的发展，与阶级社会只有统治阶级能研究统治术形成鲜明对照。地主和农民的阶级界限也在工业社会消失，他们成为地位一样的公民，都要研究自己生存之地的发展和衣食住行。人们又回到了原始社会的思维特点，人们的研究对象由阶级社会的概念型又回到了对象体型。象阶级社会的国家对人民而言只是概念，统治阶级能研究国家而人民不能，否则有受罚的危险，但工业社会的国家对人民而言成为对象体，有国家这个概念还有国家的作用，二者组成对象体，人人都能研究国家对自己的作用和自己对国家的作用。但人们又要注意，工业社会的面向对象思维与原始社会的面向对象思维有巨大区别，工业社会的面向对象思维因为人类社会学术和自然学术的现代化发展做基础，很多对象体具有科学的特征，即对象体中的对象与原始社会一样，但对象的属性和作用与原始社会有重大区别。像人类对太阳的认识，原始社会和工业社会都研究太阳这个对象，但原始社会认为太阳是神，作用是神的作用，以此形成太阳对象和神的作用这个对象体，工业社会因为学术研究的基础认为太阳不是神，没有神的作用，太阳是恒星，起恒星影响地球的作用，这样，太阳这个对象体到了工业社会变成太阳对象和恒星作用的对象体。

工业社会的现代化面向对象思维是不彻底的现代化，有很多阶级社会分层思维的残余。像发达国家原始积累阶段把工人当成廉价劳动这个概念，省略了工人生存发展这个属性，自然没有产生正确的工人对象体。同样是发达国家，为了转嫁发展成本，长期把发展中国家看成成本转嫁目标，省略发展中国家生存和发展要求这个属性，自然又没有产生正确的发展中国家对象体。这都是发达国家的阶级思维残余。这种阶级思维残余，很多实现工业化的发展中国家也有。

4. 人类思维的现状

今天的人类社会为信息社会的开端，人类于工业社会产生的公民思维即现代化面向对象思维有了进一步发展，重要原因是计算机技术和网络技术给人类更正确的对象体、更多样的对象体和信息社会创造的新型对象体。说到更正确的对象体，人们能通过网络信息共享的功能对自己研究对象的正确属性和正确活动正确了解，像人们对太阳的认识就能通过网络知识的搜寻而由简单的恒星作用发展成对太阳系的认识。说到更多样的对象体，直接举个找伴侣的典型人们就明白了：没有网络的阶段一个人找另一半的范围有多大，有了网络，一个人找另一半的范围扩大到多大。说到信息社会创造的新型对象体，人们了解网络游戏和游戏迷的关系吗，网络游戏就是信息社会为游戏迷创造的新型对象体。

信息社会扩大了人类的实际世界，将人类一部分精神世界归入了实际世界，像计算机技术和网络技术共同创造的虚构世界就是一个典型。

信息社会要重视研究人员对人类逻辑活动进行发明创造的工作。要知道流行技术领域会出发明创造，学术思想和学术方法领域也有发明创造。发展一国学术，第一位要发展自己的学术思想，研究流行技术是为了更好地发展自己的学术思想。

现在的世界，有公民社会，也有阶级社会，甚至还有原始社会，自然，人类没有全部进入信息社会的公民思维。发达国家的一些政治家在本国用公民思维，对发展中国家用阶级思维。发展中国家的阶级现象或多或少存在，因此，他们的人民也有公民思维和阶级思维的两重性。人类思维的现状就是公民思维和阶级思维一起存在着。但阶级思维是人类暂时的思维，面向对象思维是人类思维的常态，这是由人脑器官的结构决定的，也是人类几百万年原始社会发展的惯性决定的，因此，人类现代化面向对象思维的发展趋向不会停步，这也决定了公民社会的发展不会倒退，这也是人类信息化发展的重要基础。

14.2 人类学术研究的发展过程

人类学术的结构，思维是基础，学术社会是建在思维基础上的学术平台，学术社会平台支持学术研究这个建筑，学术研究产生帮助人类和人类社会发展的发明创造。

1. 原始人的研究工作

原始人要没有学术，那工具的使用和制造怎么出现的，人群协作打猎怎么出现的，对火的认识和运用怎么出现的，还有语言的产生和很多人类文明的基础工作是怎么发明的？原始人有学术。原始人不仅有学术，而且原始社会的学术因为都具有偶然的特点，一个偶然的产生也许要花费整个人类文明阶段那么多的时间，因此，原始社会的学术特别重要，是人类现代文明的起点。

原始社会的学术结构是这样。用原始人的原始面向对象思维作学术基础，这种面向对象思维的对象体常常由对象和幻想组成，当然，原始人也有学术，因此能把少数幻想变成对对象的正确认识。原始人的学术社会平台因为建在原始人的原始面向对象思维基础上，则他们的学术社会平台是原始研究型社会，这种学术社会有人人都是研究家、人人对群体中产生的发明创造感兴趣、没有巨大的权威这些特点。原始学术因为原始面向对象的思维基础，因为原始研究型社会的学术平台，而具有原始面向对象研究的特点，具有群体支持研究和研究能广泛传播的特点。原始学术因为原始人群的人人参与而出现脑库广大，因为一切研究都对原始人的精神世界和实际世界有用，能改变原始人一切领域都贫乏的状况，因此，原始研究建在研究型的学术平台上。原始研究型社会是原始人类为了生存发展而必然产生的，有必然的规律。原始学术对人类显然贡献巨大，简单举三个成就人们就能有共鸣，工具的使用和制造，火的运用，语言的产生。还要看到，原始学术是人类宗教的起源，这是因为原始面向对象思维的对象体中，对象和幻想的组成中，幻想么变成正确认识形成学术，要么发展成宗教。

2. 阶级社会的人类学术

阶级社会一定比原始社会进步，阶级社会是人类文明社会的开端，阶级社会有社会分工这个伟大的现象，阶级社会的人类生存发展条件比原始社会有巨大改善，但阶级社会的学术与原始社会也有着巨大的不同，这种学术由原始社会的人类本性产生学术变成阶级社会的人类自由设计和创造学术，学术由原始研究型变成教条型。

阶级社会的思维基础是概念思维和对象思维的混合，好比现在人开发计算机软件，部分程序把数据和操作分开产生面向结构的概念思维，部分程序把数据和操作封装产生面向对象的对象思维。阶级社会的概念思维因为社会对人的分层要求而起，即阶级社会把人分成阶级，对各阶级的思维有分层限制，象社会发展的题目只能统治阶级研究而百姓不能研究否则有受罚危险就是典型，这样，社会对人民而言就是概念了，人民对社会的认识也就概念化了。阶级社会是人类宗教大发展的阶段，宗教对人的概念思维作用也很大，象神的概念就是典型。但阶级社会不是没有对象思维，只是成为附属品，他的存在既因为人脑的特点和原始对象思维几百万年的惯性又因为人类的现实需要。

阶级社会的学术平台因为概念思维的作用而发展成教条型社会，即少数人研究而大多数人只学别人的研究成果自己不研究的社会，其中规律是：面向对象思维没有群体一起参与和群体人人感兴趣就会失败，而原始社会的原始面向对象思维是原始人群和每个原始人为了生存发展必须的，自然有群体的支持和参与；阶级社会因为社会分工创造人类生存发展条件让原始面向对象思维变成不是人类生存发展必须的工作，而概念思维的特点是不需要群体参与和支持，有着一个人能发展出一个学术体系的特点，而封建统治者也希望社会分层，用统治阶级控制学术研究稳定社会秩序，这样，阶级社会既有学术研究少数化要求又有学术研究少数化本领，则少数人控制学术研究的教条型社会出现了。阶级社会的学术因为建在教条型社会而出现了大量的概念学术成果，中国有社会秩序的学说，发达国家祖先有神权的发明。人们注意，人类的概念之学不能看做对今天的人类没用，相反，这些概念之学对今天的人类作用重大，是人类传统的主体，好比计算机软件开发的面向结构概念方法和面向对象对象方法必须一起存在而发挥各自作用一样，中国传统有凝聚中国人心帮助中国社会有序的作用，发达国家宗教有帮助人民精神世界科学化的作用。

阶级社会仍然有对象之学，像中国中医对人的研究，像发达国家祖先哲学中对自然的研究，这说明人类的生存发展和好奇心的满足不能不要面向对象的学术，面向对象学术因人的本性产生这个规律在阶级社会仍然存在。

3. 发达国家兴起的现代学术

发达国家思想的源头重视对人这个对象的研究，也重视对自然科学这个对象的研究。当中世纪神权统治结束，欧洲兴起了一场广泛的思想启蒙运动，重点有两个。一个是继续他们先哲对人和人的属性及行为的研究，产生了人类现代的人道主义思想。一个是继续他们先哲对自然科学的研究，产生了近代科学技术。注意，这两个领域的研究都要求人们以面向对象的方法进行，加上阶级社会制度的式微，人民的思维由概念思维为主转变成由对象思维为主，对象思维成为现代学术的基础。

面向对象思维因为人脑结构、因为原始社会几百万年的作用成为人类思维的常态，概念思维虽然在阶级社会占统治却是人类暂时的需要。当人类进入工业社会，社会成员的要求大大提高，一个典型，阶级社会领主过好生活而农民过得差不会长期产生社会重大矛盾，工业社会，领主和人民政治法律地位一样，人人想过好生活，任何人群的要求没有得到满足都有发生社会动荡的机会，人们能进一步研究。当人们回归到面向对象思维，没有阶级社会分层思维限制的人民因为人的本性而都对面向对象思维积极支持和积极参与，人脑活动的要求和原始社会的惯性都因为阶级的消失而推动人们走向现代化面向对象思维，即公民思维。而社会对研究的需要又不是教条型社会少数研究家能实现的。于是，工业社会对研究的大量需要和公民思维的兴起让少数人研究而多数人学研究成果的教条型社会被人人研究的现代化研究型社会取代。

建筑在研究型社会的发达国家的研究走过了三个阶段。第一个阶段是思想启蒙运动发展的年代，人们因为解除了中世纪神权的压迫，身心得到自由，因为人的本性而继承了自己先哲的研究，研究人道主义，研究近代自然科学，以及其他近代学术，我将这个阶段称为自由研究阶段。第二个阶段是工业革命开始的阶段，发达国家用原始积累的手段发展现代化制度的阶段，此时，发达国家的控制者是资本家和他们的资本，而资本家和资本迫切需要得到收益最大化的方法、剥削工人最成功的方法、向发展中国家转嫁巨额发展成本的方法，要得到这些方法就需要研究机构和研究人员的研究工作，于是，资本大量支持研究机构的建设和研究成员的产生，让这些研究机构和研究人员为资本的扩张做有用研究，我就将这个阶段称为有用研究阶段。第三个阶段是发达国家成熟发展的阶段，研究人员通过长期的研究发现自然和社会都因为科学规律的支配而运行，资本家也发现用知道的自然和社会规律决策资本的活动能更正确地实现资本扩张，则资本和研究家达成共识，把有用研究变成科学研究，发达国家因此进入科学研究阶段，发展出完善的现代学术体系，这个体系实际成为发达国家本领的重要组成部分。我多说一句，发展中国家要实现自己的生存发展要求都要建设自己特点的学术体系，这样，不充裕的能量能实现效用最大化。

4. 人类研究的现状

今天人类的思维是公民思维与阶级思维一起存在，实际今天的学术平台也是研究型和教条型一起存在，因此，人类的研究也是面向对象和概念研究混合的局面。但人们又要看到，因为科学技术的本领让全人类敬重，科学技术的公民思维、研究型学术平台、现代化面向对象研究这些属性都已经广泛得到全人类的肯定，因此，人类的现在和将来，公民思维、研究型学术平台和科学研究会不断发展直到彻底占统治地位是不争的事实。

▶ 14.3 信息社会对人类思维和研究的影响

信息社会以工业社会的公民制度为社会基础，以信息技术为发展手段，让人类的生产生活彻底革新，让人类社会的面貌大大改观，自然也对人类的思维和研究有了重大的影响。人们要注意，今天的信息社会只是开始，信息社会一定会继续发展，直到让人类有了第二次进化，让人类社会有了第二次进化，信息社会的伟大会与猿变成人的伟大相提并论的。

1. 计算机科学技术的影响

20世纪中叶诞生的计算机科学技术是人类进入信息社会的标志。计算机技术的运算神速、精确、逻辑判断、资讯加工、存储信息、辅助工具和自动化这些本领让它进入到各行各业的应用。尤其是计算机小型化和图形操作软件的发展，让计算机走入人民群众中，因为群众信息化而产生了真正意义的信息社会。

计算机科学技术对人思维的影响重点在辅助人类进行现代化面向对象思维的部分，重点在他能用模型把人的思维形象化，他能帮助人加工海量的资讯，像人脑多了很多助手。计算机对人类研究事业的贡献在于研究工具的发达，让人类的科学研究电子化，像天文研究和气象研究需要加工大量照片和云图，这个工作不用运算神速的计算机而用人工则简直不能想象，像绘制地图，不用计算机而用人工则绝对事倍功半。

2. 网络发展的影响

以计算机网络和无线通讯网络为代表的网络技术也是信息社会的核心技术，对信息社会的发展关系重大，对人类信息社会的思维和研究发展同样影响巨大。谈到对人类思维的影响，网络同时发展了现代化面向对象思维的对象体中对象和对象属性及功能两个组成，发展对象主要有创造新对象、扩大对象数一类，发展对象属性及功能主要有运用网络全球化特点收集对象数据的本领。人们能进一步研究。谈到网络对人类研究的影响，网络的共享本领、远距交流本领对研究人员共同开展研究提供了便捷，网络数据收集的实时和广泛能让人类建设巨大的研究模型，像地球模型一类，也能让人类对一个研究目标开展研究，像医学专家分布式会诊一类。

计算机科学技术和网络技术不仅能帮助人类发展现代化面向对象思维和科学研究，还能帮助人类进行概念思维。概念思维的成就不能全看成糟粕，有很多精华，就是说人类传统在现代化社会不能将其一丢了事，要批判地继承，让它们为人类社会起好的作用。

3. 软件工程学的影响

若将计算机科技和网络技术看做流行技术领域则软件工程学和系统工程学就是科技思想领域，信息社会的发展需要思想研究指路，需要流行技术实现。指导信息社会发展的科技思想主要集中于软件工程学和系统工程学这些逻辑工程学领域。

软件工程学有两个思想。一个叫面向结构思想，把数据和操作分开，由开头到结尾，具有有序和概念明白的本领，正好与人类思维的传统继承、宗教发展和发展大规模工作相配。一个叫面向对象思想，与人类的现代化面向对象思维同一个规律，而且软件工程的面向对象思想有类的特点，这能帮助人类现代化面向对象思维进一步扩大本领。

软件工程有很多重大本领能用于帮助人类的研究事业，像建模本领能让各种研究家对一个模型开展合作研究和综合研究，像工作电子化本领。

4. 系统工程学的影响

系统工程学的本领有三个，即复杂系统分析、复杂系统建模、复杂系统优化。对人类的思维而言，系统分析能把对象体中的对象系统化，系统建模能让人们更好认识对象的属性和运动，系统优化能帮助人们正确工作。对人类的研究而言，系统工程学因为总结了人类近现代学术的主要成绩而能为人类现代化研究提供研究观和方法论。

5. 全球化的影响

什么是全球化？第一，市场体制出现全球化，全球的企业能不受地域限制做生意，全球的消费者能不受国别限制进行消费。第二，研究事业出现全球化，各国研究人员能合作开展研究工作。第三，社会出现全球化，各国人民能经常出国旅行，便捷的网络拉近了人民的关系，便捷的交通能让人民觉得世界变成了一个地球村。

全球化对人类思维的影响有：①推广了公民思维，因为交流的广泛而让科学思想到处传播，现代化面向对象思维因为广泛传播而得到了更大的优势。与此同时，各国传统即概念思维的成就也因为全球化而让外国人民知道和敬重，注意，一国传统能通过世界传播而优化，优化的概念思维能因为现代人的正确改造而变成面向对象思维。但有一条世界人民要警惕，根据作者我的研究，一个国家有主权地加入全球化是该国人民生存发展的正义要求。②全球化大大丰富了世界人民的对象思维范围，对象体增加了很多异国元素，对象的属性和活动增加了很多异国人民的工作成就。

全球化对人类研究的影响有：①人类的合作研究更多更便捷了。②人类的研究领域不断扩大。③人类的研究受人类一家的和平发展思想影响增加。

6. 公民制度兴起的影响

人们要知道，社会制度对人类的思维和研究影响重大，阶级社会的分层制度让人类有了一个分层限制思维和研究的阶段，人类因此有了短暂的概念思维和概念研究，产生出中国的秩序之学和发达国家的宗教之学，这都叫阶级思维和阶级研究，思维和研究的对象都是概念而不是对象体，形成人类的传统，需要今天的人们去其糟粕取其精华，把精华改造成现代学术而继承。人们又一定要知道，因为人脑的结构和活动，因为几百万年原始社会的惯性，面向对象是人类思维和研究的常态，这种常态产生出极其有本领的公民社会制度，公民制度又帮助人类重新走上以人类学术发展为基础的现代面向对象的思维道路和研究道路,也叫公民思维和公民研究。

(1) 公民思维。公民思维是生活在公民社会的人的思维,他的基础是一切社会成员政治法律地位一样,这就是说,公民思维没有阶级分层的思维限制,一切思维对象都是对象和对象属性总和的对象体。

(2) 公民研究。以公民思维作基础形成研究型学术平台,人们在研究型学术平台创造的研究型社会中开展的各种研究工作都叫公民研究。公民研究的社会基础仍然是公民社会制度,仍然是人人政治法律地位一样,仍然是消灭了阶级社会的分层研究限制。公民研究对人类的意义与原始社会原始研究的意义是一样的。

今天的公民研究和原始研究都因为人脑的结构和活动发源,只是原始研究是人类第一个以人脑结构为迭代条件的研究事业周期,有猿初变成人这个起点,有大脑向现代人发展这个阶段,有制造工具、认识火的本领、产生语言这些成熟期,有阶级社会出现这个结束点。今天的公民研究是人类第二次以人脑结构为迭代条件的研究事业周期,他与原始研究的重要区别就是文明与野蛮的区别,阶级研究不是人类的常态研究,阶级社会的全阶段能看做原始研究成就的运用和公民研究起点的酝酿,工业社会是公民研究的发展期,信息社会将让公民研究进入成熟期,公民研究的结束期会很遥远,大概到人体和人脑有了第二次进化而结束,人类会开始第三次以人脑结构为迭代条件的研究周期。

原始人类能进化成现代人且产生文明是因为原始研究型社会的存在,因为人人都是原始研究家,人人欢迎一切研究成果,人人用一切研究成果发展贫乏的原始精神世界和原始实际世界,没有原始人群整体参与研究和研究成果的推广,原始人群就不能生存更别说发展。我一贯认为人类的研究工作中偶然成就比常规成就重要,偶然成就是常规成就的长期积累而出现发明创造,而人类要产生帮助人类生存发展和进化的重大偶然成就必须扩大脑库,必须全民参与,原始社会产生工具制造、火的认识和语言是因为这个规律,现代化社会产生研究型学术平台也是这个规律。阶级社会的阶级研究是搞少数人研究多数人学研究成果的教条型社会,这种学术平台有稳定社会的作用,却也有阻碍人类进步的重大副作用,副作用之一就是限制偶然研究成就的大量产生,因此,阶级研究是人类研究事业的暂时而不是常态。现代化研究型学术平台在社会法制层面就规定了人民有自由研究的权益,又广泛支持对社会有益的研究成果,而且通过宣传教育让社会产生人人爱研究、人人敬研究家的氛围,当然也积极发展偶然研究成果的催化剂——常规研究,让社会产生大量偶然研究成果的机会,这叫用文明手段恢复原始社会的研究型学术平台,用现代学术成就把这个平台改造成现代化,让原始社会几百万年产生的用研究型社会帮助人类生存发展和进化的规律继续在今天的世界发挥作用。人们想想发达国家科技发展的规律就能明白了。

今天的世界是研究型学术社会和教条型学术社会同时存在的世界。发展中国家要发展自己的研究型学术社会就一定不能不重视科技思想的发明和本国学术体系的建设。

14.4 复杂综合学术研究的设想

1. 简单综合研究

人类因大脑的结构而具有面向对象思维的偏好，因为整体生存发展和进化的需要而具有研究型学术社会的常态。原始社会几百万年的发展就是这样。原始人没有完善的社会组织，因此常常一个人就是一个研究单位，他们对自己感觉的一切信息进行研究，也彼此交流研究成果，这就叫人类的简单综合研究。简单综合研究的特点是对自己知道的一切对象和对象属性进行研究，用自己的一切已知知识作为工具，有着学术基础很弱，很多研究成果是幻想的特点。因为研究的全过程只是一个人的人生或几个人的人生，则研究成果的结构往往简单化。

这种简单综合研究特点一直延续到阶级社会，人们能由欧洲先哲的哲学研究特点看到典型，那些先哲明显有原始社会研究工作的惯性，充满了对人体自身和自然规律的兴趣，这种阶级社会的简单综合研究实际是人脑结构在阶级社会仍然不改原始社会的运行特点的证明，是人类终有一天再次进入面向对象思维和研究型社会的火种，甚至是现代公民制度的火种。

2. 复杂分工研究

阶级社会比原始社会进步，这是文明和野蛮的比较，阶级社会有概念思维和概念研究，这虽然不是人脑活动的常态，却给人类以秩序和各种文明概念，这是人类由原始面向对象思维和原始研究型社会向现代化面向对象思维和现代化研究型社会飞跃前的量的积累。阶级社会的研究工作构成人类传统的重要部分。

人类进入阶级社会出现了重大的变化，就是阶级的出现和社会分工的出现，这就出现了对人思维和研究的限制，特定人群只能进行特定研究，但对人类的研究事业却有很大程度的推动，为什么，因为人类的研究由原始社会的单人作业变成了阶级社会的群体作业、阶级作业，更重要的是，有目标的研究大量出现，这对人类绝对是意义深远的现象。因为有群体研究工作和目标研究工作的出现，人类的研究工作出现了文明的特点，作用之一是有了常规研究，由常规研究支持的偶然发明出现的周期比原始社会偶然发明出现的周期要缩短很多，缩短的程度对人类发展具有革命的作用。

当人类进入工业化阶段，现代化面向对象思维和现代化研究型社会与公民制度一起兴起了，现代学术开始兴旺发达，而且这一切在很短的时间就彻底改变了人类和世界。但人们要注意，工业社会的人类研究也是复杂分工研究。为什么这样，为什么原始面向对象思维和原始研究型社会产生出综合研究而现代化面向对象思维和现代化研究型社会兴起之初却不能呢？原因不是人类不想进行综合研究，而是人类没有条件。第一，当年的学术发展工作繁重，各门各类学术在起步阶段不能形成综合。第二，综合研究需要一个人大脑的综合研究，综合研究群体需要每个人的大脑都有综合研究本领，若搞个各路专家集体研究则不叫综合研究而叫合作研究，但当年的人进行研究都是需要把一个门类学术先学好再研究，以当年学术总量之庞大，有谁能学完人类全部知识再进行综合研究啊。第三，人类没有现代化研究工具支持综合研究的开展。因为这三点，人类在工业化社会虽然创造了伟大而复杂的现代学术，但研究方法却仍然沿用了阶级社会的分工研究。

但是，面向对象思维和研究型社会产生综合研究的人类发展规律没有改变，而且对人类现代学术发展是起了作用的。可以从3方面看出：①发达国家在工业社会早期就兴起了现代百科全书事业。②现代教育思想由综合知识培养发展到综合本领培养。③人类虽然没有实现综合研究但一直进行着相近相关学术门类的合作研究。

3. 复杂综合研究的设想

人类进入信息社会产生了两个信息技术，他们叫计算机科技和网络技术。产生了两个信息思想，他们叫软件工程和系统工程，而且这两个思想之学即将由我统一成一般逻辑工程，为人类信息社会发展开辟出一个更高级的思想研究领域。人类工业化学术发展的成就进入信息社会而出现了不断增加合作的现象，跨学科研究跨得越来越远，研究人员的综合素质综合得越来越高。一个人类复杂综合研究的时代即将到来了。

（1）面向对象思维是人脑结构自然运动的结果，也是几百万年原始社会的惯性，虽有阶级社会的一时限制，但面向对象思维终究又占据了统治地位。就算阶级社会的概念思维实际也是面向对象思维的曲折应用，发明中国古代秩序之学的人自己用面向对象之学，只是让受众用概念之学，发明发达国家古代宗教的人又自己用面向对象之学，而又让受众用概念之学。今天的世界是公民制度兴旺发达的世界，以面向对象为基础的公民思维一定会大行其道，注意，公民思维一定也会产生综合研究。

（2）研究型学术社会是人类进化的要求，原始社会是这样，文明社会也是这样，阶级社会短暂的教条型学术实际是为文明社会研究型学术产生做积累工作。人类偶然发明比常规研究重要，偶然发明对人类进步的意义比常规研究大，但有常规研究支持的偶然发明比没有常规研究支持的偶然发明出现的周期短而且出现的概率大，现代社会发明比原始社会发明多很多，发达国家发明又比发展中国家发明占优势，都是常规研究的有没有或多不多，而阶级社会的成就就有创造常规研究这一条。而事实证明，人类要产生帮助人类进化的偶然发明，仅用常规研究支持，甚至仅用分工的常规研究支持是不够的，需要扩大脑库，即人类成员都成为研究家，或研究支持家，再或研究培养家，则有这样的结论，人类文明社会要进步一定需要研究型学术社会。研究型社会一定有综合研究的要求。

（3）人类今天的学术发展对综合研究事业的发起很有支持，长期各学科的合作研究为综合研究提供了经验，人的综合素质培养为综合研究提供了干部，信息思想之学和信息技术之学的发展为综合研究提供了战略和战术。

对人类复杂综合研究事业的发展有这样的设想。一个设想就是依托计算机技术和网络技术广泛开发模型，因为人类的综合研究需要对象体，能用软件建模的本领告诉将来的综合研究者人类对世界各种对象的了解程度是什么，能用网络收集数据的本领为将来的综合研究者提供世界各种对象的已知属性和已知动态，让人人得到综合研究的条件。一个设想是人类共同建设现在学术工具的目录，用软件开发技术和网络的本领建学术工具目录，需要工具就去网络寻找和自学，避免学不需要的学术工具，甚至能把大部分学术工具的工作也制成软件，把现在函数软件的思想进一步扩展，实现人们用学术工具的自动化，让世界一切研究家不在学工具上用很多时间，而人类知识量中研究本领和学术前沿的知识量不到一成，九成以上知识量是工具之学，让研究者自工具之学解脱出来，人类出现海量综合研究家就不难了。

综合研究应该做到社会科学和自然科学综合的程度，不能仅仅由相关相近学科综合。社会科学能为自然科学提供指导思想，让人类避免产生伤害自己的邪恶研究。自然科学能为社会科学提供研究工具，让社会科学的定量研究本领产生飞跃，让人类因为定性研究和定量研究本领一起高速发展而更好地发展人类社会。

14.5 复杂综合研究的作用

复杂综合研究第一个显然的作用是让人脑以自己结构的自然规律活动，实际就是人们常说的解放思想。人类由阶级社会发展到公民社会最大的依靠就是解放思想，信息社会发展的重要需求也是要让人类的思想进一步解放，以思想解放巩固和扩大公民制度，以公民制度的广泛基础发展信息社会思想和技术研究。一些发展中国家有一个误区，认为反对发达国家的颜色革命就一定要控制人民的思想，认为公民思维会产生社会混乱而让发达国家有机可乘。但实际上，没有公民思维会首先造成本国思想和技术发展的脑库缺乏，脑库缺乏则国家会发展不好，国家发展不好则反颜色革命的本领一定变弱，其次，因为本国没有吸引民众的思想自然让发达国家裹着巨大吸引的颜色革命战略增加吸引发展中国家人民的机会。发展中国家要实现带着主权进入全球化就一定要发展思想解放运动，复杂综合研究的开启正是一个契机，不要惧怕公民思维和公民思维产生的公民制度，这是发展中国家走现代化道路的唯一正确选择，否则，人民思想被禁锢的结果会造成本国各项事业的不发达，最终让自己的社会制度不能发展成先进，自己降低自己反颜色革命的本领。当然，各个发展中国家开展思想解放需要走自己特点的道路。

复杂综合研究第二个显然的作用是发展人类的研究型社会。人类需要常规研究，更需要偶然发明，偶然发明对人类发展的作用往往是决定性的。如果说工业社会的复杂分工研究是第一代研究型社会，他的重要作用是扩大常规研究，以此扩大偶然发明出现的机会，那么信息社会的复杂综合研究就是第二代研究型社会，他的重要作用是发起全民常规研究，让偶然发明出现的机会也扩大到全社会，这一定会让人类迸发出从未有过的创造本领，也只有这样，人类才有实现进化的可能。

复杂综合研究第三个显然的作用是提高人类研究活动的质量。人类自己的人脑对人类自己而言还是一个黑箱或者灰箱，但就是这样，人类也早已明白人脑有其他机器包括电脑都不具备的偶然发明的本领，这种偶然发明是人类任何研究组织和智能机器都不能学到手的，他是人脑细胞有机运动产生的，这种运动的规律人类现在不明白，因此，一个人用自己大脑进行综合研究是第一完善的综合研究，其他综合研究其实只是合作，人们要高度注意，只有信息社会用信息思想和信息技术的发展开创出复杂综合研究的本领，人类才能实现人人用自己大脑进行综合研究。人们还要看到，人类学术本来就是一个整体，自然科学是一个整体，社会科学是一个整体，自然科学和社会科学又是一个整体，人类长期对学术进行分工研究是因为人类没有一人进行整体学术综合研究的本领，但人类要实现第二次进化的机会最大化就显然要创造人人用自己大脑综合研究整体学术的机会，这种创造因为信息社会出现而有了希望，复杂综合研究就是创造人人用自己大脑综合研究整体学术的工作。

除了上面三点，还有几个复杂综合研究发展人类事业的典型。

1. 实现同一化

提出人类对地球建模，对地球的自然环境和社会环境建模，分一期二期建模，由局部发展到全局建模，建模有权威和开放两个特点，权威指模型正确，开放指模型建设允许各种人参加。各位想想，这种模型一出，世界各国各族的学者，世界各种学科的学者是不是都在研究同一个对象，这就是同一化，需要综合研究的学术会因为同一化而实现综合的要求，暂时不需要同一化的研究也一定会产生综合研究的火花，复杂综合学术能因为同一化而出现和茁壮成长。

还提出了建设实际模型库的思想，即建设装有世界各种实际对象的模型库，这些对象能由一只蚂蚁到一个跑车，模型库建设也要体现权威和开放原则，还要分成两个分库，一个权威库，一个大众参与库，大众库的模型能定期经过评审升到权威库，各位，这种能传到世界各个角落的模型库是不是再一次促进了人类研究的同一化。

2. 促进全球化

在复杂综合学术时代，人们会广泛开发库工具帮助自己的工作由个人化发展到工程化，库工具是权威与开放的结合，权威指让人的九成个人化工作变成工程化，开放指让人的九成个性和创造变成库元素，反对禁锢思想，支持经典对一般人工作的帮助。各位，当各行各业的库工具通过网络传到全世界，不同民族和国家的人们用一个库工具，则世界人民的思想将交换成什么样啊。

3. 帮助人类第二次进化

人类若希望通过信息社会实现第二次进化，象让人的生命大部分延长到百岁甚至以上之类，怎么实现？需要通过高级研究中的偶然发明。需要通过高级综合研究中的偶然发明。还需要人类基数巨大的高级综合研究支持。巨大基数和高级综合研究都源于复杂综合学术。帮助人类第二次进化的伟大的偶然发明将由复杂综合学术产生。

14.6　开展复杂综合研究的过程

为人类社会怎么开展复杂综合研究出谋划策，重点为：专家的产生、机构的建设、由专家和机构组成一国的研究能量、由一个个国家的复杂综合研究事业开花结果形成复杂综合研究的国际社会。

1. 论复杂综合研究专家的培养

培养复杂综合研究事业的专家，第一重要的是在现代化制度下培养专家。没有现代化制度就一定产生不了一国的复杂综合研究阶层。现代化制度的重要作用在于：他能遏制剽窃，发展知识产权；他能消除阶级压迫和歧视，发展符合人权要求的复杂综合研究阶层。

培养复杂综合研究的专家，一定会出现一个重大的问题，就是应该怎么教育。今日世界有多少知识量？一个人若学完人类大部分知识再去进行复杂综合研究，则他没有开展研究的机会啊。首先，人们知道人类知识量中有多少是研究前沿知识，有多少是研究技术知识，有多少是工具之学？我能肯定地说，在人类知识量中，研究前沿知识和研究技术知识合在一起不到一成，九成知识量都是工具之学。这样，问题就解决了。在学校教育中，重点传授研究前沿和研究技术，把工具学压缩成工具目录传授，用时再去找去学，甚至干脆把大部分学术工具编成软件，学工具的工作都省略了。传授学术前沿和研究技术的教学法是否只限于将要进行复杂综合研究的学生？这种教学法应该扩大到教育的全局，以此把一国的教条型社会变成研究型社会。

培养复杂综合学术研究家有一个重点不能不提，就是传授研究技术应该重点传授思想的研究，自然科学研究的重点仍然为科技思想的研究。

2. 论复杂综合研究机构的设置

复杂综合研究机构应该怎样设置？了解面向过程的结构化软件模块结构吗？一个模块连一个模块，自开始一直连到结尾，这是不是和现有的学术研究体系很相像？大家是否又了解面向对象软件模块的结构？一个对象模块根据需要与另一个对象模块连接，只有求助的消息，每个对象模块最大的特点就是数据和操作的封装，每个模块都是独立工作的单位。复杂综合研究机构的设置就应该学面向对象的软件结构。

3. 论一国复杂综合研究的道路

一国复杂综合研究的道路看似很玄，其实很简单，只要一国能实现有本国特点的公民社会，这一国就具备了发展复杂综合研究的现代化制度，再借鉴本章建议的教育学，研究型社会就形成了，再一次借鉴本章的机构学，这个国家的复杂综合研究就能飞跑了。

14.7 复杂综合工作

本章提出了复杂综合研究的理论，提出一个人能因为信息社会的发展，越来越综合地研究自己感兴趣的题目。在此基础上，接着提出复杂综合工作的设想。在工业社会，一个工人的劳动是以工作时间计算的，而一天的时间是有限的，一个工人的劳动时间自然也是有限的，一个人想干多个工作受时间和体能限制而不能实现。到了信息社会，因为人的劳动以产生有用信息为主，就是人的劳动价值取决于他的发明创造而不是劳动时间，这样，他有很大机会根据复杂综合研究学说一人干很多工作，这种现象发展到成熟阶段就成为复杂综合工作。

14.8 复杂综合生活

因为复杂综合研究和复杂综合工作的发展，人类社会会出现复杂综合生活。工业社会的人们，工作由劳动时间计量，这造成人们没有充足的生活时间，因为生活时间受限而没有丰富的休闲活动。到了信息社会，人的工作地点可以自由选择，工作不由时间计量，工作计量取决于工作质量、取决于发明创造的价值，这给了人们到各地迁徙的机会，反正到哪都能做工作，工作结果通过网络传回单位，也让人有了充裕的休闲时间，因为工资的多少不再由工作时间决定。有了时间，有了信息技术，有了网络，有了高速交通，有了全球化，一个人的兴趣、休闲会比工业社会的人们多得多，人人都有机会像现在的富人那样过上丰富的生活，过上高品质的生活，这就叫复杂综合生活。

14.9 复杂综合社区

工业化社会的社区是功能化的，工厂区一大片，商业区一大片，生活区一大片，人们为了生产生活而跑来跑去，消耗成本、时间和体能，受环境限制，很难实现舒适，上班一族会有20%甚至更多的人生浪费在公交和地铁上。

信息社会依托信息网络、分布式单位、信息物流建设复杂综合社区，以"麻雀虽小，五脏俱全"的道路发展人民需要的生产生活环境，不求大规模，只追求生产生活品质，只追求商品和服务的品质。随着这种信息社会复杂综合社区建设的发展，人民素质和单位素质一起提高，单位不用规模而用高质量商品和服务获得主要收入的时代就出现了。人民的生产生活能直接在自己的社区解决，远行只是为了旅游。

简单说，复杂综合社区因为复杂综合研究、复杂综合工作、复杂综合生活这三大人类的复杂综合活动而产生，是这三大活动的平台和环境。

14.10 小结

提一个学研社会工程结构，如图14-1所示。

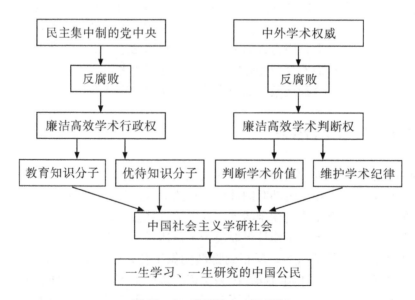

图14-1 学研社会工程结构

第十五章
逻辑场国防发展

15.1 国防的逻辑解释

如图 15-1，一个国家国防的存在一定会产生国家综合要求和国内外环境要求，由公式"国家综合要求 = 国防民主制度 = 国内外环境要求"的均衡，产生国防民主制度。其中，国家综合要求为政权、公民社会、研究事业、国家愿景、市场事业的安全契约的加权逻辑和。国内外环境要求指国家安全的有利条件和不利条件。国防民主制度分别与国家综合要求和国内外环境要求存在互塑。

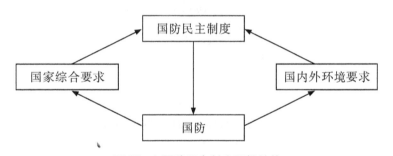

图 15-1 国防民主制度逻辑结构

国防制度叫做一个国家特殊的民主制度，如果把国家比喻成一个人，国防制度就是一个国家的骨骼，对内支持法制神经系统的活动，对外保护国家不受侵犯。

值得一提的，古代封建专制的国防用"国防 = 环境"的二维均衡公式发展，与当代的"民意 = 国防 = 环境"的三维均衡公式有原则区别。

15.2 国防对内环境的作用

如图 15-2 所示，国防对内环境的作用可以用均衡公式表达为：

人民契约 = 国防制度 = 国家政治

意即国防制度为人民契约与国家政治达成均衡的重要条件。人民一般看不到大量的军人，但军队是国家逻辑结构的骨骼，急难险重的时候常常只有军队这个群体能胜任托付，军队还是一国社会稳定的最后防线。

值得一提的，专制国家的军队内环境作用有时是"国家政治 = 国防制度"，由于违反科学理论，因此易犯错。

"人民契约 = 国防制度 = 国家政治"是一个现代化国家必须的均衡要求，发达国家就是这样，当国家政治命令国防军队侵略别国时，常常会受到来自人民反战的压力，最终不得不由人民契约和国家政治不均衡回到均衡。当年美国由南越撤军就是这个原因。

这里的人民契约指国家内环境，包括公民社会、上层建筑等，是人民和各项事业的生存发展要求的加权逻辑和。国家政治指一个政权的生存发展要求，二者的均衡指人民和国家于一个生命体共同生存发展，国防是二者共同的骨骼。即现代化国防制度为现代化国家生命体，由人民和政权均衡产生的生命体服务。

图 15-2　国防制度对内环境的作用

15.3　国防对外环境的作用

如图 15-3，国防对外环境的作用可以用均衡公式表达为：

国家政治 = 国防制度 = 国际政治

意即国防为国家政治和国际政治的均衡条件。注意，这个均衡条件对不同国家而言是不同的，有的国家要保家卫国的均衡，让外界不能侵略压迫自己，如我国。但有的国家要的是侵略扩张的均衡，如当年的德日法西斯。

侵略扩张的国防产生的原因是因为用"国防制度 = 国际政治"这个二维公式决定国防政策。保家卫国的国防用两个三维均衡公式决定国防：民意 = 国防 =

政权；国家政治＝国防制度＝国际政治。重点是，国防只代表政权意志还是民意和政权均衡产生国防。我国社会主义国防制度走两个三维公式的决定道路，党指挥枪、军队为人民服务。

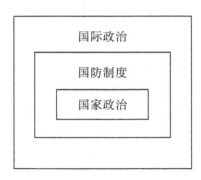

图 15-3 国防制度对外环境的作用

15.4 对国防发展的研究

1. 外国的军事变革

人类的战争形势分三个阶段：第一阶段是冷兵器阶段，战场指挥极度需要指挥官的谋略；第二阶段是火兵器阶段，战场指挥靠指挥官的谋略和科学技术；第三阶段是信息战争阶段，战场指挥由统帅部担任。

人类发展到现代，战争的形式与过去有了深刻的不同。以发达国家这些年的战例看，信息化战争打的是统帅的胜负和科技的优劣，麦克阿瑟的战场指挥决胜负的年代已经一去不复返了。好比美国向伊拉克动武，决定成败的只是总统的政治分析和政治决定，判断成败的只是军事行动的政治结果，如果不看到这一点，仍然迷信战场指挥会吃大亏。要明白战场指挥对军队的作用已经退居二线，决定当代战争胜败的是统帅政治决策、军队现代化制度、军队现代化科技。

以战争和战场指挥建设军队的阶段已经过去，当代世界大国军队建设都以制度建设为主，政治第一、其他政治军事制度第二、军事科技第三，决定成败的是统帅的政治工作。

2. 外国的军事制度变革

随着信息社会的发展，人类正处于一个重大军事变革的时代，即因为统帅和参谋团能全面实时了解战场情况，统帅和文武智囊能远距离领导战场战略，参谋团文武成员能远距离领导战场战术，指挥官的作用由战场全面指挥变成统帅和参谋团制定的作战程序的操作员和监视员，"将在外军令有所不受"的指挥官决定战争命运的时代已经一去不复返了。人类很快会有无人飞机、无人舰艇、无人其他战斗机器、无人士兵，这时，作战形式会出现革命，会彻底告别几千年的战场指挥官模式。

淘汰战场指挥是制度优劣的表现，现代战争首拼制度，其原理好似甲午海战清朝的封建指挥败给日本的资本主义指挥一样。一天没有统帅部综合指挥全局而贬低战场指挥的能力就一天要建设这种能力。

大力发展军事信息基础设施，注意信息安全和反黑客技术，统帅部用千里眼和顺风耳了解一切国防信息，以国防信息基础设施帮助军队现代化人事制度发展，战场指挥由传统全面指挥变成操作程序的技术指挥，让战场前沿很多大脑变成一个统帅部大脑和大脑控制的各种智能手臂，基层智慧通过军事民主如选拔干部、选拔参谋团成员、意见收集、网上论坛一类发挥，信息战的军队初具规模。

战场指挥的变革绝不是说战场指挥工作不重要，相反，更重要了，它需要指挥官是科技型指挥官，营以下战场指挥官要有综合战力完成任务的本领，因为统帅部不可能指挥营以下的部队，而且以后的一个营就会充满现代化武器设备，任务很重。变革战场指挥是信息社会发展的需要，指挥官由麦克阿瑟变成智能打印机和智能手，任务变了但任务却没有减轻，麦克阿瑟当大脑要磨炼，智能打印机和智能手要干好工作同样要磨炼科技，很多时候，智能打印机和智能手向大脑反馈信息时还需要麦克阿瑟的本领，而且，麦克阿瑟不能复制，信息军队却需要为了一个打印任务准备几个智能打印机。

当代世界，发达国家和军事强国的军官都没有兵权，军官和教师、工程师一样只是一种职业和专业，俄国和美国都是样板。相反，某些发展中国家的军官有军权，造成国家内战不断，又穷又弱，人民痛苦不堪，前途渺茫。

人们可以研究美国军事，他们除了作战部队外，还有很多文官、学者、企业甚至人民为国防工作，即军队包办国防不对，全社会一起办国防正确。

信息化战争的士兵的任务相当于传统军队的一个排长或一个连长，单兵作战要求很强烈，对士兵的要求提得很高，包括专业技术和战略战术，这需要更重视士兵的培养和要求。

现代军事有一个规律，即战争中，军事民主强的军队会战胜军事民主差的军队。

3. 甲午战争的教训

中国人当代一样要抗日图存，首先应该把当年的甲午战争研究透。甲午战争对旧中国半封建半殖民地的形成有决定作用。中国甲午战争失败的原因是封建专制、军阀腐败、轻视日本。当代中国战胜日本的正确道路需要中华民族继续深化改革和改革国防。

4. 中国军队的优良传统

（1）党指挥枪。毛泽东同志建立革命军队之处就把党的支部建在连上，让中国军队从此走上了绝对听党指挥的伟大道路，让旧军队的"军队＝个人"的均衡公式变成"军队＝党"和"军队＝国家"的均衡公式。

党指挥枪作为中国军队的伟大传统永远不能丢。

（2）为人民服务。毛泽东同志写过一篇提倡为人民服务的文章，号召全党全军为人民服务，从此，中国军队走上了全心全意为人民服务的道路，创造出"军队＝人民"的均衡公式，中国军队成为人民的子弟兵。至此，中国国防的均衡公式"人民＝军队＝党"诞生了。

中国军队为人民服务的伟大传统永远不能丢。

（3）军事现代化。邓小平同志、江泽民同志、胡锦涛同志都为中国国防现代化的伟大发展者，创造了中国军事现代化的伟大成就，他们以毛泽东军事思想为基础，开创了中国国防现代化的伟大局面。

5. 国防改革

中国革命、新中国成立头三十年、改革开放，中国军队一路走来，建立了许多丰功伟绩，但毋庸讳言，中国军队也遇到了严峻的挑战，即世界军事变革的挑战和保家卫国的挑战。对此，新一代中国军队的统帅习近平主席担任了国防改革领导重任，发起了中国军队新的现代化变革，得党心、顺民意、一定成功。

对中国而言，谁能给中国人民创造长久的和平发展环境，谁能解决中国内部深层次矛盾，谁能实现内圣外王战略让中国和平崛起，他就成为当代的民族英雄，只有当代中国共产党可以做到！

我国将长期处于和平年代，中国人民要求我国保持和平发展，中国共产党第一大的责任是为人民创造和平发展的环境，要战胜一切困难去创造！这一切自然成为军队发展的指导思想。

我国国策为和平发展，共产党和人民的生存发展要求都需要和平发展，内圣外王两阶段保卫祖国也要求我们重点保卫大陆本土，对日本的侵华威胁用政治斗争作第一选择。

伟大的毛泽东军事思想的第一个创举叫"支部建在连上"，让旧军队长官为父母的结构变成官兵为同事，加强了党中央的军权，削弱了各级军官的军权，提高了士兵的战斗力，根本地消灭了军阀滋生的土壤，实际就是几千年来中国变革战场指挥权的开始，象征中国军事现代化的起步，军队的行动听党中央指挥，指挥员的战场指挥是授权行为，谁违反党中央的命令则同时失去军权。虽然那个年代没有信息技术而不能失去全权战场指挥，但战场是军官和政委一起指挥的，指挥权由党授予，解放军向发达国家军事现代化制度发展了一大步，加上党委的社会主义优越性，打战场指挥权传统的国民党军势如破竹，打同样战场指挥权受限的外国军队也不示弱。基层党组织成为中国共产党限制战场指挥权，向现代化军事制度迈进，绝对控制军队，反对军阀出现的伟大制度。

发展中国军队不能搞单纯军事，这是我国国情决定的，更是中国共产党的光荣传统。军队基层党组织和军队政治工作都不能丢，但改革三十年保持与改革前的工作方法一样却是错的，要和改革大业一起走军队基层组织改革之路。

如果中国的内外环境永远处于革命年代或改革前的建设年代，毛泽东同志创造的军事民主制度可以不改变，长期用。但事实不是这样，当代中国的国内外环境与毛泽东同志时代截然不同，人的思想与毛泽东同志时代同样截然不同，相同的是社会主义救中国的真理没有改变，保持中国军队的革命本质仍然是中华民族现代化的要求。这需要中国军队的军事民主制度作重大改革，而且一定要习主席和党中央领导这场意义重大的改革！

人们要明白社会主义中国军队政治工作的特点：①发展社会主义军事民主制度，教育战士明白制度的优越性。②发展社会主义现代化社会制度，教育战士明白社会制度的优越性！

真正继承毛泽东国防思想和邓小平国防思想的人叫人民领袖习主席和他带领的党中央，他们以法治军、发展军队群众路线、用社会主义现代化政治武装军队、发展现代化国防科学技术、发展信息化国防科学技术……这些策略都正确继承和很好发展了中国共产党的正确军事传统！

中国国防一定要走社会主义以法治军道路，一定要绝对听党中央指挥，发展军队社会主义军事民主制度，以此让军队永远属于中国人民！中国军队文官化符合中国的现代化发展要求，很多发达国家都证明了这一点！

一个现代化国家的国防主要为政治、经济、社会和学术的能力，即国防的一大部分为生产力的能力，军队、装备和战力实际为第二位，决定胜负的为政治和生产力，二战美日的胜负是最好的证明，因此肯定中国国防的成功之路为深化改革，提高中国的政治质量和能力、生产力质量和能力，顺应深化改革的军队发展应该支持，不以中国人民和中国生产力发展要求指引的军队发展肯定是错的！中国应该永远有正当防卫的决心和本领，但中国应该以自己人民和生产力的要求、以人类正义的要求正确发展自己的利益！决定一个现代化国家安全的第一个条件叫民心支持。

毛泽东同志于当年的解放战争中拿出了破掉强敌重点攻势这种决战战略的战略，即不与蒋介石军队争城市和打决战，发展自己的质量和数量，当自己的质量和数量都稳占上风后，以人民意愿做民族成绩，打败蒋介石，解放全中国。如果中国决心先保卫大陆，同时，多用心研究怎样阻止日本侵占钓鱼岛合法化，用政治斗争和军事威慑两手，中国就有时间发展自己的质量和数量，就继承了毛泽东思想中的精髓——不争一城一地，不搞赌博式决战，发展了自己的质量和数量后再以科学的规律打败敌人！当代中国的质量和数量就指深化改革和国防改革，科学规律就指内政服从中国人民的共同要求，对外政治服从世界人民的共同要求！

一个国家的崛起是用强还是用柔？古今中外有规律：隋朝用强完了蛋！宋朝用柔完了蛋！德日法西斯强又完蛋！民国柔一样又完蛋！汉唐有反抗外敌的强还有与外族结亲的柔，汉唐成功！美英法由达尔文转变成既有达尔文的强又有人类正义价值的柔，美英法成为现代化发展的赢家！毛泽东同志和邓小平同志都有强柔合用的思想，强在于反抗侵略，柔在于创造发展环境！中国应该跟中国共产党走社会主义现代化强柔共济的发展道路，强表现于政治斗争的勇敢、坚决、智慧，柔表现于人类正义和人类文明！

邓小平同志、江泽民同志、胡锦涛同志是我国国防现代化发展的三位重要领袖，他们共同的特点有：

（1）继承毛泽东同志那代人创造的革命军队传统；

（2）精兵简政，大量裁减常规部队，发展高新技术部队，适应现代化军事变革的需要；

（3）大力发展高新国防技术装备，走科技发展军队的道路。当代的国防改革要坚决继承这些正确的思想，还要根据世界军事变革大潮的要求，实事求是创造新的社会主义军事国防发展道路，要深刻研究战争形式的变化、战争指挥的变化、军事民主制度的发展，结合中国的国情和保家卫国的责任，走出一条中国人自己的成功的军事国防发展道路，让中国人民永远得到坚强的保卫！

15.5 对领袖思想的体会（1）

由中共中央文献研究室编辑的《习近平关于全面深化改革论述摘编》一书，近日由中央文献出版社出版，在全国发行。《习近平关于全面深化改革论述摘编》共分12个专题，收入274段论述，摘自习近平同志2012年11月15日至2014年4月1日期间的讲话、演讲、批示、指示等70多篇重要文献。其中部分论述是第一次公开发表。我写出对《习近平关于全面深化改革论述摘编》（十）《构建中国特色现代军事力量体系》的学习体会。

改革创新是我军发展的强大动力。我们要在毛主席、邓主席、江主席和胡主席领导军队建设奠定的基础上，把军队建设不断推向前进，就必须不断改革创新。军事领域是竞争和对抗最为激烈的领域，也是最具创新活力、最需创新精神的领域。我们要抓住当前世界科技革命、产业革命、军事革命蓬勃发展的历史机遇，紧紧围绕"能打仗、打胜仗"的目标，深入推进中国特色军事变革，把我军建设成为"召之即来、来之能战、战之必胜"的威武之师，努力夺取我军在军事竞争中的主动权。要坚持解放思想、实事求是、与时俱进、求真务实，更新军事思维方式和思想观念，把改革创新精神贯彻到各项工作中，加快重要领域和关键环节改革步伐，着力解决影响军队建设科学发展的突出矛盾和问题。要尊重实践，尊重官兵创造精神，善于从部队建设的生动实践中总结经验、揭示规律，提高工作指导水平。在安全形势复杂多变、突发事件多、重大任务多的情况下，军委自身的工作方式也有一个创新的问题，要完善议事决策和工作机制，保证军委工作反应灵敏、高效运转。

——在中央军委常务会议上的讲话

（2012年11月15日）

【作者体会】领袖的思想分几个部分：①要发起中国国防改革；②国防改革的基础之一是毛泽东思想，要重视毛泽东思想；③世界大势催生中国国防改革，也必能帮助中国国防改革；④要重视群众首创和实践首创；⑤国防改革包括中央军委工作方法的改革。

实现中华民族伟大复兴是中华民族近代以来最伟大的梦想。我想说，这个伟大的梦想，就是强国梦，对于军队来讲，也是强军梦。所以，我们要实现中华民族伟大复兴，一定要继续积极努力，坚持富国和强军相统一，建设巩固国防和强大军队。在这里，我向同志们提出三点要求：

一是要牢记，坚决听党指挥是强军之魂，必须毫不动摇地坚持党对军队的绝对领导，听从党的绝对指挥，永远听党的话、跟党走。

二是要牢记，能打仗、打胜仗是强军之要，必须按照打仗这个标准搞建设抓准备，确保军队能够做到召之即来、来之能战、战之必胜。

三是要牢记，依法治军、从严治军是强军之基，必须保持严明的作风和铁的纪律，确保部队的高度集中统一和安全稳定。

——在与驻广州部队师以上领导干部合影后的即席讲话

（2012年12月10日）

【作者体会】强国必强军，强军就要强宗旨（听党指挥）、强本领（打胜仗）、强纪律（当人民子弟兵），国防改革的纲领。

不折不扣地落实依法治军、从严治军方针。治军贵在从严，也难在从严。这些年来，军委对从严治军始终高度重视，采取了一系列有力举措，但治军"松"和"软"的问题在一些部队和单位还不同程度地存在，有的地方还相当严重。部队一"松"、一"软"，就容易散，贻害无穷。我们要深入研究和把握新形势下治军带兵特点规律，切实把依法治军、从严治军方针贯彻落实到部队建设的全过程和各方面，始终保持部队正规的战备、训练、工作和生活秩序。要着力增强法规制度执行力，狠抓条令条例和规章制度落实，坚决杜绝有法不依、执法不严、违法不究的现象。要把纪律建设作为核心内容，强化官兵号令意识，培养部队严守纪律、令行禁止、步调一致的良好作风。

——在听取广州军区工作汇报后的讲话

（2012年12月10日）

【作者体会】清末有个胡林翼和曾国藩，他们虽然是封建地主武装却成为中国现代军队纪律的开创者，结果曾国藩扑灭了洪秀全。中国现代军队纪律的重要发展者是孙中山和他的黄埔军校，创造了北伐成功。中国现代军队纪律的集大成者当然是咱们的领袖毛泽东，红军不怕远征难、大刀向鬼子们头上砍去、百万雄师过大江、雄赳赳气昂昂，建立新中国，中国人民站起来了！当代领袖发展国防改革从军纪入手，提纲挈领！

要为建设一支听党指挥、能打胜仗、作风优良的人民军队而奋斗。这是总结我们党建军治军成功经验、适应国际战略形势和国家安全环境发展变化、着眼于解决军队建设所面临的突出矛盾和问题提出来的，是党在新形势下的强军目标。这一目标明确了加强军队建设的聚集点和着力点，听党指挥是灵魂，决定军队建设的政治方向；能打胜仗是核心，反映军队的根本职能和军队建设的根本指向；作风优良是保证，关系军队的性质、宗旨、本色。这三者相互联系、密不可分，与我军一以贯之的建军治军指导思想和方针原则是一致的，与革命化现代化正规化建设相统一的全面建设思想是一致的。全军要准确把握这一强军目标，用以统领军队建设、改革和军事斗争准备，努力把国防和军队建设提高到一个新水平。

——在十二届全国人大一次会议解放军代表团全体会议上的讲话

（2013年3月11日）

【作者体会】领袖又提了一次国防改革三大纲领：强宗旨、强本领、强纪律！嘿嘿，既说给全军指战员听，又说给大大小小的"徐才厚"听！

深化干部政策制度调整改革是深化军队改革的重要内容。要充分论证，加强理论研究和顶层设计，增强改革的系统性，明确改革的路线图，防止零敲碎打，防止来回折腾"翻烧饼"。要着眼建立中国特色军官职业化制度，抓住军官服役、分类管理、任职资格制度等关键性问题，科学设置各类人才成长路径，努力在重要领域和关键环节实现突破。要加强法规制度建设，使干部工作和干部队伍建设进一步走上规范化、法制化轨道。

——在中央军委常务会议上的讲话

（2013年6月28日）

【作者体会】领袖明白有人才有事业的道理，在国防改革之初就谋划军队招揽人才和培养人才的新型道路。21世纪什么最重要，人才，对我军也一样。

开拓创新，关键是解放思想。思想不解放，不可能迈开前进的步子。不能身子进了21世纪，思想还停留在20世纪。要既勇于冲破思想观念的障碍、又勇于突破利益固化的藩篱，用新的理念、新的视野、新的方法、新的标准推进军事斗争准备和各项建设。

——在中央军委专题民主生活会上的讲话
（2013年7月8日）

【作者体会】领袖提出国防改革纲领、国防改革人事，接着提出国防改革的思想方法，社会主义自由思想，社会主义独立精神，要部下像孙悟空那样，一边戴着"党的领导"这个紧箍咒，一边施展全部本领为国家民族建功立业。解放思想万岁！

国防和军队改革作为单独一部分写进全会决定，这在全会历史上是第一次，充分体现了党中央对深化国防和军队改革的高度重视。我们要充分认清深化国防和军队改革的重要性和紧迫性，准确把握改革的目标和任务，牢固树立进取意识、机遇意识、责任意识，勇于冲破思想观念的束缚、突破利益固化的藩篱，着力解决制约国防和军队建设发展的突出矛盾和问题，为实现强军目标提供强大动力和体制机制保证。

——在听取济南军区工作汇报后的讲话
（2013年11月28日）

【作者体会】领袖话语真诚实际，既有领袖改革的决心，又有领袖对部下为党和人民建功立业的殷切盼望。

深化军区部队改革，要放在陆军转型这个大背景下来考虑。在信息化时代，陆军在战争舞台的地位作用、陆军建设模式和运用方式都发生了深刻变化。我们既要摒弃那种认为"陆战过时"、"陆军无用"的思想，又要摒弃"大陆军"思维，搞清陆军在新的历史条件下的使命任务，找准陆军在联合作战体系中的定位，加快推进陆军由机械化向信息化转型。军委要加强对陆军领导管理体制改革的研究，搞好陆军转型的总体筹划和指导。

——在听取济南军区工作汇报后的讲话
（2013年11月28日）

【作者体会】领袖智慧睿智，"大陆军"的时代过去了，现在是"海上陆军"的时代。

陆军要转型，必须插上信息化的翅膀。要以信息系统集成建设为重要抓手，贯彻统一的体系架构，建成能够融入三军、实用好用的信息系统。

——在听取济南军区工作汇报后的讲话
（2013年11月28日）

【作者体会】领袖谈到了指挥体制的变革了。的确，世界战场指挥已经发展到信息指挥，统帅信息指挥整个战场的宏观和微观。

军区部队必须具备多种能力和广泛作战适应性。这就需要我们合理划分部队类型，科学确定部队编成，使部队编成向充实、合成、多能、灵活的方向发展。

军旅营体制下,营作为基本作战单元的地位突出了,要把营的作战要素配齐,实行模块化编组,提高合成化程度。

——在听取济南军区工作汇报后的讲话
（2013年11月28日）

【作者体会】领袖的指示说明领袖很深地研究过美国几次新世纪大战的战斗方法和过程。军队政治由我国自己发展,军队本领却不能不借鉴世界军事强国。

当前,世界主要国家都在加快推进军队改革,谋求军事优势地位的国际竞争加剧。在这场世界新军事革命的大潮中,谁思想保守、故步自封,谁就会错失宝贵机遇,陷于战略被动。我们必须到中流击水。军事上的落后一旦形成,对国家安全的影响将是致命的。我经常看中国近代的一些史料,一看到落后挨打的悲惨情景就痛彻肺腑！

——在一次重要会议上的讲话
（2013年12月27日）

【作者体会】领袖指的是"鸦片战争"和"甲午海战"啊！教训在于：①一支伟大的军队,本质第一,装备第二；②一国变革失败会受苦一百年以上！体现出领袖对祖国的深情,体现出领袖成功国防改革决心之大！

"法与时变,礼与俗化。"这些年来,我们积极推进中国特色军事变革,在体制编制和政策制度调整改革上采取了一系列举措,但领导管理体制不够科学、联合作战指挥体制不够健全、力量结构不够合理、政策制度改革相对滞后等深层次矛盾和问题还没有得到有效解决。这些问题从根本上制约了军队建设和军事斗争准备。大家都有这方面的感受,都认为不改革是打不了仗、打不了胜仗的。

——在一次重要会议上的讲话
（2013年12月27日）

【作者体会】领袖给中国军队号脉,找病根,这个病根实际就三个方面：宗旨不够强化,本领不够信息化,纪律不够子弟兵化。

国防和军队改革进入了攻坚期和深水区,要解决的大都是长期积累的体制性障碍、结构性矛盾、政策性问题,推进起来确实不容易。越是难度大,越要坚定意志、勇往直前,决不能瞻前顾后、畏首畏尾。难易是相对的。"天下事有难易乎？为之,则难者亦易矣；不为,则易者亦难矣。"只要全军统一意志,敢于啃硬骨头,敢于涉险滩,就没有过不去的火焰山。

——在一次重要会议上的讲话
（2013年12月27日）

【作者体会】领袖有毛泽东的气魄,创大业要有"不惧雄关从头越"的精神,而且要有壮士断臂的勇气,因为国防改革是中国最大的"得罪人"的工作,得罪利益集团有彻底性。这就是领袖给同志们打气的原因。

全党全国对国防和军队改革非常关注、非常支持，全军上下对改革期望很高、呼声很大，这是推进改革的有利条件。经过多年实践探索，我们对改革规律性的认识不断深化，大家在一些重大改革问题上是有共识的。深化国防和军队改革正面临一个难得的机会窗口，一定要把握好。这是我们回避不了的一场大考，军队一定要向党和人民、向历史交出一份合格答卷。

——在一次重要会议上的讲话
（2013年12月27日）

【作者体会】领袖的看法是真的，中国人只要爱国就关心国防，宗旨、本领、纪律三大领域是中国人常常研究、常常想的事，很多改革共识的确存在，这就是改革的契机。如宗旨要不要毛泽东思想，本领要不要借鉴世界军事强国，纪律要不要彻底反腐败。

正确把握深化国防和军队改革的目标和指导原则。这次深化国防和军队改革，就是要解决制约国防和军队建设的突出矛盾和问题，构建中国特色现代军事力量体系。我们要加快重要领域和关键环节改革步伐，进一步解放和发展战斗力，进一步解放和增强军队活力，为实现强军目标提供体制机制和政策制度保障。要坚持用战斗力标准衡量和检验改革成效，使各项改革同军事战略方针的指向和要求一致起来，提高改革筹划和实施的科学性。

——在一次重要会议上的讲话
（2013年12月27日）

【作者体会】国防改革有三个领域：宗旨、本领、纪律，而归根结底是为了发展本领，这就要求国防改革要以提高全军保家卫国战斗力为最终目标。有了战斗力这个总目标，我们就可以用毛泽东的《矛盾论》指导具体工作了。

国防和军队改革是系统工程，必须加强统筹谋划。对牵一发而动全身的改革任务，要扭住不放，以重点突破带动整体推进。同时，要学会弹钢琴，把握好各项改革任务的关联性和耦合性，避免畸轻畸重、顾此失彼，避免各行其是、相互掣肘。要正确处理改革发展稳定的关系，胆子要大，步子要稳，掌握好改革节奏，控制好改革风险，有力有序推进改革，确保部队高度稳定和集中统一，确保部队随时能够完成各项任务。

——在一次重要会议上的讲话
（2013年12月27日）

【作者体会】领袖的话很亲切，系统论看似外国的学说，大家却在中国，有毛泽东、钱学森，还有当代的中国领袖。用系统论发展国防改革好处多。

深化国防和军队改革，必须坚持正确政治方向。党对军队的绝对领导，是我国的基本军事制度和中国特色社会主义政治制度的重要组成部分，全心全意为人民服务是我军的根本宗旨。无论怎么改,这些都绝对不能变。

——在一次重要会议上的讲话

(2013年12月27日)

【作者体会】国防改革三大领域,宗旨是中国军队的生命,本领是中国军队的目标,纪律是中国军队的养生之道。因此,中国共产党是否绝对统帅解放军,民主集中制是否存在,决定了中国人民解放军的生死存亡。领袖划出了国防改革的红线。

要把领导指挥体制作为重点。联合作战指挥体制是重中之重。现代战争需要高效指挥体制。我们在联合作战指挥体制方面做了不少探索,但问题没有从根本上解决。联合作战指挥体制搞不好,联合训练、联合保障体制改革也搞不通。建立健全军委联合作战指挥机构和战区联合作战指挥体制,要有紧迫感,不能久拖不决。

——在一次重要会议上的讲话

(2013年12月27日)

【作者体会】变革军队指挥体制,发展信息化统帅部,既是美国新世纪几次大战的发明又代表世界军事发展的正确方向,指挥就是最大的战斗力,祖国领袖高瞻远瞩。

要优化结构、完善功能。结构决定功能,功能反作用于结构,这是辩证统一的。结构要有利于部队整体作战效能发挥,功能也要推动结构调整。我军总的数量规模还有些偏大,军兵种比例、官兵比例、部队和机关比例、部队和院校比例不够合理,非战斗机构和人员偏多、作战部队不充实、老旧装备数量多、新型作战力量少等问题仍然比较突出。必须优化规模结构,把军队搞得更加精干、编成更加科学。要重点加强新型作战力量建设,限期把老旧装备数量压下来,为新型作战力量腾笼换鸟。

——在一次重要会议上的讲话

(2013年12月27日)

【作者体会】领袖对结构和功能的认识源于系统论,如果说战斗力是功能,军队组织和装备就是结构,发展现代化军队,思想要向毛泽东看齐,组织和装备则不能不借鉴可爱的美国啊。

要深化军队政策制度改革。军事人力资源政策制度,是军队政策制度改革的重头戏,关系广大官兵切身利益。在这方面,我们采取了很多举措。然而,由于多方面原因,干部考评、选拔、任用、培训制度还不够健全,征兵难、军人退役安置难、伤病残人员移交地方难等问题依然存在。要适应军队职能任务需求和国家政策制度创新,加大政策制度改革力度,构建三位一体的新型军事人才培养体系，盘活军事人力资源，吸引和集聚更多优秀人才。

——在一次重要会议上的讲话
（2013年12月27日）

【作者体会】领袖有着对人和人才深入的调研和思考，的确，一切军队改革和发展归根结底是对人和人才的改革和发展。"我劝天公重抖擞，不拘一格降人才"是中国很多大政治家的盼望，但事实证明，天公不存在，一切都要靠人的科学的决策和工作。

军队政策制度改革还有一个重要方面，是要把钱和物管好用好，提高军事经济效益。重点是预算管理和审计制度改革，坚持需求牵引规划、规划主导资源配置，把军费投向投量搞得更加科学，千万不能让国家投入的钱打了水漂。

——在一次重要会议上的讲话
（2013年12月27日）

【作者体会】领袖说这话的时候肯定又想起了可恨的徐才厚之流。

要推动军民融合深度发展。这次三中全会关于这方面的部署，涵盖了国防科技工业、武器装备、人才培养、军队保障社会化、国防动员等领域。要在国家层面加强统筹协调，发挥军事需求主导作用，更好把国防和军队建设融入国家经济社会发展体系。

——在一次重要会议上的讲话
（2013年12月27日）

【作者体会】领袖提的就是国防社会，用社会办国防，全民皆兵、全兵皆民的国家最狠。

实现强军目标，必须勇敢承担起我们这一代革命军人的历史责任。面对新的形势任务，必须以只争朝夕的精神推进国防和军队现代化。我们希望和平，但任何时候任何情况下，都决不放弃维护国家正当权益、决不牺牲国家核心利益。现在，强军的责任历史地落在了我们肩上，要挑起这副担子，必须敢于担当，这既是党和人民的期望，也是当代革命军人应有的政治品格。各级党委和领导干部要把带领部队实现强军目标作为重大政治责任，一心一意想强军、谋强军，增强贯彻落实强军目标的能力。广大官兵要自觉践行社会主义核心价值观和当代革命军人核心价值观，坚定信念，忠诚使命，努力在强军兴军征程中书写出彩的军旅人生。

——在十二届全国人大二次会议解放军代表团全体会议上的讲话
（2014年3月11日，《人民日报》2014年3月12日）

【作者体会】领袖的语重心长绝不是空穴来风，我们的"天才"邻居日本正恶狠狠地盯着我们啊。

实现强军目标，必须抓住战略契机深化国防和军队改革，解决制约国防和军队建设的体制性障碍、结构性矛盾、政策性问题，深入推进军队组织形态现代化。要坚持改革正确政治方向，坚持贯彻能打仗、打胜仗要求，坚持以军事战略创新为先导，进一步解放思想、更新观念，进一步解放和发展战斗力，进一步解放和增强军队活力，为实现强军目标提供体制机制和政策制度保障。要破除思维定式，树立与强军目标要求相适应的思维方式和思想观念。必须坚持问题导向，坚持战斗力标准，深入研究现代战争特点规律和制胜机理，抓住制约战斗力建设的重难点问题，以重点突破带动整体推进，让一切战斗力要素的活力竞相迸发，让一切军队现代化建设的源泉充分涌流。要有针对性地做好思想教育工作，营造有利于改革的良好氛围，凝聚起改革的正能量，确保部队高度稳定和集中统一，确保改革顺利推进和各项任务圆满完成。

——在十二届全国人大二次会议解放军代表团全体会议上的讲话
（2014年3月11日，《人民日报》2014年3月12日）

【作者体会】中国军队提高战斗力，固然要借鉴世界军事强国的本领，但也不能丢了毛泽东"小米加步枪"的本领，不能丢了游击战的本领。

用思想解放的方法解决体制性障碍、结构性矛盾、政策性问题有一个重点，就是既有原则又有原则允许的灵活地解决各种利益集团。

实现强军目标，必须同心协力做好军民融合深度发展这篇大文章，既要发挥国家主导作用，又要发挥市场的作用，努力形成全要素、多领域、高效益的军民融合深度发展格局。军队要遵循国防经济规律和信息化条件下战斗力建设规律，自觉将国防和军队建设融入经济社会发展体系。地方要注重在经济建设中贯彻国防需求，自觉把经济布局调整同国防布局完善有机结合起来。要深入做好新形势下"双拥"工作，加强国防教育，健全国防动员体制机制。各级党委和政府要支持军队建设和改革，配合军队完成多样化军事任务，为实现强军目标提供有力保障。

——在十二届全国人大二次会议解放军代表团全体会议上的讲话
（2014年3月11日，《人民日报》2014年3月12日）

【作者体会】领袖这里用到了邓小平理论、三个代表、科学发展观等重要思想，也有对美国社会办国防的借鉴，更有对毛泽东"双拥"思想的重要继承。

深化国防和军队改革，要把思想和行动统一到党中央和中央军委的决策部署上来，坚持用强军目标审视改革、以强军目标引领改革、围绕强军目标推进改革。

——在中央军委深化国防和军队改革领导小组第一次全体会议上的讲话
（2014年3月15日，《人民日报》2014年3月16日）

【作者体会】没有铁的指挥就没有铁的军队，步调一致才能得胜利，党的领导和民主集中制是中国国防改革成功的保证。

国防和军队改革是全面改革的重要组成部分，也是全面深化改革的重要标志。军委对贯彻落实党的十八届三中全会精神高度重视、抓得很紧，各级各部门迅速行动，全军上下形成了拥护支持改革的浓厚氛围。要因势而谋，顺势而为，狠抓落实，确保深化国防和军队改革工作起好步、开好局。要继续加强教育和引导工作，使全军从全局和战略高度认识和把握深化国防和军队改革的重大意义和丰富内涵，把思想和行动统一到中央和军委的决策部署上来，形成深化国防和军队改革的强大合力。

——在中央军委深化国防和军队改革领导小组第一次全体会议上的讲话
（2014年3月15日，《人民日报》2014年3月16日）

【作者体会】改革国防要急风暴雨结合抽丝剥茧，雄心结合耐心，胆大结合心细，原则结合灵活，坚定不移地走强军之路。还要有系统论的观点，要有局部和全局的观点。

要广泛宣传"团结就是力量"、"众人拾柴火焰高"的口号，团结全党和全国人民在党领导下打胜国防改革这场硬仗。

要着眼实现强军目标，正确把握深化国防和军队改革的指导原则。要牢牢把握坚持改革正确方向这个根本。深化国防和军队改革是中国特色社会主义军事制度自我完善和发展，是为了更好发挥中国特色社会主义军事制度的优势。改革是要更好坚持党对军队的绝对领导，更好坚持人民军队的性质和宗旨，更好坚持我军的光荣传统和优良作风。要牢牢把握能打仗、打胜仗这个聚焦点。坚持以军事斗争准备为龙头，坚持问题导向，把改革主攻方向放在军事斗争准备的重点难点问题上，放在战斗力建设的薄弱环节上。要牢牢把握军队组织形态现代化这个指向。没有军队组织形态现代化，就没有国防和军队现代化。要深入推进领导指挥体制、力量结构、政策制度等方面改革，为建设巩固国防和强大军队提供有力制度支撑。要牢牢把握积极稳妥这个总要求。该改的就要抓紧改、大胆改、坚决改。同时，重大改革举措牵一发而动全身，必须稳妥审慎。改革举措出台之前，必须反复论证和科学评估，力求行之有效。

——在中央军委深化国防和军队改革领导小组第一次全体会议上的讲话
（2014年3月15日，《人民日报》2014年3月16日）

【作者体会】领袖教育我们：国防改革是祖国头等大事，事关中华民族荣辱成败，不改就是死路，改错了等于不改，这就要求国防改革要坚持党的领导、坚持民主集中制、坚持战斗力导向、坚持大胆稳妥。

作为中国人，我热烈支持中国共产党的国防改革、热烈支持中国共产党、热烈支持人民领袖！中国国防改革一定成功！

▶ 15.6 对领袖思想的体会（2）

2013年11月12日中国共产党第十八届中央委员会第三次全体会议通过

《中共中央关于全面深化改革若干重大问题的决定》，我写出对《十五、深化国防和军队改革》的学习体会。

紧紧围绕建设一支听党指挥、能打胜仗、作风优良的人民军队这一党在新形势下的强军目标，着力解决制约国防和军队建设发展的突出矛盾和问题，创新发展军事理论，加强军事战略指导，完善新时期军事战略方针，构建中国特色现代军事力量体系。

【作者体会】决定确定了深化国防和军队改革的三个领域：继承宗旨、发展战力、严肃纪律。

（55）深化军队体制编制调整改革。推进领导管理体制改革，优化军委总部领导机关职能配置和机构设置，完善各军兵种领导管理体制。健全军委联合作战指挥机构和战区联合作战指挥体制，推进联合作战训练和保障体制改革。完善新型作战力量领导体制。加强信息化建设集中统管。优化武装警察部队力量结构和指挥管理体制。

【作者体会】国防改革的重要目标之一就是提高中国军队的战力，而提高战力就需要变革军队结构和指挥体制。

优化军队规模结构，调整改善军兵种比例、官兵比例、部队与机关比例，减少非战斗机构和人员。依据不同方向安全需求和作战任务改革部队编成。加快新型作战力量建设。深化军队院校改革，健全军队院校教育、部队训练实践、军事职业教育三位一体的新型军事人才培养体系。

【作者体会】这里有两部分改革内容：一是变革作战部队结构，向信息化军队发展，向海上陆军发展；一是变革军事教育，向培养信息化军队军人的方向发展。

（56）推进军队政策制度调整改革。健全完善与军队职能任务需求和国家政策制度创新相适应的军事人力资源政策制度。以建立军官职业化制度为牵引，逐步形成科学规范的军队干部制度体系。健全完善文职人员制度。完善兵役制度、士官制度、退役军人安置制度改革配套政策。

【作者体会】任何改革的重点之一都是人事改革，新的战略需要新的干部去执行。

健全军费管理制度，建立需求牵引规划、规划主导资源配置机制。健全完善经费物资管理标准制度体系。深化预算管理、集中收付、物资采购和军人医疗、保险、住房保障等制度改革。

【作者体会】中国军费本来就有限，钢要用在刀刃上，坚决反对腐败，不能学清末统治者那样，挪用军费修花园，造成甲午惨败，山河沦陷。

健全军事法规制度体系，探索改进部队科学管理的方式方法。

【作者体会】军队管理创新是我国宝贵的传统，毛泽东创造的解放军是中国历史上唯一为人民服务的人民军队，全靠各种创新而战无不胜。

（57）推动军民融合深度发展。在国家层面建立推动军民融合发展的统一领导、军地协调、需求对接、资源共享机制。健全国防工业体系，完善国防科技协同创新体制，改革国防科研生产管理和武器装备采购体制机制，引导优势民营企业进入军品科研生产和维修领域。改革完善依托国民教育培养军事人才的政策制度。拓展军队保障社会化领域。深化国防教育改革。健全国防动员体制机制，完善平时征用和战时动员法规制度。深化民兵预备役体制改革。调整理顺边海空防管理体制机制。

【作者体会】全民皆兵、全兵皆民的国家最狠，毛泽东当年就是这样，我们要研究市场经济条件下怎样继承和发展毛泽东的人民战争思想。

▶ 15.7 对领袖思想的体会（3）

解放军报记者 王士彬 安普忠，新华社记者 曹智 李宣良，解放军报福建上杭古田11月2日电：

2014年10月31日，中共中央总书记、国家主席、中央军委主席习近平专程来到福建省上杭县古田镇，出席正在这里召开的全军政治工作会议。

历史不会忘记，85年前，正是在古田这块红色土地上，毛泽东同志主持召开了著名的古田会议，探索出思想建党、政治建军的光辉道路，新型人民军队由此走上了发展壮大的历史征程。

【作者体会】当代中国的人民领袖深知毛泽东思想对中国国防改革和发展的重要，深知没有毛泽东思想中国军队就不能打胜仗，他要把毛泽东思想请回来。

习近平同志带领中央军委全体成员和会议代表，一起重温我党我军光荣历史和优良传统，接受思想启迪和精神洗礼，引领开创新形势下军队政治工作创新发展的新局面。

【作者体会】我军战无不胜的原因：毛泽东发明党指挥枪，毛泽东发明游击战，毛泽东发明三大纪律八项注意。发展当代中国国防固然要借鉴世界军事强国的经验，但老红军、老八路、老解放的传统是我们军队的生命和灵魂，不能丢。

寻根溯源——

"深入思考当初是从哪里出发的、为什么出发的"

【作者体会】知道我们从哪里来才能更好地决定我们向哪里去。

秋日的闽西金风送爽，翠色簇拥的古田会议会址古朴庄重，"古田会议永放光芒"8个红色大字熠熠生辉。

接见会议代表，参观古田会议会址、纪念馆，瞻仰毛主席纪念园，同老红军、军烈属代表座谈，和基层官兵同吃"红军饭"，观摩"红色印迹——红军标语展示"……

从清晨到傍晚,习近平的日程安排得满满当当。

【作者体会】领袖对毛泽东和红军一往情深。

历史在这一瞬间定格——上午9时许,习近平来到古田会议会址前,亲切接见来自全军和武警部队的420多名会议代表并合影留念,还专门同军委委员一起以会址为背景集体合影,表达继承和弘扬我军光荣传统和优良作风的坚定决心。

【作者体会】领袖不仅对军队传统一往情深,更明白传统对当代中国军队改革和发展的意义。

传统在这片热土传承——对人民军队政治工作奠基的地方,习近平非常熟悉。在福建工作期间,他曾7次到古田调研,每一次都是怀着敬仰来,带着思考走……

【作者体会】领袖对毛泽东思想和毛泽东军事思想有深刻的感情和深刻的研究。

一座庭院,见证着中国革命一段苦难辉煌的岁月;一次会议,使创建之初的人民军队凤凰涅槃、浴火重生。

【作者体会】睹物思人,全国人民都怀恋当年那群救国救民的红军指战员。

习近平边走边看,边听边问,同大家深情追忆85年前先辈们探寻革命道路时筚路蓝缕、艰辛奋斗的情景。"在古田会议召开85周年之际,我们再次来到这里,目的是寻根溯源,深入思考当初是从哪里出发的、为什么出发的。"

【作者体会】中国军队因为毛泽东思想而诞生,因为为人民服务而成长壮大,生命和灵魂所在。

位于会址北侧的毛主席纪念园,庄严肃穆。习近平沿着151级台阶缓步拾阶而上,在毛泽东雕像前肃立致敬。

【作者体会】毛主席万岁!毛泽东思想万岁!

礼兵伫立,鲜花吐蕊。一串串紫色的杨兰、一朵朵心形的红掌、一簇簇绽放的百合,寄托着对老一辈革命家的深切缅怀。

【作者体会】人民英雄永垂不朽!

在纪念毛泽东同志诞辰120周年座谈会上,习近平深刻指出:"一切向前走,都不能忘记走过的路;走得再远,走到再光辉的未来,也不能忘记走过的过去。"

【作者体会】不忘记传统,自己才成其为自己,否则就变成了别人甚至别人的奴隶。

正是沿着老一辈革命家开辟的正确道路,从艰苦卓绝的战争年代到改革开放的伟大变革,人民军队一路凯歌高奏、奋勇向前。

【作者体会】没有毛泽东思想,中国人民解放军就不可能诞生、成长、壮大、战无不胜。

星星之火，可以燎原。古田会议纪念馆里，350多幅照片、300多件文物，生动展示了人民军队在古田会议精神指引下，从胜利走向胜利的壮阔历程。

【作者体会】古田会议创立的军队原则已经成为我国军队的生命和灵魂，须臾不可丢弃。

在红军小号前，在红军军旗前，在中央发给红四军前委的指示信前，在写有"六项注意"的红军包袱布前……习近平认真听取讲解，细细观看体悟。他感慨地说："历史，往往在经过时间沉淀后可以看得更加清晰。回过头来看，古田会议奠基的政治工作对我军生存发展起到了决定性作用。"

【作者体会】古田会议创立的军队政治原则不但是革命成功的保证，而且是当代中国军队生存发展的依靠。

回望源头，汲取智慧营养。

面向未来，思考使命担当。

【作者体会】前事不忘，后事之师。

习近平深刻指出："坚持从思想上政治上建设部队，是我军建设的一条基本原则，是能打仗、打胜仗的政治保证。过去我们是这么做的，现在也必须这么做。"新形势新任务，要求人民军队把思想政治建设抓得更加扎实有效，永葆人民军队性质、本色、作风，确保我军永远立于不败之地。

【作者体会】毛泽东小米加步枪战略的成功之处就是用军队政治力量解决装备落后的问题。

薪火相传——

【作者体会】当代人民领袖是毛泽东思想的真诚继承者。

"把理想信念的火种、红色传统的基因一代代传下去"

【作者体会】中国社会主义现代化道路是正确的。

"红旗越过汀江，直下龙岩上杭。收拾金瓯一片，分田分地真忙。"闽西，是一片浸透着先辈热血的土地。

【作者体会】往事永远那么激动人心！往事永远那么催人前行。

习近平一直牵挂着生活在这里的老区人民。每次来，他都要抽出时间看望慰问革命老前辈。这次，他又专门把10名老红军、军烈属和老地下党员、老游击队员、老交通员、老接头户、老苏区乡干部代表请到会议驻地，与大家忆往昔、话传统、唠家常。

【作者体会】领袖对人民、对前辈都有着真挚的情感，这种情感代表着领袖对中国革命道路的深情纪念。

"咱们又见面了，现在身体怎么样啊……"10时50分许，习近平一走进会见厅，就紧紧拉着老同志的手，嘘寒问暖，亲如家人。

【作者体会】领袖和人民心连心。

再次见到那熟悉的笑容，又听到那暖心的话语，老同志们感到非常亲切、非常激动。98岁的老红军谢毕真发自内心地说："现在党中央的政策很得民心，老百姓都很拥护。大家都铆着劲要实现中国梦，相信日子一定会越过越好！"

【作者体会】人民对领袖充满感情。

"我父亲原名叫郭上宾，为了革命事业，改名郭滴人，就是要把自己的点点滴滴都献给人民。"82岁的郭壮友是闽西苏区创始人之一郭滴人之子，他越讲越激动，站起来说道："作为烈士后代，我一定要把父亲对党和人民无限忠诚的信念传下去！"

【作者体会】革命精神代代传，化为了发展社会主义现代化的伟大力量。

听了郭壮友的话，习近平连连点头，充满感情地说："长征出发时，红军队伍中有两万多闽西儿女。担任中央红军总后卫的红34师，6000多人主要是闽西子弟，湘江一战几乎全师牺牲。"他语重心长叮嘱在座的军地领导，要永远铭记老区人民为革命作出的贡献，永远不要忘记老区，永远不要忘记老区人民。

【作者体会】共和国同样饮水思源，不能忘记老区人民对共和国的伟大贡献。

红色基因，血脉相传。习近平对革命老区的一往情深，对革命传统的躬身传承，对全军官兵是无声的感召。

【作者体会】领袖对革命老区的深情不仅感谢老区人民对革命的贡献，更重要的，红军精神是我们当代强军事业的法宝。

红米饭、南瓜汤、观音菜、炒烟笋……当年滋养了工农红军的粗粮野菜，今天摆上了习近平和会议代表的餐桌。

【作者体会】忆苦思甜，红军精神万岁！

中午12时，习近平走进餐厅，边拉开椅子，边招呼来自基层的11名会议代表，围着一张桌子坐了下来。

"大家随便一点，自己动手吧。"习近平不时为身边的基层代表夹菜，体现了军委主席对基层官兵的深深关爱。

"青年一代是党和军队的未来和希望，革命事业靠你们接续奋斗，优良传统靠你们继承和发扬。"习近平谆谆叮嘱。

潜艇一次出航多长时间？特种兵训练强度与外军比大不大？空降兵部队传承黄继光精神有哪些措施……在亲切随和的交流中，习近平勉励大家，要把理想信念的火种、红色传统的基因一代代传下去，让革命事业薪火相传、血脉永续，永远保持老红军本色。

不知不觉，半个小时过去了。军委主席亲切的话语、殷切的嘱托，在基层代表心中激荡起层层波澜。

"接过历史的接力棒,我们一定要书写好属于我们这一代革命军人的时代篇章。"

这是基层代表的共同心声,也是全军官兵的铿锵誓言。

【作者体会】红军政治工作的伟大之处在于官兵平等、政治自基层做起,当代领袖继承了这个传统。

再上征程——

【作者体会】把毛泽东思想和红军精神发扬光大,把国防改革发展成功!

"充分发挥政治工作对强军兴军的生命线作用"

"红军是人民的军队!"

"消灭地主武装!取消苛捐杂税!"

……

会议大厅里,还原历史光影的"红色印迹——红军标语展示",历经岁月冲刷而更显古朴厚重。一条条写在门板上、刷在墙壁上、刻在山崖上的标语,仍然散发着鲜明的政治气息。

【作者体会】红军成功的法宝有政治还有宣传。

下午2时30分,习近平来到标语墙前,举目凝视,仔细观看,不时向身边的同志介绍红军标语背后的革命历史,带领大家共同感悟战争年代政治工作宣传鼓动的强大威力。

【作者体会】当代中国国防改革同样既要政治又要宣传。

穿越历史风云,萌芽于大革命时期、创立于建军之初、奠基于古田会议的我军政治工作,在长期革命、建设、改革实践中不断丰富和发展。

【作者体会】星星之火,可以燎原。

今天,人民军队站在了强军兴军新的起点上。

习近平亲自提议在古田召开全军政治工作会议,研究解决新的历史条件下党从思想上政治上建设军队的重大问题。31日下午,习近平在全军政治工作会议上发表重要讲话。

习近平鲜明指出"紧紧围绕实现中华民族伟大复兴的中国梦,为实现党在新形势下的强军目标提供坚强政治保证",是军队政治工作的时代主题。这是党赋予我军政治工作的新使命,是政治工作的根本出发点落脚点。

【作者体会】我军政治工作有丰功伟绩更有任重道远。

习近平突出强调,加强和改进新形势下我军政治工作,当前最紧要的是把4个带根本性的东西立起来:把理想信念在全军牢固立起来,把党性原则在全军牢固立起来,把战斗力标准在全军牢固立起来,把政治工作威信在全军牢固立起来。

【作者体会】把红军精神发扬光大,让毛泽东思想和毛泽东军事思想再立新功。

习近平明确要求，加强和改进新形势下我军政治工作，当前要重点抓好以下5个方面：着力抓好铸牢军魂工作；着力抓好高中级干部管理；着力抓好作风建设和反腐败斗争；着力抓好战斗精神培育；着力抓好政治工作创新发展。

【作者体会】当代中国军队的政治思想的重要任务之一就是反腐败。

习近平在全军政治工作会议上的重要讲话，立意高远，思想深邃，确立了新形势下政治建军的大方略。与会代表认真聆听、悉心领悟，热烈交流、深入思考，汲取奋力前行的力量。

【作者体会】人民领袖得人心得民心。

习近平重要讲话意蕴深远——要紧紧围绕军队政治工作的时代主题，大力加强和改进新形势下军队政治工作，充分发挥政治工作对强军兴军的生命线作用。

【作者体会】政治思想是我们军队的生命和灵魂。

习近平重要讲话发人深省——"为什么人服务"的问题，关系军队性质和发展方向。我们这支军队能有今天，一个根本原因就是始终同广大人民群众站在一起。

【作者体会】中国军队的生命和灵魂就是为人民服务的宗旨。

习近平重要讲话直指要害——要共同研究怎么认识部队存在的突出问题，怎么解决好这些问题，把我军政治工作的优良传统恢复和发扬起来。

【作者体会】没有毛泽东思想的中国军队打不了胜仗。

习近平重要讲话催人奋进——既要坚持政治工作根本原则和制度，又要积极推进政治工作思维理念、运行模式、指导方式、方法手段创新，提高政治工作信息化、法治化、科学化水平。

【作者体会】在市场经济条件下研究继承毛泽东思想的方法。

正本清源，革弊鼎新。新形势下加强和改进军队政治工作主题鲜明确立，政治工作当前最紧要的任务豁然明朗，政治工作当前要着力改进和创新的方向更加清晰。

【作者体会】人民领袖高瞻远瞩。

习近平的古田之行，明确了军队政治工作的时代方位，必将增强全军官兵加强和改进政治工作的信心和力量。

【作者体会】毛泽东思想重回中国军队发展的事业中。

古田会议永放光芒。在强军兴军的伟大征程上，人民军队将在古田会议光芒照耀下继续前进。

【作者体会】包括了毛泽东思想、邓小平理论、三个代表、科学发展的当代领袖的战略国策成为我国国防改革和发展的新的指导思想。

15.8 对毛泽东的研究

1. 高尚的品德

人们知道吗？毛泽东的结发妻子为革命牺牲了！毛泽东的弟弟妹妹都为革命牺牲了！毛泽东的长子牺牲在保家卫国的战场上！毛泽东一生过着朴素的生活！这说明什么？说明一个人想为人民做伟大工作，第一需要的是高尚的品德！现在一些人总以为成功的重点是人脉和手腕，但他们错了！伟大的事业总有千难万险，在千难万险中能坚持自己的事业，能找出成功之道，人脉和手腕是没有用的，只能用高尚的品德！

2. 远大的理想

毛泽东自家乡到省城求学时怀着救国救民的远大理想，毛泽东参加五四运动怀着反帝反封建的远大理想，毛泽东参加中共成立怀着社会主义旧中国的远大理想，毛泽东与中国革命初期的书生革命家争论怀着用中国实际研究发展中国革命的远大理想，毛泽东成为中国革命的舵手怀着夺取全国革命成功的远大理想，毛泽东成为新中国的领袖怀着实现工业化的远大理想！毛泽东一生怀着把自己的一切献给中华民族的远大理想！只有决心登上顶峰的人能成功一览众山小，没有决心的人只能到半山腰，决心只到半山腰的人不会有登顶的机会！这告诉今天的人们什么？一个人要成功，先要知道什么理想远大，更要为远大理想不懈奋斗！啊，每当我看到一个优秀的青年脑中只有买楼买车的目标，实现目标的手段只有人脉和雕蚁之学时，我遗憾啊，我为祖国担心啊！钞票只是身外的，虚名几十年一定烟消云散，为祖国和人类建功立业叫没有虚度一生！

3. 中国学研究的顶峰

发展中国的现代化事业一定需要研究世界先进、研究中国实际、将世界先进与中国实际结合创造正确的中国道路，其中，研究中国实际就是中国学！毛泽东一生的中国学大作有：中国各阶级分析；农村包围城市；创造社会主义共生原则；创造爱国主义发展规律；创造社会主义公民社会；用社会主义、爱国主义、集体主义团结全国人民发展工业化；创造知识分子三原则；自主发展两弹一星！现在中国的一些迷信全盘西化的人面对毛泽东的中国学顶峰创作应该好好反思！

4. 中共结构论的创造者

新中国的社会结构能这样概括：中共以民主集中制组织而成为中国一切事业的领导，因为中共政权的支撑，中国有了社会主义公民社会，实现了社会主义人民民主，公民社会支撑上层建筑，为上层建筑提供秩序，以知识分子三原则建设研究型社会！新中国工业化的伟大成就因为新中国的结构论做支持！这其中有两个重点：中国共产党没有民主集中制就形不成有力的全国领导，没有社会主义公民社会中国人民就没有建设国家的热情！现在中国发展改革开放正确，以社会主义私有制创造发展规律正确，以社会主义公有制创造发展调控正确，但在帝国主义仍然压迫中国、中国封建惯性仍然存在、中国没有成本转嫁条件、中国的民主法治事业只能走中国特点的社会主义道路这些条件中，中国要成功现代化事业，不能放弃党的民主集中制原则，不能放弃社会主义公民社会！

5. 中共发展论的创造者

新中国的发展论以新中国的结构论为基础，因为结构论而产生发动人民为自己的事业而奋斗的主义，因为人民的支持产生成功反抗中国工业化障碍的巨大能量，帝国主义的压迫企图失败了，国内的封建惯性不能起作用了，社会主义工业化因此产生出巨大的成功！这一切都告诉现在的中国人，资本很重要，学术很重要，但中国的现代化没有人民支持，没有全心全意的民心产生的巨大能量，现代化就不能成功，其他一切重要的因素就都不重要了！

6. 第一等战略家

什么是第一等的战略？很多人一定会想到诸葛亮！错！第一等战略是全心全意为人民服务，因为人民的支持产生巨大本领实现自己的伟大战略！这种规律在封建社会就存在！楚汉之争为什么汉政权胜出？因为人民痛恨秦政权的分级制度，项羽还要接着搞，汉政权不走这种错路，其他的战略是次要的成功因素！中国共产党的第一等战略是反帝反封建，解放中华民族，蒋介石的战略是用各种本领实现个人主义，中国人民选择中共，人民在中共领导中，战士打仗不怕牺牲，群众支前舍生忘死，中共干部都是为了崇高理想而工作，中共不打倒蒋介石，天都不答应！当然，得民心的战略分两个部分，一要爱人民，二要会爱，会爱人民这一条就是毛泽东和革命初期其他领袖的区别！再有一个当然，实现解放人民伟大事业的实际战略也不能缺少！毛泽东的实际战略有：分析中国阶级，支部建在基层，农村包围城市，群众路线，统一战线，大局意识，敌占区发展游击队，自力更生发展国家，反侵略争友好，和平共处原则，团结发展中国家，结交帝国主义体系的对华友好国家，实践论，矛盾论，持久战，十大关系研究，解剖麻雀的分析论！

第一等战略家毛泽东对今天的中国人有什么启发？第一要爱人民，而且要会爱人民，发明新时代的为人民服务本领！第二要发展中共组织，这是中国现代化事业的唯一领导，要正确发展，要善于发展！第三要发展群众路线和统一战线！要反侵略争合作，善于发展中国和平共处的外交路线，重点要团结发展中国家，也要积极发展与发达国家的友好关系！一句话，毛泽东的第一等战略今天都有用，善于发展这些优秀的战略是中国社会主义现代化成功的重大机遇！

7. 第一等战术家

人们一提到战术是不是又会想起诸葛亮，想起他草船借箭、三气周瑜？错！

第一等战术叫实事求是！因为实事求是产生调查研究，产生重指导思想和大局得失分析，不重坛坛罐罐！抗战时期，蒋介石的手下怕日寇怕得拼命乱跑，还因为怕日寇追上而炸开花园口！毛泽东因为爱国主义的崇高理想而决定他的队伍一定要和日寇较量，又因为第一等战术家的智慧发现日战区的抗日游击战大有作为，结果，虽然有重大牺牲，有几十万人减少到几万人的悲壮，但抗争成功，中共力量却由抗战初期的几万人发展到控制了中国北部大量的乡村，第一等战术家啊！毛泽东的本领告诉今天的中国人什么？第一等战术叫实事求是啊！

8. 发明群众路线

毛泽东是品德高尚、志向远大的爱国主义者，他把自己的一切献给了中华民族，是以全心全意为人民求解放为指导思想工作的！他发明的群众路线要求党的干部多联系群众，因此得到对实际更好的了解，扩大干工作的办法来源，把实事求是精神变成力量！他发明的群众路线更重要的作用是实现群众对党的监督，让党的一切工作和一切干部在群众监督中行动，实现党全心全意为人民服务的宗旨，和群众一起建设公民社会，得到人民能量补充发展成本不足，用群众路线走现代化社会制度的发展道路，用群众路线实现发达国家用选举实现的均衡和监督，实际中国的群众路线是高于发达国家以个人主义为基础的分权选举和选民监督的，人们看看当年的中国奇迹和中共党员的高尚人品就知道了！今天的中国仍然需要群众路线啊！

9. 发明统一战线

毛泽东发明的统一战线源于当年热爱中国的人不止革命队伍和群众，还有社会各个阶层的各种人物，甚至包括很多外国友人，他们的人生观和办法论与革命队伍及群众很不一样，但他们有的反对帝国主义，有的反对残酷剥削人民，有的盼着中国现代化成功，一句话，他们都热爱中国和中国人民，那么毛泽东认为他们都是创建和发展社会主义现代化事业的同盟，用爱国主义团结他们，用不违反原则的灵活与他们发展友好情谊，壮大中国人民正义事业的支持，这就是中国共产党爱国统一战线的目标和实际！人们由此能明白，蒋介石搞黑社会和关系网是以人的个人主义弱点下手的，实际工作就是各种形式的行贿和收买，用黑社会和关系网干的事都是祸国殃民的坏事，没有正义！中共的群众路线是团结人民发展社会主义现代化，为人民服务，中共的爱国统一战线是团结一切同盟发展中国，圆大家共同的中国梦，行动基础是社会主义、爱国主义和集体主义，实际的成绩人人看得到，就是一个光明的国家和正派的国家制度像太阳一样冉冉升起于世界东方！今天的中国仍然需要统一战线啊！

10. 中国工业社会之父

毛泽东领导了新中国的工业化事业，他也成为中国工业社会之父！新中国工业化事业有教训但更多的是经验，我举几条！第一，中国现代化事业任何时候都需要自力更生！今天中国要汇入全球化，要汇入全球市场，要汇入全球研究，这些都对！但同时要发展中国自力更生的本领啊！今天的中国市场有名品牌少，为外国加工产品多，因此对外国市场依靠性大，这很危险，因为这样，中国抵抗外国自己危机对中国市场危害的本领就小！今天中国的学术对外国学术体系依靠很严重，在外国学术思想指导下研究流行技术的人很多，自主发展中国学术思想的人很少，这是中国学术研究不兴的重要原因啊！第二，中国现代化社会发展需要有产工人，有产工人素质更高，责任感更高，中国人不能不慎重地想想！

11. 新中国研究型社会之父

毛泽东创造了中共的知识分子三原则：知识结合实际，知识分子结合人民，善待知识分子！新中国以知识分子三原则创造出新中国的研究型社会，毛泽东也成为新中国研究型社会之父！两弹一星成为新中国研究型社会第一好的说明！中华民族现代学术的起飞也是自新中国开始的！这一切对今天中国人有这样的启发：纠正反右扩大化正确，反对文革罪恶正确，但中国任何时候都不能放弃知识分子三原则！

12. 社会主义人道事业的开创者

人们都知道反右扩大化的不对，也知道三年困难，更知道文革罪恶！但人们知不知道，谁结束了中国近代半封建半殖民地的罪恶，谁结束了中国近代内战的黑暗，谁给了中国人民公民权，谁在三年困难后教育全党要永远重视人民的温饱，谁结束了旧中国法制黑社会而开创了社会主义社会光明的秩序？毛泽东啊！瑕不掩瑜啊！毛泽东因为对中华民族和人类的美好情谊成为社会主义人道事业的开创者！毛泽东的正确作为包括：对事不对人，对人从宽；解决少数，教育多数；反对刑讯逼供；重在表现，重在道路选择！毛泽东改造战犯的决策再一次体现了他的人道主义情怀！这一切告诉今天的中国人什么？告诉中国人，社会主义也需要研究和发展人道主义，社会主义也需要人权！

15.9　小结

引用文献也是一种研究方法，本章引用了领袖的言论，产生几个研究心得：

（1）国防改革要坚决服从党中央和习主席的指挥，要讲民主集中制；

（2）中国国防不走社会主义深化改革道路就会失败；

（3）国防改革要用毛泽东思想夯实军队的政治基础，保证军队不变色，要继承古田会议精神，发扬新古田会议精神；

（4）国防改革的任务之一是变革战略、战术的指挥系统。

又到了甲午年，而且是我国第一个纪念南京大屠杀的国家公祭日，旧中国被外人欺负之惨，形同国殇！当代的世界仍不安定，老对手日本仍然对中国虎视眈眈，其他帝国主义对我国仍然用达尔文进化论的思维，国家安全任务很重！偏偏这时，军队中的大贪像肉串一样一串一串地涌现，这些又怕死又爱钱的军官如果带兵打仗，谁敢保证甲午战败的教训不会重演？有识之士都忧心忡忡，国防改革和依法治军成为人心所向！

中国幸甚，中国人民幸甚！中国共产党优秀传统的接班人习主席成为党、国家和军队的领袖，他得党心顺民意地发起了深化改革和国防改革大业，决心重铸钢铁国防，用钢铁国防换得一个和平发展的国家民族环境。中国一定成功！

对中国而言，仗暂时还打不起来，主旋律是发展经济贸易。但是，如果我国腐败横行、环境污染、社会不公的内政问题不解决，失掉民心，军队又腐败而不堪一击，以当前日本的野心，一切就很难说了。党中央和习主席看到了这一切，这也是党中央和习主席决心发起深化改革和国防改革的重要原因之一，搞好内政，发展好经济，文官不爱钱，武官不怕死，用橄榄枝对待外国，用铁拳头保卫自己，别说日本军国主义不敢妄动，其他帝国主义也会友好对我了，党中央和习主席高瞻远瞩！

毛泽东思想不能丢，毛泽东同志是中国人民解放军的主要缔造者，支部建在连上，党永远指挥枪，都是毛泽东军事思想的不朽之作。当前，改革国防不是走颜色革命道路，而是恢复和发展解放军的社会主义传统！不改革是死路！实际，不改革是死路，改成颜色革命同样是死路！坚持改革，坚持国防改革，同时坚持社会主义现代化的改革正确方向，这是当代党中央和习主席重要的改革思想。

根据对党中央和领袖的国防改革思想的理解给出中国国防改革和发展的结构，如图15-4所示。

（1）中国国防改革和发展的指导思想为毛泽东思想、邓小平理论、当代领袖的强军思想。

毛泽东思想是我军的生命和灵魂，须臾不能缺少，架空或漠视毛泽东思想都会犯大错、吃大亏。

邓小平理论包括三个代表和科学发展观，是毛泽东思想新的发展。

当代人民领袖的强军思想是毛泽东思想和邓小平理论的集大成和新发展。

（2）中国军队的领导是中共中央的集体领导，这个集体领导要讲民主集中制。中国军队的事物领导是中央军委的集体领导，这个集体领导要讲民主集中制。中国军队的责任领导为人民领袖。

（3）中国军队的改革和发展要面向内环境和外环境。

（4）内环境要求中国军队：①反腐败，发展军队社会主义思想政治工作，改革人事制度，发展社会主义国防民主制度，以法治军；②政府发展国防社会和社会国防，全民皆兵和全兵皆民，做好宣传发动工作，继承党的双拥传统。

（5）外环境要求中国军队：①面对世界军事指挥变革的大势，变革中国军队的指挥体制；②面对世界军事装备现代化的大势，发展中国国防装备现代化。而外环境的总要求是发展中国军队信息化。

（6）中国军队的宗旨是为人民服务，包括保家卫国、维护世界公正。

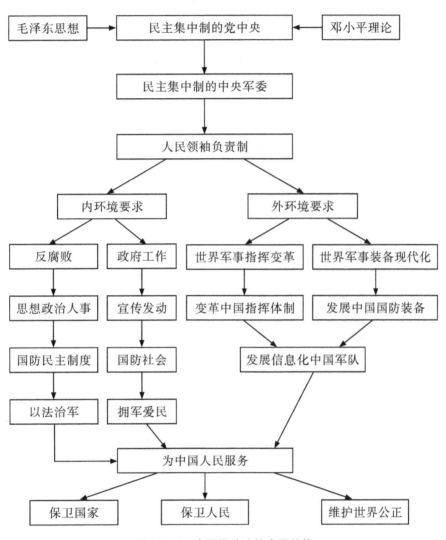

图 15-4 中国国防改革发展结构

第十六章

逻辑场农村发展

▶ 16.1　我对中国乡村化的建议

中国现在和将来很长时间都是农业国，而且人们会看到信息社会的农村比城市更易于人的居住，这就告诉我们，发展中国现代化要用两只手，一手城镇化，一手乡村化，要继承中国共产党和民主爱国人士经营一个世纪的现代化新农村建设，不能用掠夺农村发展城市。农村现代化的基础至少有三条：①人的素质；②自然和社会基础设施的发展；③农业生产。

信息社会是农业国的时代，农业国会比工业国更出成就，因为工业国有太多工业社会结果要改造，困难重重，而农业国是轻装前进。

发展朝阳工业买传统工业已成为发达国家新型发展诀窍，他们的做法是直接用朝阳产品换传统产品。中国没有大批朝阳产业这个换取传统产品的条件，怎么办？自己大搞传统产业会产生很多消极因素，中国应该想想用"农林牧副渔"和中国餐饮代替朝阳工业买传统工业的办法，将搞传统工业的一部分生产力发展农业和餐饮，信息化加中国特色，让它们走出中国、走向世界。农产品和食品的价格一直会涨，降价是暂时的。传统工业产品的价格一直会跌，涨价是暂时的。

只要我国很好设计信息化农民这个职业，很好发展农业，有机械化、现代化、信息化、高素质的农民一样会成为社会第一流的职业，农业也会成为印钞机。我国的基础是农业，不必扬短避长，应该用两只手，让城镇化与乡村化彼此帮助、一起发展。

信息社会会出现一种新型企业，就叫信息农场，农民应该由旧式自由农民进化成信息农场的工人，既具有工人阶级的一切优点又有比一般工人先进的生态保护知识。

我国发展不能将农村建设当成水尾田，听天由命。农村发展在中国新的改革阶段应该和城镇化一起成为首要战略，发展信息化农场和信息化农业工人和城镇化一样是中国当代重要的发展机遇，道路就是将传统工业的过剩产能转向农村，用信息农业发展换传统工业需求。

发达国家发展农业的办法是人员疏散型，中国的特点是人员密集型，这是中国设计自己农业发展时要重点考虑的。与以前国有农场不同的现代化、市场化、信息化国有农场发展正是发展国有大型企业的重要切入点，重点是分开资本和经营权，有以前集体主义的特点，又有现在资本支配经营的特点，土地仍然属于农民，但农民能用土地入股国企农场，产生企业化需要的大面积土地。有个有趣的现象，很多发达国家的现代化飞跃都以大规模工程作为载体，我国能否灵活借鉴这一点，也搞大工程但不照搬别人的项目，比如能否搞几个发展信息农业的大工程。国有企业投资新兴产业有巨大风险，投资传统产业不合时宜，只有投资农业充满机会，易壮大自己，也符合土地国有政策。

用信息农业发展代替传统工业，增加国有资本，至少对中国有这样两个好处：①自身污染小，有利于保护环境，帮助国家治理过去的环境污染欠账；②给子孙后代留下易改造社会的条件，减少产生大量过时建筑和交通道路的机会。

人员密集的农业发展至少有这样一种：能机械完成的工作机械完成，剩余人员做手工增值农产品的工作，中国发展需要运用分布理论，群众打工办法就应该运用分布理论，内地农民都离开土地和家乡到发达地区打工在新的中国发展阶段已不可取，在家乡重复发达地区发展过程，发展传统产业，继续走先污染后治理的旧路也不可取。只有依托家乡实际条件发展信息农业，人与土地结合，走信息农民致富道路，运用分布理论，用信息农业代替传统产业。

人员密集的农产品加工工厂和手工工人能有大发展的原因有两条：①信息社会将充斥电子自动化生产出的标准产品，这会造成手工的让人喜欢和增值，人们想想当代发达国家的手工业就明白了；②依托本地"农林牧副渔"优势发展的手工业叫做人无我有，有自己的特点，发展前途远大。

发展中国农业和餐饮，全国和各地都应该创造一个新单位，叫"农产品增值研究所"，学校也应该有一个新专业叫"农产品增值"，这样的复杂综合研究和复杂综合专业对全国分布的"农林牧副渔"产业的产品增值做研究，指导当地农业发展，支持信息农业。

发展中国信息农业和信息农民的过程中也发展了环保、基础设施、农村法制、人口分布式生存发展战略，这是一个国家发展的重要基础。

16.2 城乡一体化

一位人大代表提出："依托农村特点发展农业，依托城镇特点发展城市，发展城乡一体化的行政。"我对此深表赞成，我就以他的发言做我的议论。这个代表的前面两点就是乡村化和城镇化，我重点谈行政城乡一体化。

第一，行政城乡一体化是我国社会主义现代化发展的要求，体现社会主义人人平等原则。长期以来，因为实际的发展条件和发展环境，我国存在着严重的城乡差别，农村人口得到的资源比城市人口得到的资源相差巨大，这种现象产生出我国人口素质成长的重大障碍，也是国家全面发展的一个瓶颈，同时成为我国社会重要的不平等。平等原则是资本主义和社会主义共同的起源，中国农村蕴含巨大的人力资源，释放这种资源，让他们为中国发展创造重大功绩的第一步也需要实现城乡平等。行政城乡一体化的作用就是让农村人口和城市人口享有一样的行政地位，再以此实现城乡人口政治法律地位平等，以这个平台让农村人口与城市人口政治法律地位一样的发展自己的经济地位。

第二，行政城乡一体化是我国国民有一天实现全国自由迁徙的重要基础。

16.3 小结

本章很简短，这不表示农村发展不重要，相反，农村发展非常重要，和城市发展一样重要，有机会我会深入研究，如研究农村社会主义政治发展。

第十七章

逻辑场城市发展

17.1 城市政治

17.1.1 城市政治的逻辑解释

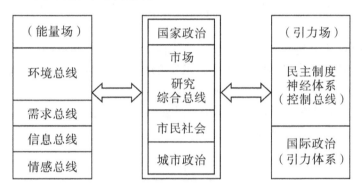

图 17－1 城市政治逻辑场结构

城市政治就为局部社会软结构，既然社会软结构是一个逻辑场结构，自然城市政治就是逻辑场结构。城市政治是一个场，一个由逻辑元素产生的场，因此用逻辑场系统论研究它。一个场一般有这样几个特点：元素有无限的特征，元素之间的关联用广播，有能量场和引力场。城市政治的元素是人和人群，虽然我们对人数有估计，但实际上城市人口有无限的特征。城市政治的关联有广播的特点，一对一只是广播的特例。城市政治显然有能量场。城市政治显然有引力场。

图 17－1 城市政治逻辑场结构中，能量场和引力场都通过国家政治影响城市政治，国际政治同样通过国家政治影响城市政治，而城市政治作为城市基础，支撑市民社会，市民社会之上又有"研究"和"市场"这两个上层建筑。图中有六个总线，其意义与社会软结构中的一样。

城市政治是国家政治的组成部分，可以自国家政治的角度把城市政治看成一个人群。

17.1.2 城市政治的组成

中国城市政治的组成为：政权基础；市政府；市民社会；市场经济。国家政治和国际政治是城市政治的外环境，市民社会和市场经济是城市政治的内环境。政权基础和市政府是城市的控制者，与内外环境互塑。

17.1.3 城市政治的能量场

城市政治的能量场归纳成四个总线，也就是四个场：环境总线（环境场）、信息总线（信息场）、需求总线（需求场）、情感总线（情感场）。还有一个重要的能量场叫人力资源场。城市政治控制人力资源场，人力资源场控制环境场、信息场、需求场、情感场。

城市政治的重要目标就是发展城市，重点是发展能量场。有这样的过程：

（1）市民社会产生民意，市场体制产生要求，加权逻辑和成城市契约。

（2）国家政治产生整体要求，国际政治产生环境要求，加权逻辑和成环境要求。

（3）面对城市契约和环境要求要求均衡，政权基础和市政府开发城市制度，产生"城市契约＝城市制度＝环境要求"的均衡，这种均衡通过改善控制而改善能量场。

从图17-2可以看出，一个城市最具能动性的能量场就是人力资源场。城市通过人力资源场调节能量场。

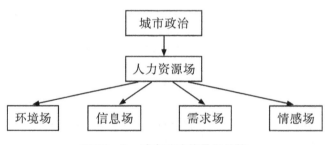

图17-2 城市政治能量场结构

城市政治的能量场分为三级能量场，与城市政治做三级互塑。如图17-3所示。

城市政治与能量场存在互塑：第一，城市政治运用人力资源场的帮助与其他能量场互塑，同时，城市政治能提高人力资源场的数量和质量；第二，城市政治通过人力资源得到环境场的自然能量和社会能量，同时用人力资源保护和发展环境场提供和蕴藏能量的结构；第三，城市政治通过人力资源得到信息场的信息能量，包括网络技术和其他高新技术对城市发展的帮助，同时用人力资源做教育科

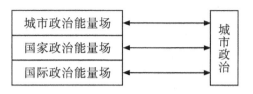

图17-3　城市政治三级能量场结构

研工作,提高信息场的质量;第四,城市政治通过需求场提供的自由市场经济发展城市,满足市民的生产生活需要,同时通过法制和人力资源数量和质量的提高,发展需求场的数量和质量;第五,通过人力资源场发展其他四大能量场,造成安居乐业的城市市民社会,以此得人心的继续发展城市。

城市政治与三级能量场都存在互塑:第一,城市政治与自己的能量场存在互塑,如上面谈到的。第二,城市政治与国家政治的能量场存在互塑,互塑以整体规律为原则。第三,城市政治与国际政治的能量场存在互塑,这种互塑需要国家政治授权。

城市政治能量场为国家政治能量场的组成部分,有整体规律和协同规律。国际政治为国家政治的环境,与城市政治没有整体规律和协同规律。

17.1.4　城市政治的引力场

如图17-4所示,城市法制是一个城市的控制总线(神经体系),由国家法制控制,国家法制的制定需要考虑国际政治环境,国家法制和国际政治组成引力体系,国际政治通过国家政治和国家法制影响城市法制。城市法制(神经体系)和国家法制、国际政治构成城市政治的引力场。引力场的神经体系还包括市民社会流行的传统、道德、时尚、修养等。中国社会主义法制的产生方法用民主集中制、群众路线、统一战线。

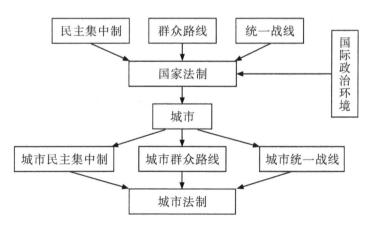

图17-4　城市政治引力场结构

17.1.5 城市政治的环境

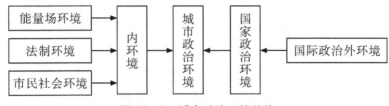

图 17-5 城市政治环境结构

17.1.5.1 内环境

1. 能量场环境

城市政治能量场环境指人力资源场、环境场、信息场、需求场、情感场的好坏。

人力资源场的好坏指年龄结构和性别比例是否合理，人的综合素质的高低，研究型社会是否存在，人控制其他四大能量场的能力。

环境场的好坏包括自然环境和社会环境、基础设施、传统继承的好坏。三大弊端的环境污染（其他两个为腐败严重、社会不公）就指环境场的自然环境被严重破坏。社会环境指政府和市民的生存发展状态，法制、道德、修养怎么样。腐败严重就指环境场的社会环境被严重破坏。环境好坏还包括基础设施的好坏，常说的"水浸街"就指城市的排水设施存在缺陷。城市环境中有一个重要的组成部分叫继承传统，中国发展现代化的过程中，很多人忽视了这一点，古建筑被大量拆除，取而代之的是全国一样的外国建筑样式，不能不让人痛心疾首。

信息场的好坏有这样几个要点：信息科技是否发达，有没有完善的信息基础设施，信息城市和信息政府发展得好不好，市民的信息化程度高不高；传统信息行业如图书馆和书店是否发达；还有其他的信息社会发展指标。值得一提的，城市的研究事业好坏属于信息场好坏的一部分。

需求场的好坏就指城市经济的好坏，包括：经济增长数量，经济增长质量，产业结构，中小企业生存发展环境等。

情感场的好坏就指市民的幸福指数。常说的"人民是否满意"就指情感场的好坏。城市发展要寻求满意解而不是最优解。

2. 法制环境

法制环境是环境场社会环境中很重要的组成部分，拿出来单独讨论。对于现代化城市的生存发展，法制环境很重要，它决定着一个城市是否有民主、秩序、政府的良好管制、市民的人身财产是否得到有效保护、市场的秩序等。

当代中国正发展以法治国国策，城市政治一样要重视，法制环境是城市生存发展的基础环境。一个城市，发展过程中最大的陷阱就是腐败严重。

3. 市民社会环境

市民社会环境同样为环境场社会环境的组成部分，因为很重要，提出来单独讨论。市民社会环境主要指市民的文明程度、守法程度、信用程度。要提出一点，市政府与市民社会是互塑的，有什么样的官就有什么样的民。

4. 城市政治与内环境互塑

城市政治与人力资源场的互塑在于：城市政治能制度育人、教育育人就能得到良好的人力资源场，用于发展城市；如果城市政治只想用人，不愿意投入重大资本制度育人、教育育人，人力资源场得不到良好发展，城市不但不能实现有人可用的目标，还会被人破坏。

城市政治与环境场的互塑在于：不保护自然环境，城市会受自然环境的报复，保护好自然环境，城市才会得到自然的恩惠；不发展社会环境，尤其是法制环境和市民社会环境，城市就会腐败严重、社会黑暗，什么伟大蓝图都付之东流；不发展基础设施，城市发展的速度和质量都会跌入陷阱；传统是一个城市的灵魂和精神，不继承光荣传统，城市就会没有自我，成为失败的城市。

城市政治与信息场的互塑在于：发展信息场能给城市信息化创造巨大的动力，信息场发展得不好，会给城市发展造成破坏。虚假广告、电讯诈骗、网络黄赌毒、犯罪分子电讯群等都是要依法打击的对象。

城市政治与需求场的互塑在于：发展经济应该综合发展，如《逻辑场经济学》建议的那样，不能唯GDP，不能污染环境，不能腐败发展，不能掠夺人民发展，否则，经济发展不但对城市好处有限，还会产生各种破坏城市的浩劫。

城市政治与情感场的互塑在于：给人民幸福感，人民就有城市归属感，就会全心全意为城市发展服务；如果虐待人民，人民就会反感政府，结果是政府没有人民的支持，不能发展城市。

▶ 17.1.5.2 外环境

1. 国家政治环境

国家政治以父系统作为城市政治的外环境，对城市政治有整体规律和协同规律的塑造。

2. 国际政治外环境

国际环境通过国家政治影响城市政治，如进出口贸易、投资等。

3. 城市政治与外环境互塑

城市政治与国家政治的互塑为子系统与整体系统的互塑。城市政治与国际政治的互塑为子系统通过整体系统与系统环境的互塑。

17.1.6 城市政治的控制

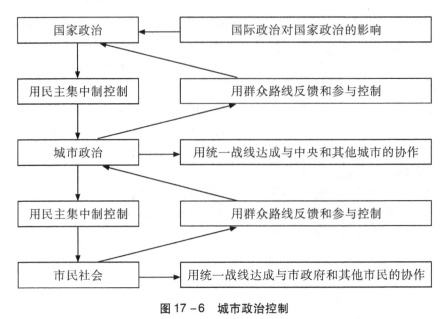

图 17-6 城市政治控制

如图 17-6 城市政治控制分为两个部分：国家控制和城市控制。

1. 国家控制

国家政治通过民主集中制控制城市政治，城市政治通过群众路线反馈控制作用，国际政治对国家政治的控制有一定影响，城市政治通过群众路线参与国家政治控制工作的决策，以上形成国家整体规律。城市政治通过统一战线与中央和其他城市协作，形成国家协同规律。

2. 城市控制

城市政治通过民主集中制控制市民社会，市民社会通过群众路线反馈控制作用，市民社会通过群众路线参与城市政治控制工作的决策，以上形成城市整体规律。市民社会通过统一战线与市政府和其他市民协作，形成城市协同规律。

3. 国家民主与城市民主的区别

国家民主和城市民主都有统一战线、群众路线和民主集中制，但他们是有区别的。

首先为系统地位不同。国家为城市的父系统，城市为子系统，城市要服从国家的整体规律要求和协同规律要求。

其次，国家与城市的权力不同，国家可以介入城市民主法制工作，城市只能对国家提建议。

再次，民主法制的内容有不同，国家研究全国民意和秩序，城市研究区域民意的秩序。

国家的统一战线、群众路线、民主集中制为自主行为，城市的统一战线、群众路线、民主集中制要服从国家指引。

国家与国际政治环境直接互塑，城市要通过国家与国际政治环境间接互塑。

17.1.7 城市政治的均衡

城市政治的契约就是市民的共同意愿，但中国民意的产生与发达资本主义国家有很大不同，是资本主义普选制和社会主义人民民主的不同。先看图：

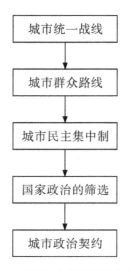

图 17-7 城市政治的契约产生过程

如图 17-7 所示，城市契约产生的第一步为统一战线产生的契约，经过第二步群众路线的改造，由第三步民主集中制形成城市政治的初步契约草案，这个契约必须通过国家政治的筛选（国家整体利益）形成正式的城市政治契约（城市整体利益）。

显然，中国城市契约的产生与发达资本主义国家有相同之处，也有很大不同。相同点在于，二者的城市契约都要遵守宪法，都要受国家政治的筛选。不同点在于，外国用普选产生契约，中国用民主集中制、群众路线、统一战线三大民主方法产生城市契约，原因为国情不同，发达国家有巨额成本转嫁条件，中国没有，中国一定要走社会主义人民民主道路，实现现代化民主。

图 17-7 中说明了城市契约产生过程中，统一战线、群众路线和民主集中制三大民主方法的关联：统一战线重在议事，群众路线重在立法，民主集中制重在

领导议事和领导立法。

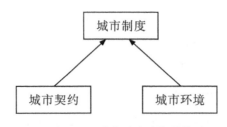

图 17-8　城市政治均衡结构

$$群 * n = Z$$

公式的意思是城市政治契约创造控制总线。

这样，得到城市政治均衡公式：

城市政治契约 = 控制总线（城市制度）= 城市环境影响

$$群 * n = Z = 群 * d$$

公式的意思是一个城市政治结构，当它的城市制度（控制总线）同时满足城市政治契约和城市环境影响的要求，这个城市政治结构就处于良好均衡，这个均衡因为反映了城市政治契约而制造良好的能量场，因为反映了城市环境影响而得到良好引力场。

其中，群 * d 是群 * d1（内环境加权和）和群 * d2（外环境加权和）的加权和。

17.1.8　城市政治的研究方法

场结构的特例是体，体结构比场结构简单，因此，简化场结构的重要方法就是将场结构体化。体化场结构的道路分三步：划分元素集合，对元素集合做群论研究，变广播关联为总线有向路径。这样，复杂的场结构会简化成体结构，还能用有向图建立模型。

人的精神世界是人的综合素质的重要表现，研究精神世界能了解一个人综合素质的变化，推导出这个人可能输出的能量质量和需要接受的能量，推导出这个人在引力场的活动。当我们做人群研究时，我们同样能通过了解人群的精神世界推导出他们的契约，能量输出输入，在引力场的活动，直至得出场均衡状况。

人类社会软结构是一个分层结构，人和人群是元素层，其他是关联层。基础关联层是政权层，高级关联层是生产和研究层。这实际与我国社会主义传统理论的基础层和上层建筑的社会结构认识大同小异。

高级关联层就是能量场，这个能量场分两个：一个是生产活动代表的能量场，包括了环境总线和需求总线，这个能量场当代已经发展成市场体系；一个是研究活动代表的能量场，这个场的能量以信息为主体，包括了信息总线和情感总线，这个能量场当代已经发展成研究体系。

一切场都因为引力产生场系统，引力因为元素质量而产生，系统的均衡就是引力的均衡，引力用广播发出和接受，则引力自己形成引力场。注意，场系统的引力可以分成两个部分：一个因为内部元素的契约制造，以秩序的形式表现出来，好比法制、道德、修养一类，这个引力场叫神经体系；一个由外界加给这个系统，好比国际社会、全球环境一类，这个引力场叫引力体系。

根据研究的需要，将人类生存发展的环境分成两个部分：一个是软结构环境，指引力场的引力体系；一个是环境总线，指的是自然环境、社会环境、自然基础设施、社会基础设施，包括一部分旧的人类社会软结构能给人物质能量或精神能量的部分。本著作把国家政治和国际政治当成城市软结构外环境；把环境总线当成城市软结构内环境。

软结构元素的逻辑结构中的环境 d、*d、群 d、群*d 指的是引力体系和六总线的综合作用，自然包括我们人类传统意义的环境。而 n、*n、群 n、群*n 是产生神经体系的基础。

人群契约因为人群生存发展的需要而产生的共同的主观能动性要求而产生。控制总线主要指一个软结构的神经体系。控制总线一定因为人群的一部分契约而产生，并且长期受人群契约影响。

控制总线是人群适应环境影响的重要途径，并且与环境存在互塑，与传统的系统科学的系统和环境的关联一样。

一个社会，如果它的控制总线由人民契约产生，反映人民要求，受人民要求影响而正确发展，而人民因为素质很高，长期能产生反映自身正确发展要求的契约，这种正确契约能保证社会控制总线正确与环境互塑，这个社会一定有很大可能实现社会稳定。我的表述实际是用社会软结构学解释了我以前提出的爱国主义发展规律。

研究城市政治的环境应该注意内环境与外环境的均衡，应该注意外环境的组成部分的特点，国家政治为城市政治的父系统，国际政治通过国家政治影响城市政治。

城市政治学有一个基本的任务就是继承传统、保护传统、发扬传统。这个工作，我国城市做得普遍不够，大量的传统古迹被破坏，新的建筑又没有任何特点，分不出城市和城市的街道有什么区别，教训深刻。

城市政治学还要积极研究自己的科学发展和文化发展，解决当代中国缺乏自主创新的问题，解决文化沙漠化的问题。

城市政治学对环境保护和基础设施发展都要做深入研究，好比一个城市，充满了地铁，河涌却长期又臭又脏，不是文明之道。

城市政治学当然要研究自己的经济发展，但要像《逻辑场经济学》建议的，研究综合发展，而不能只研究 GDP。当前的产业结构调整很正确，要坚持。

中国的城镇化可以借鉴上面几条，用逻辑结构学和逻辑工程学为基础搞规划，创造出大量有地域特点的新型城镇，还要创造法治城市，提高管制能力，创造信息城市，增加城市发展动力。

城市政治学的内环境学研究需要重视地理、水土、气候等自然环境的研究，意义深远。

图 17-9　国际政治、国家政治与城市政治的关联

图 17-9 中，国际政治是城市政治的环境，通过国家政治影响城市政治，国家政治既是城市政治的环境又是城市政治的主体，城市政治作为国家政治的组成部分需要服从整体规律。

国际政治有两个主义，一个叫人类正义，一个叫达尔文主义。对于人类正义的国际政治，城市政治可以用来健康地发展自己，可以通过祖国政治发展城市与外国和外国城市的友好合作，创造自己开放的城市状态和良好的发展环境。

对于达尔文主义的国际政治，情况很复杂，有地域主义流行，有发达国家策动的颜色革命，还有直接的侵略压迫。我国自新中国成立以后，地域主义非常淡薄，国家统一的传统高度发展，但这些年，由于世界地域主义流行，中国受到传染，少数地区的地域主义有严重化倾向，国家统一受到一定挑战。发达国家以"中国威胁论"谣言策动的颜色革命阴谋中就有分裂中国这个企图，因此，他们对中国的地域主义永远推波助澜。中国还面临日本军国主义复活和日本某些人企图侵华的严重局面。

对此，中国的城市政治要做到：①坚决反对地域主义，西藏和新疆永远归于中国。中国民族有着悠久的统一精神，这个精神保佑我们这个民族成为世界第一成功传承的古老民族，我们要继承统一精神，须知，中华大家庭，一荣俱荣一损俱损！②颜色革命是破坏中国现代化发展的事物，中国没有巨额成本转嫁条件，应该坚决反对颜色革命，要警惕以地域主义为基础的颜色革命。③用政治斗争反抗日本某些人的侵华企图，用子弟兵保卫祖国大陆，都需要全国人民团结于党中央周围，地域主义要不得。

城市政治是国家政治的子系统，要受整体规律制约。城市政治与国际政治为系统与环境的互塑，城市政治与国家政治为子系统与系统的相互作用。城市政治与国际政治的互塑主要通过国家政治授权去做。

城市政治为国家政治的组成部分，根据整体规律，城市政治一定要为国家政治服务，不能与国家政治抵触，更不能搞上有政策下有对策，否则就是小团体主义。国家政治与城市政治作为系统与子系统的相互作用，国家政治以群众路线和统一战线收集城市政治的意见，用民主集中制把意见加工成国策，用民主与法制的手段让城市政治执行，城市政治执行国策的过程是能动的过程，有根据控制论产生的反馈。

根据面向对象程序设计思想，城市政治对国家政治的功能有继承的特点，如国家政治用民主集中制、群众路线、统一战线工作，城市政治一样用这三大方法工作。

城市政治作为国家政治的组成部分，与国际政治环境的互塑显然为国家政治与国际政治环境互塑的一部分，因为整体规律的要求。这说明，城市政治外交要服从国家政治外交的大局，不能损害国家政治，反而要为国家政治的整体成功服务。因此，城市政治外交要通过国家政治发展，需要国家政治授权。不能搞小团体主义，只顾城市政治这个组成部分的利益，不顾甚至破坏国家政治的整体利益。

城市政治学研究城市的生存和发展，有两个部分，一个部分研究城市政治怎样为国家政治服务，部分的整体规律，一个部分研究城市怎样以服从国家为前提，让自己更好地生存和发展。

城市和国家的关联为部分与整体的关联，城市只有服从系统论整体规律的要求，为部分之和大于部分简单相加的理想奋斗，于这个理想奋斗中生存发展，以实现国家的理想而得到国家帮助自己的方式生存发展，而得到自己的成功。这是世界上大多数统一国家的城市的生存发展规律。相反，如果城市发展不为国家的整体规律服务，一个国家不能实现部分之和大于部分简单相加的理想，是部分和等于甚至小于部分和简单相加，那么，国家肯定发展不好，城市肯定同样发展不好。

另外，城市还有自我发展的一面，这一面的工作主要为城市整体、城市的组成、市民的生存发展服务，属于城市的重要日常工作，为城市政治学两大组成部分之一。城市政治学第一要研究环境，包括自然环境和社会环境，研究自然环境为了保护优良生态，反对环境污染，研究社会环境包括研究国家政治和国际政治。城市政治学第二要研究管制即控制论，包括民主和法制，包括社会主义三大民主方法：民主集中制、群众路线、统一战线，包括公检法司和其他纪律单位的发展。城市政治学第三要研究自身的结构，经济结构、市民结构、文化传统结构，实现发展的目标、公正的目标、继承的目标。

研究城市政治学至少有两个重大的理论基础，一个叫毛泽东思想、邓小平理论、三个代表、科学发展、当代党中央的国策，一个叫系统科学和系统工程。其中，系统科学和系统工程以我提出的逻辑场系统论和三维社会工程学为主。

用逻辑场系统论和三维社会工程学研究城市政治的原因是现代化城市往往就是一个逻辑场，由规模和人口看都是这样，因为城市归根结底由人来建造、使用和发展，因此，用逻辑场系统论研究城市政治的结构，用三维社会工程学研究城市政治的发展，顺理成章。值得一提的，一个城市就是一个社会软结构，用我提出的社会软结构学研究城市的生存和发展，同样顺理成章。

城市政治学有一个重大的目标，研究党中央的国策怎么准确有效的让地方执行，地方的意见怎么完整上传党中央，加入到新国策的制定中。这叫做党中央和地方政府参与的政府单位民主集中制，政府单位群众路线，政府单位统一战线。

当代人类社会有两个成功的政治，一个叫资本主义政治，一个叫社会主义政治。资本主义政治创造了一批发达国家，很成功，但需要巨额成本转嫁条件。社会主义政治解放了很多发展中国家，不需要巨额成本转嫁条件，但会产生严重的官僚主义，需要改革。

中国特点的社会主义作为我们共和国的立国基础，改革开放的理论基础，能给城市政治理解国际政治和国家政治提供方法论，能给城市政治提供民主集中制、群众路线、统一战线三大民主方法。

社会主义政治可以提供爱国主义发展规律，包括主权完整、内政自主、国家统一、社会稳定、民心支持、人民发展。这实际就成为中国的整体规律，对一切城市有团结的作用。

发展城市不讲社会主义政治行不行？发展城市而不讲社会主义政治至少有这样几个害处：

（1）社会主义政治作为中国的政治，起着和发达资本主义政治一样的维护统一的作用，不讲社会主义政治，小团体主义就会抬头。

（2）社会主义政治仍然和发达资本主义政治一样，成为中国反腐败的理论基础，没有社会主义政治，反腐败很难成功。中国内地的一些官员腐败的第一步就是背叛社会主义政治。

（3）社会主义政治有为人民服务的理想，坚持和发展这个理想能成为环境保护和社会公正的重要理论基础。不讲为人民服务，只讲经济发展，是很多城市发展弊端产生的根本原因。

中国发展现代化的过程中，有过封建主义、资本主义和社会主义三大政治。袁世凯和蒋介石都是封建主义，其结果是军阀横行、国家分裂、内战不断、外敌入侵，人民水深火热，国家不能生存发展。孙中山是资本主义，他一生屡败屡战，为中华民族奉献一生却不能成功实现自己的理想。只有社会主义统一了国家，发展了国家。其中的原因为：封建主义是现代化的敌人，搞封建主义则现代化一定失败；资本主义虽然为现代化服务，但需要巨额成本转嫁条件，没有巨额成本就搞不成成功的资本主义；只有社会主义既符合现代化的要求又不需要巨额成本，因此，社会主义救了中国。

当然，传统社会主义也有缺陷，一个叫官僚主义缺陷，一个叫发展自由市场缺乏经验。原因为社会主义发展很年轻，积累的理论研究和实践体会有限，这就是中国改革和深化改革的原因，用改革克服官僚主义，用深化改革克服官僚资本主义，发展社会主义自由市场。

中国的社会主义政治大多由党章和宪法概括，我们坚持社会主义的重要工作就叫做坚持党章和宪法的要求。但要看到，当代党中央的国策有宪法地位，叫做当代社会主义，我们同样要服从。

改革开放的丰功伟绩第一位，但毋庸讳言，当代中国存在三大弊端，环境污染、腐败严重、社会不公，部分群众思想出现了混乱，境外敌对势力加紧活动。有的中国人想搞资本主义政治，有的中国人想搞封建主义政治，很多人还是极端的个人主义，人民政权面临严峻挑战。但是，搞资本主义政治，中国没有巨额成本转嫁条件，只能搞成官僚资本主义，而官僚资本主义肯定不能解决环境污染、腐败严重、社会不公三大弊端。封建主义是现代化的毒药，当年中国的甲午战败就是因为封建主义，搞封建主义只能搞垮我们的国家，没有任何好处。因此，中国应该既坚持社会主义又反三大弊端，出路为当代党中央十八届三中全会提出的深化改革和国防改革国策，即深化改革国策有宪法地位，成为中国发展现代化唯一正确的道路。

这样，社会主义政治就有了传统和当代两个部分，传统为马克思主义、毛泽东思想、邓小平理论、三个代表、科学发展，当代为建立在传统基础上的深化改革国策。

一个国家可以看成一个场逻辑系统，有两种政治能把国家团结起来实现系统论的整体作用和协同作用。一个叫发达国家资本主义政治，一个叫中国社会主义政治。中国没有发达国家资本主义政治的成本转嫁条件，中国只能走社会主义政治的深化改革道路。

一个国家的城市需要用系统论团结起来，中央负责整体作用，城市之间开展协同。中国只能用社会主义达成系统论，因此，中国城市政治应该为社会主义城市政治。

当代中国，小团体主义有所抬头，这是因为社会主义理想不坚定而坠落成旧社会的发展观造成的。想本小团体、本人的利益很多，想国家利益很少，造成中国整体作用发挥不出来，城市协同得不好。应该引起中国人的思考。

当然，社会主义城市政治和中国社会主义政治一样需要成为发展的事物，城市政治接受国家政治的指引，随着国家政治的发展而发展。当前，中国国家政治和城市政治都面临很多要解决的问题，应该先解决全国共同的问题，再解决局部单独的问题。这就要求城市服从中央，积极发展深化改革的工作，这个工作有了成绩，全国系统论的整体作用和协同作用就出现了，接着，城市用系统论整体作用和协同作用的帮助就可以事半功倍地解决自己局部的问题了。

需要说明，中国除了大量社会主义城市外，还有港澳这样一国两制的资本主义城市，他们的城市政治之路应该怎样走？

摆在港澳面前的有两条路：一条是单纯的资本主义城市政治道路，这条路显然需要发达资本主义国家的帮助，帮助的代价就是颜色革命，这会与大陆产生尖锐的矛盾；一条是一国两制原则指导的资本主义城市政治，既发展资本主义现代化要求又服从祖国统一的系统论要求。

应该怎样选择？港澳作为中国的两个特区，内地一定会保卫港澳，港澳的发展离不开内地的支持，而资本主义发达国家自身的经济很困难，他们能给香港的只是政治上的画饼充饥，而且，港澳的颜色革命会产生内斗，造成发展停滞的灾难。于国家于自己，港澳都应该选择一国两制的资本主义城市政治。

中国社会主义城市政治经过深化改革工作的发展，会有鲜明的系统论特征，可以引入信息社会的科学技术，让中国城市走信息化发展道路。

▶ 17.1.9 城市政治缺乏之痛

人类现代化高速发展一两百年，经过城市繁殖期和城市成长期，因为信息社会的到来，普遍需要转型。有的城市被人荒废，有的城市破了产，有的城市严重污染，有的城市社会矛盾尖锐，还有很多城市问题。

我国城市经过新中国成立头三十年的繁殖期和改革开放的成长期，一样到了信息社会的转型期，丰功伟绩很多，问题一样层出不穷。首先是环境问题，很多地区的雾霾说明了一切；其次是管制问题，过去的严重腐败和当前的严重反腐败说明了一切；还有社会公正问题，尖锐的社会矛盾说明了一切；以及其他城市发展问题。

这些城市问题的出现和解决需要很多领域的学识和研究，但有一个重大的学识和研究领域不应该忽视却常常被人忽视，这就是城市政治学的认识和研究。

城市政治学是一门既古老又年轻的学问，人类于原始社会就有筑城居住的例子，自奴隶社会到当代，人类没有离开过城市的发展建设，没有离开过城市的管制控制，没有离开过城市结构的研究和创新，没有离开过市民使用城市。这是它古老的地方。但是，人类的现代化城市发展，工业社会阶段只有一两百年，信息社会阶段只有几十年，我国的城镇化国策刚刚提出。这是它年轻的地方。

本专著提出的城市政治学就是一种信息社会的城市政治学，中华人民共和国的社会主义城市政治学。不科学充分研究城市政治学，至少有这样几个弊端：

（1）用小团体主义代替城市政治学。即只研究自私的发展，不管国家整体利益，甚至不管人类正义。这正是很多颜色革命得逞的教训，还是日本军国主义复活的重要因素。

（2）以经济发展代替城市综合发展。一个城市的发展需要各领域的综合发展，这是城市政治学研究的重要领域，如果一个城市的发展只追求经济发展，甚至唯 GDP 指标，它就肯定会造成严重的环境污染，我国很多城市的雾霾就是这样产生的，让城市和市民付出了惨重的代价。

（3）用政府意志代替城市客观要求，造成管制能力低下。如果不研究城市政治学，反腐倡廉就没有客观理论基础，城市管理者政府就会知其然，不知其所以然，再因为个人主义的本性，一旦没有外界压力，一些市政府就可能由被动反腐回到腐败的老路，城市管制能力永远上不去。

（4）不明白社会黑暗的巨大害处。城市政治学由国家政治和市民意愿两个层面提出社会公正的理论基础，如果不研究城市政治学，一些官员就总以为维护公正只是做善事，不愿彻底变革，社会总是那么黑暗，城市发展总是那么营养不良。

（5）不能有效调整经济结构。城市政治学以逻辑场系统论和社会软结构学来研究城市结构，能提出调整经济结构的综合方案，即用调整社会的工作达到调整经济结构的目标。不研究城市政治学就不可能综合调整社会，结果让经济结构调整成为唯 GDP 调整，产生转移污染而不是治理污染。

（6）不能以信息社会的要求发展社会。传统的城市发展办法都是工业社会阶段创造的，不符合信息社会的要求，研究新型城市政治学可以把信息社会的要求引入城市结构和市民结构研究，用信息社会的科技发展城市结构和市民结构。城市政治学的基础理论，逻辑场系统论和三维社会工程学就建立在信息科技的基础上，让城市政治学有能力引入信息社会生存发展的要求。

更重要的，不研究城市政治学就不能明白党章、宪法很多条文的伟大意义，不能明白当代党中央各项国策的伟大意义，自然谈不上有效执行。这会造成一些地方官员只靠本位主义甚至小团体主义活着、工作着，甚至搞上有政策下有对策，贻误国家整体发展和自己城市的发展。

不研究城市政治学，以国家政治和国际政治指引去学外国和外地的经验，你就肯定取不到真经，只会"橘生淮南则为橘，生于淮北则为枳"，不能很好地运用"研究别人,研究自己,结合别人的经验和自己的实际,实事求是创造自己的新路"这个传统。

中国当代的环境污染、腐败严重、社会不公三大弊端都和城市政治学不发达有关,发展城市政治学很重要、很迫切。

社会主义城市政治的意义至少有:运用爱国主义发展规律、运用系统论原理、运用信息社会科学技术、运用现代民主与法制、创造市民安居乐业的生存发展环境等等。

社会主义城市政治为了国家统一而不是分裂,中央可以用民主集中制团结全国的城市,实现爱国主义发展规律(主权完整、内政自主、国家统一、社会稳定、民心支持、人民发展)。

社会主义城市政治以系统论为基础发展,具有系统论要求的整体规律、协同规律,让中国出现中央团结全国的整体规律和城市互助的协同规律。

社会主义城市政治以社会软结构学和三维社会工程学为基础发展,社会软结构学和三维社会工程学都建立在信息社会科学技术的基础上,引入信息科技发展城市会顺理成章。

社会主义城市政治以系统论的控制理论和动态理论为基础发展社会主义城市民主与法制,包括三维神经法学,让城市产生信息社会的民主与法制。

社会主义城市政治注重系统与环境互塑的理论,可以有效遏制环境污染的恶化,创造市民安居乐业的生存发展环境。

城市政治还以城市为对象做综合研究,包括城市传统的保护和城市未来的设计,包括城市社会文化的发展,城市交通的改善等等。

我国历史悠久,但保护城市传统长期困扰着中国城市,毁坏文物建筑的痛心事数不胜数。当年,如果中国有正确的城市政治学理论,北京古城墙大概就能保住了。

我国城市的设计同样不能叫成功。全国那么多城市,但城市建筑却大同小异,没有自己的特点。究其原因,仍然是城市政治研究的薄弱,不知道自己的城市应该怎样正确设计。

交通问题是长期困扰城市发展的大问题,究其原因,发展交通常常就事论事,没有城市政治学的综合研究和综合措施,不能产生整体规律和协同规律。

城市政治还有一个重大的作用,用耗散结构理论开放城市,实现动态均衡。城市开放为现代化社会和信息社会的要求,传统的开放有侵略、压迫等形式,属于不良开放,而耗散结构的开放为友好合作、互惠互利的动态开放,符合改革年代中国人民的要求。

城市政治过程还是一种逻辑工程学,引入软件工程的全过程作为自己活动的全过程,有可行研究、需求分析、总体设计、详细设计、具体化、测试、交付使用、培训人员、维护、报废、循环利用这样的生存周期，有审查的环节。

17.2 城市原则

17.2.1 城市原则的逻辑解释

本著作由系统论的角度研究城市政治和城市原则，列举了十条。

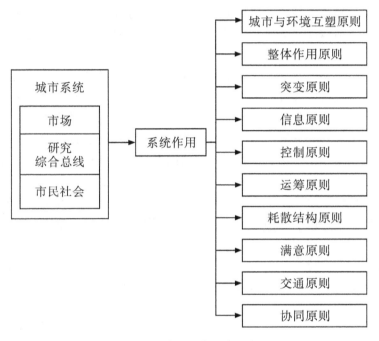

图 17-10 城市政治系统理论作用

如图 17-10，城市政治成为一个系统，分为市民社会这个基础层和研究、市场两个上层建筑。综合系统工程的各种理论，列出城市与环境互塑原则、整体作用原则、突变原则、信息原则、控制原则、运筹原则、耗散结构原则、满意原则、交通原则、协同原则十条城市的原则。

应该明确，城市政治是场系统，体化后进行研究的。城市政治是逻辑场系统，体化后成为逻辑体系统。人和其他生命都有逻辑系统的特征，这说明以生命系统研究为起点的系统科学和系统工程非常适用于城市政治的研究。

17.2.2 整体作用原则

前面通过研究整体作用提出了城市政治应该遵守的十大国家原则，现在再次研究城市政治系统自身的整体作用，提出城市政治自己的整体作用原则。

系统作为元素的集合，本质特性就是整体性，包括两方面含义：一、内部不可分割；二、内部的关联让一个要素的改变引起其他要素的变化。对城市而言，城市的各种要素是不可分割的，应该整体看待一个城市，市民社会和上层建筑是一个整体，不同区域是一个整体，环境和人民为一个整体，传统和人民为一个整体，市政府和人民同样为一个整体。

系统是对整体和完整性的科学探索，首先要求整体最优而不是局部最优，其次运动规律是整体的规律，再次整体理论体现于系统功能的整体功能。整体最优理论对于逻辑结构而言就是整体满意理论，即一个城市的成功体现于城市整体发展状况的市民满意度。

整体功能的描述：系统整体不等于其部分之和，整体大于部分之和。系统的整体功能需要各组成部分的相互联系、相互作用，形成协同。对于城市而言，要有机团结市民社会、学术科研和市场经济，通过彼此的良好的法制关联，得到一个整体大于部分之和的城市整体。城市政治的整体功能能否实现，重点在于有没有良好的现代化民主与法制，我国城市的民主与法制为社会主义民主与法制。

整体为系统的核心，任何系统都建立于整体的基础上，没有整体就没有系统，抛弃了整体理论就抛弃了系统理论。一个城市，如果修基础设施修出了长期扰民的工程，让市民广泛愤怒，就说明这个城市的整体意识不强。怎么规划道路交通也考验着一个城市的整体眼光。

整体理论的变化会引起系统功能的变化，因为整体理论为系统的中心理论。对于中国和中国城市的产业结构调整，一定会造成城市整体理论的变化，因此，应该广泛研究和确定各个城市新的功能。

整体理论对城市管制有重要意义：首先依据确定的管制目标，从管制的整体出发把管制要素组成有机的系统，协调且统一管理诸要素功能，让系统功能产生放大效应，发挥管制系统的整体优化功能；其次，把不断提高管制要素的功能作为改善管制系统整体功能的基础，从提高管制要素的基本素质开始，依系统整体目标的要求，不断提高各个部门，尤其关键部门或薄弱部门的功能素质，强调局部服从整体，实现最好整体功能；再次，改善和提高管制结构的整体功能，不仅要注重发挥各个组成要素的功能，更重要的是调整要素的组织形式、建立合理结构，促进管制系统整体功能优化。（周德群《系统工程概论》）

系统论的创始人认为生命有机体具有以下一般特征：开放性、整体性、动态性、能动性、等级性，以此形成系统论的纲领。一般系统论是判断系统是否存在的标准，系统若不存在则一切系统学说都作废了，则一切系统分析和优化工作都无从谈起，对逻辑系统也是这样。因此，把一般系统论的类的性质看成公共类，一切逻辑系统工作产生的类都必须具备一般系统论的要求。

17.2.3 控制原则

没有反馈回路的控制叫开环控制,有反馈回路的控制叫闭环控制。闭环控制让系统有着比开环控制优越得多的环境适应能力。但是,我国少数市政府的城市政治系统仍然以开环控制为主,发展市政没有积极收集市民和社会的反馈,做了不少蠢事,如:"拉链路"的存在,"面子工程"或"浪费工程",管制不得人心等等。要积极研究逻辑结构控制论的反馈机制,让我国的市政府行政都得到科学健康的反馈和监督,这是一个非常重要而急迫的工作。

对城市政治系统的控制任务做一点研究:

(1) 城市定值控制。城市政治要通过控制让社会某统计指标稳定在一个范围。如价格控制等。

(2) 城市程序控制。城市政治要通过控制让大量的政府行为程序化,真正的实现程序公正,摆脱中国特有的个人主义、人脉、潜规则对政府行政的严重干扰。尤其是司法工作要做程序控制,审判不公的问题困扰社会很久很久了。

(3) 城市随动控制。这是很多社会管制过程中需要的控制,政府要根据社会的发展变化随时调整自己的管制。如春运的开展,治安的治理等等。

(4) 城市最优控制。城市政治的整体控制要寻求最优控制,但这个最优不是最优解而是满意解,因为城市市民是逻辑人而不是理性人,城市是逻辑城市而不是理性城市。理性结构产生最优解,逻辑结构产生满意解。

接着,对城市政治系统的控制方式做一点研究:

(1) 城市简单控制。交通灯和地铁发车时间都是简单控制,但单纯简单控制不符合逻辑结构的发展要求,仍然需要反馈,叫定期反馈或时间段反馈。我国城市简单控制的方法存在的严重问题就是没有定期反馈或时间段反馈,常常是路灯坏了几年没人管,路坏了几年没人管,投诉机制形同虚设,诸如此类。

(2) 城市补偿控制。城市政治的法令颁行要有监督机制,这个机制就叫补偿控制,不要总让法令走不出市政府,好比很多城市的禁烟法令那样成为笑话。

(3) 城市反馈控制。城市的反馈就是社会和市民的意见。我国城市控制大多用开环管制,即对民意或不听或敷衍,直到群体事件出现为止,须知这是很危险的行政方法,有产生颜色革命的危险,当政者可不能不慎重!

(4) 城市递阶控制。大城市和中长期城市政治行政都需要递阶控制,这是一种上台阶的管制方法。深化改革就需要递阶控制。

控制理论这个学说的基础是信息论,生命和机器都因为发出指令且回收反馈接着发出新的指令实现生命和非生命系统的控制。对人脑的逻辑系统而言也有控制论存在且起重要的作用,这个作用其实人人知道,就是理智。一个逻辑系统的建设、分析、优化一定要遵循实际世界的客观规律,这就是理智的作用,用主观代替理智就是破坏逻辑系统的控制理论。因此，把控制论的类的性质看成公共类，一切逻辑系统工作产生的类都必须具备控制论的要求。人类开展逻辑系统工程活动的全过程都需要用理智也就是自己掌握的客观规律对逻辑系统进行控制，但控制的是对象体而不是要素，即控制的是要素和要素的活动。

17.2.4 信息原则

客观世界由物质、能量、信息三大资源组成，任何系统的运行都离不开信息的生产、传递、接收、交换，信息论研究信息的生产、度量、传输、识别、处理的一般规律，是新型学科，成为系统工程的理论基础之一。（张晓冬《系统工程》）

城市的信息原则就是研究和应用信息论发展自己，发展信息城市和智慧城市，让市民社会和上层建筑都符合信息社会的发展要求。还要研究软件工程这一类信息论中的逻辑结构学和逻辑工程学，用逻辑结构学和逻辑工程学发展城市的逻辑结构和逻辑工程。

信息的基本概念有这样几个理解角度：

（1）信息源于运动。这一点催促市政府的信息行为要高效而不能滞后。晒"三公"慢影响群众监督，公共事件交代慢会造成谣言满天飞，网络犯罪打击不快会造成严重的社会损失。

（2）信息可以被感知、处理、利用。市政府要大力研究和利用自己城市的大数据，通过大数据了解社情民意，了解法制环境、科研环境和市场环境，了解环保工作好坏，积极优化城市内环境。

（3）信息具有知识性和共享性。市政府要积极发展管制队伍素质教育和市民素质教育，言传身教，官民互塑，兴建图书馆和书店。要挖掘本城市的重要数据，运用数据和数据传播提高自己城市的发展质量，如耕地和商用地存量，文物古迹的数量和分布等等。

（4）信息传递需要物质基础，需要消耗能量。城市要大力发展信息社会的基础设施，发展网络和终端，发展信息社会的核心技术，发展信息产业。同时要研究科学设备的报废垃圾的处理，做到低污染甚至零污染处理。

（5）信息有相对性和时效性。这就督促城市要大力发展信息源，大力支持多元化信息生产，扶持中小信息企业的发展，发展信息法制和信息经济，创造信息源和信息受众良好发展的环境。

（6）信息不守恒。城市信息社会发展和科技创新要永远用积极的态度，不停滞，不消极，否则会转瞬之间被别人淘汰。

信息方法用信息的观点，把系统运动过程看作信息传递和信息转换的过程，通过对信息流程的研究处理，获得对某一复杂系统运动过程的规律性认识的一种系统研究方法。把系统有目标的运动抽象成信息变换过程，以信息运动作为研究处理问题的基础，完全撇开系统的具体运动形态。意义在于指示了系统的信息过程和信息联系，有利于系统管理、沟通和决策科学化。（张晓冬《系统工程》）

作为逻辑系统的城市政治，用信息方法发展自己非常有用，如管理交通，用信息方法了解全城交通状况而疏导交通，就比没有信息方法的交通管理更科学。软件工程是一种重要的信息方法，而信息方法对城市政治的主要意义为帮助城市制造逻辑制度，像软件工程那样。

制造城市制度实质是让城市需求由模糊走向清楚，使制度信息拥有量逐步增高的过程，最终产生的制度就是信息的制度表现。

信息于制度制造过程中，与人员和设施同等重要，是发展城市制度的重要动力。

信息连接城市的一切元素，连接市政府各部门和人员，是城市协调高效运行的纽带，是高效高质量产生城市制度的纽带。因此，提高城市信息的获取、加工和处理能力，建立与市政府功能相适应的政府信息系统，很有需要，为政府信息化的一定要走的道路。

▶ 17.2.5 耗散结构原则

在此提出一个重大研究成果，即某些系统因耗散结构理论实现动态平衡的过程中平衡态有高平衡态和低平衡态，平衡态的高低由系统与外界交换物质和能量的多少决定，平衡态的高低是有益或有害的，也就是说优化系统或逻辑系统时要慎用耗散结构理论，因为耗散结构理论产生的平衡态也许是人们不想要的，也许是有害的。

耗散结构原则对城市政治第一个要求就是要开放，要反对歧视的对世界开放；第二要小政府大社会，简政放权；第三要有法制地开放和简政放权；第四，基于耗散结构会出现城市不愿要的情况，城市开放要通过国家政治引导，要反对颜色革命；第五，要创造耗散结构，显然要反对地域主义。

▶ 17.2.6 协同原则

在此又要提出对系统自组织活动的重大研究。人们听说过非完整系统、无序完整系统和有序完整系统这几个概念吗？非完整系统指一个没有整体性和整体作用大于各部分简单和规律的系统，这种系统中的自组织作用都是破坏系统的，但分积极作用的自组织和消极作用的自组织，积极作用的自组织是毁灭没有整体性的旧系统而创造一个有整体性和整体规律的新系统，消极作用的自组织是加深没有整体性的旧系统的外界支配性，让非完整系统实现消极平衡。无序完整系统指一个有整体性和整体规律却动态无序的系统，这种系统中的自组织有形成动态有序的功能但前提是这个自组织必须吸收大量物质和能量,也就是系统各组成部分以自私的态度实现系统公正的秩序。有序完整系统指一个有整体性和整体规律的动态有序系统,这种系统中的自组织不用吸收大量物质和能量就起支持系统有序的作用。

城市政治的协同原则指城市与国家的协同、城市之间的协同、城市内部的协同,协同原则反对小团体主义。

中国共产党为协同论的大家,群众路线和统一战线都有协同的本领,人民用小车推出了淮海战役的胜利就是协同论成功的典型。我们当代发展社会主义深化改革大业,同样要寻找协同伙伴,包括人民和外国。对待坏人要打击极少数,团结大多数,要全心全意团结广大干部群众,创造得道多助的大好局面。

17.2.7 突变原则

突变论以稳定性理论为基础,通过对系统稳定理论的研究,阐明了稳定态与非稳定态、渐变与突变的特征及其相互关联,揭示了突变现象的规律和特点。

托姆的突变论观点有三点:

(1) 稳定机制是事物的普遍特性之一,是突变论阐述的基本内容,事物的变化发展是稳定态与非稳定态交互运行的过程。中国改革和深化改革阶段都要维护稳定,但维稳不等于封建酷吏的工作,应该一手强硬一手怀柔,强硬手段好比守住河堤,怀柔手段好比疏通河道。

(2) 质变可以通过渐变和突变两种途径来实现,到底以哪种方式,关键是质变经历的中间过渡态是不是稳定的,如果稳定,质变通过渐变方式达到;如果不稳定,就通过突变方式达到。中国的改革和深化改革阶段,社会和市场稳定就积极发展经济,做量的积累,用渐变实现良好的质变;如果社会和市场问题严重,就改革制度,用突变实现良好的质变。这叫做改革的节奏。如发展城市经济可以渐变,反腐败就成为突变。

(3) 在一种稳定态中变化属于量变,在两种结构稳定态中的变化或在结构稳定态与不稳定态之间的变化是质变。量变体现为渐变,突变必然导致质变,而质变可以通过突变和渐变两种方式来实现。中国和城市经济的发展壮大往往为量的积累,制度创新为质变,这个制度创新的质变,可能因为腐败现象严重这个突变,也可能因为经济发展正常要求这个渐变。

深化改革的中国和中国城市需要突变原则,重点为制度创新,反腐制度创新,政府结构创新,政府管制创新,从而让城市发展出现深化改革需要的改革产生良好变化的现象。

要反对这样几种突变:由腐败产生反共反人民的突变;由地域主义产生颜色革命的突变;由地域主义产生恐怖犯罪的突变。维护稳定的社会要同时治标治本。

17.2.8 运筹原则

不论我国和我国城市有没有运筹学研究和应用的部门，我国运筹学的开展都不算好的，很多的设计错误和投资错误告诉人们，中国发展现代化需要运筹学的帮助。当前的运筹学运用不理想，关键在政府，个人主义、人脉、潜规则、腐败常常夺走了运筹学这门科学的位子，让人痛心。深化改革让以法治国出现于中国，运筹学很有机会从官僚主义者那里夺回自己的位子，因此，运筹学成为城市政治的重要原则就很正常了。

讨论运筹学的重要分支：

1. 线性规划

某些统筹规划的问题用数学语言表达，先根据问题要达到的目标选取适当的变量，问题的目标用变量的函数形式表示（目标函数），问题的限制条件用有关变量的等式或不等式表达（约束条件），变量如果连续取值，目标函数和约束条件都为线性时，称这类模型为线性规划的模型，有关线性规划问题建模、求解和应用的研究构成了运筹学中的线性规划分支。（张晓冬《系统工程》）

线性规划对城市反腐就有用处，比如削减单位用车、单位办公费等。还能预测管制前景，如了解警察的数量和素质后，以此为自变量，管制前景当函数，加入其他限制，则管制前景是好是坏就明白了，改造警察的方案同样就形成了。

2. 非线性规划

如果线性规划模型中目标函数或约束条件不全是线性的，就产生了非线性规划。于城市政治的行政过程中，很多市政工程的设计优化可以用到非线性规划，帮助各类工程辅助优化设计。

3. 动态规划

动态规划研究的是多阶段决策过程的总体优化，从系统总体出发，要求各阶段决策构成的决策序列让目标函数值最优。这种方法对城市中长期发展很有用，如几年经济发展规划，城市交通轨道建设规划，产业调整升级规划等。

4. 图论与网络研究

离散数学有图论研究，图论有"关键路径"一类的研究，这是研究城市各种网络的数学基础，无论统筹交通网建设，电网送电，有限网络布局，无线网络覆盖，都可以用到。

5. 存储论

存储论是一种研究最优存储策略的理论和方法。城市政治需要存储论，如开发房地产和城镇化要不要考虑人口"存储"的规模，发展高教专业要不要考虑人才"存储"和未来社会需求的均衡等等。

6. 排队论

排队论对城市政治有大用，正在广泛用于市政。申请廉租房，申请常住户口，春运指挥，银行叫号都有排队论的贡献。

7. 对策论

用于研究具有对抗局势的模型。城市政治需要这样的对策论：研究应对不利发展因素的对策，包括负债、工人不足、管制缺陷、环境污染、腐败行为、社会不公等。城市政治决不能搞一个对策论：上有政策，下有对策。

8. 决策论

指为了最优地达到目标，依据一定准则，对若干供选择的方案做选择。决策过程一般包括：形成决策问题，确定各方案对应的结局和出现的概率，确定决策者对不同结局的效用值，综合研究，决定取舍。城市政治的决策论应该用满意方案代替最优方案决策，满意指城市满意或市民满意。城市政治的决策论可以考虑三维社会工程学和四库工具。

17.2.9 交通原则

信息交流就是社会活动中信息发送者和信息接受者借助于某种符号系统，利用某种传递通道，在不同时间和空间上而实现的信息传输和交换行为。（谭祥金《信息管理导论（第二版）》）

如果把汽车、火车、轮船、飞机当成信息，它们的通道当信道，起点为发送者，终点为接受者，研究现代化交通就可以借鉴信息交流学说的某些部分了，因为现代化交通有信息交流的高速、复杂等信息社会特点，与传统社会有本质不同。

因此，这里的交通原则指信息交流理论应用于城市的一切网络工程的设计、建设、维护等过程中，信息交通直接用，其他网线交通间接用。

17.2.10 满意原则

发达国家国民的精神世界走过了由"个人主义"到"公民思想"的过程，而发达国家经济学研究的重要假设"理性人"就是国民的精神世界。

在发达国家市场发展早期，国民精神世界以个人主义为主，企业自然都是个人主义企业，因此，发达国家的市场发展很罪恶，用残酷剥削本国人民发展市场，用侵略、掠夺、殖民外国发展市场，理性人就是彻底个人主义的人。

第二次世界大战前后，因为现代化法制的发展，部分发达国家国民的精神世界用人权控制个人主义罪恶因素，出现了服从法制的公民思想，他们的市场发展开始走公民思想的道路，用资本正当获益代替残酷剥削，用国际贸易代替殖民主义，理性人是有公民思想的人。

总的来说，发达国家经济学以理性人作为假设的研究对象是成功的，因为人的思想基础是个人主义，人由个人主义发展成公民思想是发达国家的国民本来情况，则建立在理性人基础上的研究成果能够极大帮助发达国家市场发展就很自然了。

发达国家以理性人作为假设的研究对象显然很成功，这体现在他们长期领导世界经济的发展。但是，人们肯定会注意到发达国家发展过程中的两次世界大战，无数次经济危机，尤其是当前的债务危机，这又因为什么而发生呢？

对此，发达国家有一门新型学说"行为经济学"给出了初步的回答：人并不总是理性的，人关注公正，人有时是前后不一致的。

行为经济学解释理性人假设的缺点是表面的，更深入和科学的解释应该是我提出的"社会软结构学"，其中提出市场元素是有逻辑结构的，逻辑结构决定市场元素的行为，实际就提出了"逻辑人"的概念。

当研究经济学以逻辑人作为研究对象，就不会出现理性人不理性的现象，可以实现输入数据到白箱程序加工再输出结果的目标，而理性人是不管程序实际结构的输入输出。

可以用人类的教育工作打比方，老师是不知道一千个学生个性而大班教学好，还是对小班二十个学生针对个性教学好。研究经济学是只以一种理性人为研究对象而忽略市场元素的结构和差异好，还是以市场元素的逻辑结构作为研究对象好！在这个意义上，我认为逻辑人比理性人科学。

发达国家经济危机产生的重要原因是经济学家不知道国民未来出现的不理性行为是什么。如果用逻辑人作假设的研究对象，经济学家就会通过市场元素结构的变化而预知市场元素未来的行为。

发展中国家经济学研究的重要缺点就是把发达国家的理性人当成自己的国民，造成自己的研究工作"橘生淮南则为橘，生于淮北则为枳"，如果用逻辑人作假设的研究对象，自本国国民特点出发研究本国经济学，发展本国市场经济会有的放矢。

哈耶克主张自由市场但他以理性人为基础，因为不知道理性人的结构会发展什么变化，自由市场就会对自己未来会出现的问题没有准备，这就是经济危机的原因。

凯恩斯主张制度干预市场，但同样因为他以理性人为基础，他不知道制度对市场元素的具体影响是什么，会产生破坏市场应有自由的错误。

只有以逻辑人发展经济学能得到更高级的市场发展，而制度此时就成为发展逻辑人的重要手段。对逻辑人而言，制度影响的结果是可知的，这能让运用制度的人松紧有度，让逻辑人能产生市场应有的自由，产生制度与自由的科学搭配。

用逻辑人代替理性人研究经济学，可以自逻辑人的逻辑结构得出逻辑人的行为，由市场元素的行为逻辑和得出市场规律，这个市场规律因为建立在结构研究基础上，自然比理性人的没有结构的市场规律更符合实际市场规律的存在和变化。

由 20 世纪 30 年代美国经济大萧条和凯恩斯学说的应用到现在的债务危机，人类已经深深懂得宏观政策的重要性，但政治家也是人，人并不总是理性的，这让宏观政策出现有好有坏，有成功有失败的现象。解决之道就是制定宏观政策时，把理性人这个假设对象变成逻辑人，执行宏观政策前先运行逻辑人宏观模型，用运行结果修正宏观政策。

中国市场经济发展存在的重要问题就是用理性人，发达国家的理性人，作为经济学引用和研究的假设对象，不顾中国市场元素的特点和逻辑结构。

比如现在，中国政府为了完善金融体制改革，决定取消贷款利率下限，初衷很好，想着这样能为中小企业贷款创造条件，引导资金流向实体经济。但是，政府没想过我国国有银行少数贷款的贷款规律，这是一种人情贷款而不是收益贷款，少数放贷的银行职员是为自己服务的逻辑人而不是为单位服务的理性人。就是说，少数国有银行放贷不只是追求银行收益，而是个人利益和银行利益混合成的决定，存在为了自己的收益而让单位吃亏的现象。这样，放贷利率下限起到了保障国有资产一定程度安全的作用！政府取消利率下限就应该对国资银行内部的逻辑结构做一定调整，降低出现自私放贷员损害国有资产的风险，这就用得着逻辑人经济学了。

人都为逻辑人，理性人是逻辑人的一种。社会是由逻辑人组成的，组成社会的人中有一种是理性人。不可能让全社会的人都理性，这就是发达国家经济危机和政府巨债的原因，同样是发展中国家腐败问题、环境问题、社会不公的原因。以理性人为基础的经济学研究常常出问题就在于人常常不理性。人绝对逻辑，人常常不理性，理性是逻辑的一种，理性经济学会闭门造车，逻辑经济学会实事求是，这就叫逻辑人比理性人科学。这种例子除了经济学外，中国革命一样有。王明干革命把中国人民和外国人民无差别看待，搞革命理性人，简单照搬外国，结果处处碰壁。毛泽东认为中国人民有自己的特点，由革命逻辑人出发发展理论，创造出毛泽东思想，结果成功。人肯定逻辑而且肯定大多数达不到经济学说的理性人，想发明实事求是的社会学说，第一步要把人都看成逻辑人。

因为上面的用"逻辑人"代替传统学术的"理性人"的研究，本专著提出了城市政治的满意原则，即城市市政发展没有最优解，只有让国家和市民满意的满意解。

▶ 17.2.11 与环境互塑原则

环境指系统外的物质、能量、信息，对逻辑系统而言，环境还包括逻辑事物，如城市政治的环境包括国家政治和国际政治。

系统时刻处于环境之中，环境是一种更高级的、复杂的系统，也称超系统。城市政治这个逻辑系统时刻处于国家政治环境和国际政治环境这两个超系统之中。国际政治又是国家政治的超系统。

从环境与系统的关联程度来划分，环境超系统可分为系统的具体工作环境和一般环境，前者与系统存在紧密的关联，后者对系统的影响相对较小。国家政治就是城市政治的具体工作环境，国际政治则是一般环境。

系统要适应环境的变化，环境变化对系统有很大的影响，系统与环境相互依存，二者一定需要交换物质、能量、信息，逻辑系统还要与环境交换逻辑事物，这都叫互塑。能够经常与环境保持最好适应状态的系统良好的开放系统，是理想系统。不适应环境的系统难以生存。城市政治与国家政治和国际政治都有互塑，与国际政治的互塑需国家政治授权。城市政治首先要适应国家政治，为国家作贡献的同时也要利用国家的优势发展自己，要积极适应，消极和反动都要不得。城市政治也要通过国家政治而积极适应国际政治，比如对外贸易就是这样。

坚持系统环境的适应性原则，即坚持城市与环境互塑原则，要求城市政治不仅要注意系统内各要素之间相关性的调节，而且要研究系统与环境的互塑，只有系统内部关联和外部关联相互协调、统一，才能全面地发挥出系统的整体功能，保证系统整体向最优化方向发展。即适应国家政治的城市政治能得到最好的发展。

当代中国，深化改革国策正成功发展，代表着国家政治和城市政治环境的正确变化，此时，城市政治积极响应深化改革的号召就是正确适应了环境，会给自己带来最好的发展。如果搞上有政策下有对策，那就是一种对环境的反动，会产生不适应环境的恶果。

系统的环境适应性提示我们，研究系统时必须注重系统的环境，只有在一定的环境中研究系统，才能明晰系统的全貌，只有立足于一定的环境中去研究系统，才能有效地解决系统中的问题。城市政治就是这样。要研究好城市政治这个逻辑系统，要解决城市政治这个逻辑系统中的问题，不认真研究国家政治这个超逻辑系统，不研究其他城市政治系统，甚至不研究国际政治，本城市政治系统就发展不好，不能解决自己的问题。如某地技术工人严重缺乏，不研究全国技术工人的供给，只研究自己往往不能解决问题。

▶ 17.3　城市理想

▶ 17.3.1　城市理想的逻辑解释

本章就以系统整体理论、系统论、软件工程学和逻辑工程学为基础研究城市的理想。图 17-11 归纳了十条城市理想。

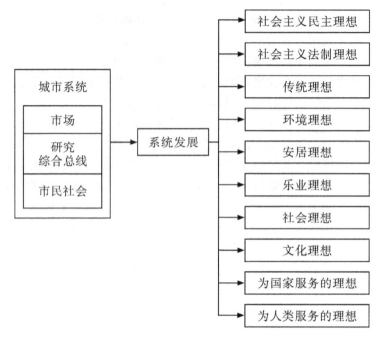

图 17-11　城市政治系统发展理论作用

17.3.2　社会主义民主理想

城市第一个理想当然为民主，民主政治，市民民主。把市民的民主契约反映到城市制度，得到面向对象的逻辑工程效果。

但是，只有民主的城市会产生很多缺陷，这些缺陷会给城市带来灾难。

第一，只有民主会给市政府造成债务危机。因为人的重要思想基础是个人主义的，人人贪心的结果是市民契约要求政府失去底线的发展福利，这会造成政府严重的债务危机，甚至破产。

第二，只有民主，城市会走向分裂，民粹分子会挑动城市与国家分裂，会挑动城市内部的内斗，结果，市民都搞政治了，内外环境会变成只适合斗争而不适合生产的恶劣环境。

第三，只有民主会催生腐败和其他犯罪。

发达国家的解决之道是法制与民主一起用来发展城市，解决民主的缺陷。我国没有发达国家的巨额成本转嫁条件，单用法制不能解决民主的缺陷，需要民主集中制与法制共同起作用，达成与群众路线和统一战线两大民主的均衡。

因此，城市的第一个理想为受控于法制和民主集中制的社会主义民主理想，把群众路线和统一战线产生的市民社会契约反映到城市制度的内涵。

注意，正确的民意有两个标准而不是一个，这两个标准是：人民是否满意；民意是否合法。

17.3.3　社会主义法制理想

法制对城市发展的意义就是工程化，创造城市制度工程过程的客观工程化，创造三维城市制度工程学。系统有三个组成：控制、元素、关联。城市系统的控制就指法制，元素指市民，关联指民主。

长期以来，中国城市发展过程中，法制都是缺位的，人们用高度的个人化决策发展城市，城市制度工程充斥着个人主义、人脉和潜规则、小团体主义、封建主义、官僚资本主义这些，造成城市的三大弊端：环境污染、腐败严重、社会黑暗，让帝国主义颜色革命阴谋有了可乘之机，让国家整体理论遇到严重挑战，危害国家安全和人民发展。法制是解决城市发展和城市制度发展深层次矛盾的重要根据。

另外，法制是解决民主泛滥这个不良现象的重要工具，发挥民主好的一面，遏制造成分裂、内斗、动荡的坏民主。

还有，中国的法制不能学发达国家以普选为核心，因为我们没有巨额成本转嫁条件，硬搞肯定搞成蒋介石那样。中国法制要以民主集中制为中心。

17.3.4　安居理想

安居理想不只是有房子住，指的是城市政治要为市民提供让市民满意的收入，物质和精神两方面的满意收入。

城市安居理想用人的发展论逻辑结构和人群的发展论逻辑结构解释：

1. 人的发展论逻辑结构

高级逻辑结构 = 中级逻辑结构 + 主观能动性变量 + 自创的逻辑关联

设：

高级逻辑结构——$L3$；

中级逻辑结构——$L2$；

主观能动性变量——n；

自创的逻辑关联——$j3$。

那么，高级逻辑结构能写成：

$$L3 = L2 + n + j3$$

这个公式说明，安居理想的第一步为市民应该有充足的收入，包括物质和精神的收入。物质收入有经济的收入，有质量的收入，要创造这部分的充足收入，就需要良好的法制和自由市场规律。精神收入有图书馆收入、书店收入、媒体收入、教育培训收入、政府教化收入，显然，很多城市的这部分收入都很低、很差，人人都全力以赴用个人主义去"抢钱"，这不是城市成功之道啊！

中级逻辑结构 = 初级逻辑结构 + 环境变量 + 自创的逻辑关联

设：

中级逻辑结构——L2；

初级逻辑结构——L1；

环境变量——d；

自创的逻辑关联——j2。

那么，中级逻辑结构能写成：

$$L2 = L1 + d + j2$$

这个公式说明，安居理想的第二步是运用城市制度巩固市民的收入，用d起作用。这个d指内外环境的作用，国泰民安的国家，外环境一定好，有法制和民主的城市，内环境一定好。内外环境好，市民的收入转化成固定收入和有效收入的比例就大，效率就高。

初级逻辑结构 = 各种实际系统的有用要素 + 自创的逻辑关联

设：

初级逻辑结构——L1；

各种实际系统的有用要素——y；

自创的逻辑关联——j1。

那么，初级逻辑结构能写成：

$$L1 = y + j1$$

这个公式说明，市民因为收入固定而开始谋划怎么乐业了。即固定收入会成为职业行为的资本，只是乐业谋划能力的高低需要政府教化能力的高低决定。

2. 人群的发展论逻辑结构

高级逻辑结构 = 中级逻辑结构 + 主观能动性变量 + 自创的逻辑关联

设：

高级逻辑结构——（群L3）；

中级逻辑结构——（群L2）；

主观能动性变量——（群n）；

自创的逻辑关联——（群j3）。

那么，高级逻辑结构能写成：

$$（群L3） = （群L2） + （群n） + （群j3）$$

这个公式说明，市民社会和市民组织安居的第一步都是要有一定的收入。这里研究的对象就不是一个人了，而是人群和阶级。怎么合理分配城市整体收入，让收入对于市民社会正态分布，考验市政府的良心和本领。

　　　　中级逻辑结构＝初级逻辑结构＋环境变量＋自创的逻辑关联

　　设：

　　中级逻辑结构——（群 L2）；

　　初级逻辑结构——（群 L1）；

　　环境变量——（群 d）；

　　自创的逻辑关联——（群 j2）。

　　那么，中级逻辑结构能写成：

　　　　　　　（群 L2）＝（群 L1）＋（群 d）＋（群 j2）

市民社会和市民组织的收入都需要巩固，是城市制度通过群 d 完成的。群 d 仍然受内外环境影响，这个环境就不止国泰民安了，包括内外环境产生的城市制度，制度好坏决定市民社会的固有资产是否正态分布。富国穷民和富市穷民都是社会最大的不稳定因素，同样是由富转穷的最大隐患。

　　　　初级逻辑结构＝各种实际系统的有用要素＋自创的逻辑关联

　　初级逻辑结构——（群 L1）；

　　各种实际系统的有用要素——（群 y）；

　　自创的逻辑关联——（群 j1）。

　　那么，初级逻辑结构能写成：

　　　　　　　（群 L1）＝（群 y）＋（群 j1）

市民社会和市民组织得到了收入就可以计划怎么乐业了。乐业计划的好坏仍然取决于政府教化。

17.3.5　乐业理想

乐业不只是工作高兴，而是人口在生产上的正态分布。工作的人口在职业种类和等级高低上的正态分布。外来工和本地工的比例正态分布。劳动人口和非劳动人口的比例正态分布。

城市乐业理想用人的结构论逻辑结构和人群的结构论逻辑结构解释：

1. 人的结构论逻辑结构

　　　　初级逻辑结构＝各种实际系统的有用要素＋自创的逻辑关联

　　设：

　　初级逻辑结构——＊L1；

　　各种实际系统的有用要素——＊y；

　　自创的逻辑关联——＊j1。

　　那么，初级逻辑结构能写成：

　　　　　　　＊L1 ＝ ＊y ＋ ＊j1

*L1 = L1，人形成自身城市政治逻辑结构的基础是把发展论产生的综合资产 L1 作为结构论的综合资产 *L1。把安居阶段的乐业计划作为乐业阶段的起点。

中级逻辑结构 = 初级逻辑结构 + 环境变量 + 自创的逻辑关联

设：

中级逻辑结构——*L2；

初级逻辑结构——*L1；

环境变量——*d；

自创的逻辑关联——*j2。

那么，中级逻辑结构能写成：

$$*L2 = *L1 + *d + *j2$$

这个公式是人的资产因为城市制度 *d 的作用而开始产生乐业的需求和规划。*d 仍然受内外环境影响，国泰民安，工作好找，经济危机，失业严重，就是这个道理。*L1 是人的理想，*L2 是人的理想加资本的增值要求，有市场规律参与了。

高级逻辑结构 = 中级逻辑结构 + 主观能动性变量 + 自创的逻辑关联

设：

高级逻辑结构——*L3；

中级逻辑结构——*L2；

主观能动性变量——*n；

自创的逻辑关联——*j3。

那么，高级逻辑结构能写成：

$$*L3 = *L2 + *n + *j3$$

这个公式是乐业的描述。人的乐业理想加资本的市场规律，再加主观能动性，人就投身职场了。一个人的乐业理想是否成功仍然取决于政府的教化能力。

2. 人群的结构论逻辑结构

初级逻辑结构 = 各种实际系统的有用要素 + 自创的逻辑关联

设：

初级逻辑结构——（群*L1）；

各种实际系统的有用要素——（群*y）；

自创的逻辑关联——（群*j1）。

那么，初级逻辑结构能写成：

$$（群*L1）=（群*y）+（群*j1）$$
$$（群*L1）=（群 L1）$$

人群形成自身城市政治逻辑结构的基础是把发展论产生的综合资产（群 L1）作为结构论的综合资产（群*L1）。即城市资本的分布决定群 L1 的同时也决定了群∗L1。群∗L1就是城市阶级乐业的阶级规划,即一个阶级通行的工作思想。

中级逻辑结构 = 初级逻辑结构 + 环境变量 + 自创的逻辑关联

设:

中级逻辑结构——(群∗L2);

初级逻辑结构——(群∗L1);

环境变量——(群∗d);

自创的逻辑关联——(群∗j2)。

那么,中级逻辑结构能写成:

(群∗L2) = (群∗L1) + (群∗d) + (群∗j2)

这个公式说明市民社会和市民组织都因为有一定资本加上群∗d的影响而有乐业需求和规划了。群∗L1是阶级的乐业理想,群∗L2却是阶级的持有资本的市场规律产生的乐业规划。群∗d不但指内外环境,还指制度的价值取向。

高级逻辑结构 = 中级逻辑结构 + 主观能动性变量 + 自创的逻辑关联

设:

高级逻辑结构——(群∗L3);

中级逻辑结构——(群∗L2);

主观能动性变量——(群∗n);

自创的逻辑关联——(群∗j3)。

那么,高级逻辑结构能写成:

(群∗L3) = (群∗L2) + (群∗n) + (群∗j3)

这个公式是市民社会和市民组织乐业的描述。阶级的乐业理想加阶级的乐业资本,再加主观能动性就产生了职业行动。乐业理想能否实现需要政府的控制能力、扬抑能力、教化能力。

17.3.6 环境理想

中国城市的内外环境都遇到了严峻的挑战,受着环境污染、腐败严重、社会黑暗三大弊端的困扰。因此,城市的环境理想很明确:消除环境污染、反腐败、建立社会公正。

环境理想的发展道路仍然为系统与环境互塑的道路。城市要接受环境的塑造,服从以法治国国策,服从深化改革国策,以法改善环境,以法反腐败、以法建立公正的市民社会。城市可以塑造环境,以服从社会主义制度为前提,为创造全国的良好环境、法治社会、民主社会出力。

17.3.7 传统理想

城市传统为城市系统整体理论的一部分,不保护城市传统,城市就不知道

"自己是谁"、"自己从哪里来"。不保护传统，市民就没有凝聚力，城市民主会失去很多理性，不能很好建设城市制度。

我国多年的城市发展都不重视保护城市传统，传统常常让位于开发，文物建筑被毁的事多得很，民风民俗得不到传承，市民对城市没有归属感和名誉感，全国的城市景观都有着相似的特点。

不能再这样下去了！城市要传承文明，自己的文明。让市民凝聚起来，发展共有家园。这至少为城市整体理论的要求。

保护城市传统需要法治的参与。那种居民早上上班，传统建筑完好，晚上回家发现房子没了，被拆了，投诉施工队，人家说拆错了，结果不了了之的荒唐事不能再发生了。

当然，保护城市传统不能走上邪路，这就是地域主义、撕裂族群、分裂国家的罪恶道路。保护城市传统要接受社会主义理论的指导，要服从社会主义统一原则这个更重要的整体理论要求。

用社会主义制度为原则，用法制和民意均衡为基础，积极保护传统，让城市人民知道"自己是谁"、"自己从哪里来"，提高归属感和名誉感，提高凝聚力，把保护传统的思想反映到城市制度，得到外环境的尊重、好感、支持，更好发挥城市系统的整体作用，这就是城市的传统理想。

▶ 17.3.8 社会理想

我们为人类，因此，我们对老弱孤残的同类有帮助的义务，这就是一个城市的社会理想，是一种优化元素关联的工作。

关注社会弱势群体一定不能缺少法制的参与。当前我国民政和保障事业乱象很多，因为法制淡薄，政府该做的工作没做好，为城市的社会理想制造了障碍。

社会理想让我们成为人类的同时还可以提高全社会的道德和民风，意义重大。应该借深化改革、以法治国的东风，改善全社会社会理想工作的制度和质量。

以上为狭义的社会理想，广义社会理想还包括：教育发达、科技先进、市场公正。

▶ 17.3.9 文化理想

一个城市应该有文化理想，这是逻辑结构提高元素和自身质量的重要理想。要发展研究型社会，广泛建设图书馆和书店，提倡知识产权保护，反对侵权盗版。

文化理想提倡符合社会主义原则的本土传统的继承和光大，民族的就是世界的。

17.3.10 爱国主义理想

城市与环境有互塑,首先与国家环境互塑,国家发展好才有城市发展好。旧社会,大城市虚假繁华,国家却水深火热,日本鬼子一打来,国破山河碎,大城市首当其冲被践踏,都是教训啊!

因此,城市一定要树立为国家服务的理想,既有环境互塑的系统论原理,又有中国人的人格和感情!地域主义甚至分裂主义都是要不得的罪恶。

把我以前提出的爱国主义发展规律提供给大家:

爱国主义发展规律包括主权完整、内政自主、国家统一、社会稳定、民心支持、人民发展这六个部分。

中华民族发展过程中,汉政权总结秦始皇的教训,走予民休息、发展人民、重要工作发动人民完成的道路,让汉政权成为中国第一个多民族统一的大国。唐政权总结隋炀帝的教训,继承汉政权的经验,将与民休息、发展人民、用民建功提高到实事求是发展国家的知识高度,广纳建议,初步形成了中国民族共生原则这个优良传统。中国民族共生原则指的是:统治阶级和人民作为两个生命体共生,统治阶级为了用民而帮助人民发展力量,人民因为自己潜在的力量要求统治阶级善待自己。封建社会的民族共生原则产生出伟大的爱国主义,几千年封建社会涌现出无数民族英雄和人民英雄。

中国共产党于中国革命和社会主义建设的过程中,将传统的民族共生原则改造成社会主义民族共生原则,重点是将统治阶级和人民两个生命体共生改造成党和人民作为一个整体共同求生存、共同谋发展。社会主义民族共生原则又产生出当代中国的爱国主义发展规律(主权完整、内政自主、国家统一、社会稳定、民心支持、人民发展)。

根据我的社会软结构研究,爱国主义发展规律源于社会软结构平衡规律"人民真正契约=政权发展=环境要求"。政权发展反映环境要求,用国防和法制这个拳头反抗侵略压迫的环境要求,用友好合作这个橄榄枝对外改革开放,结交战略伙伴,适应和平发展这个环境要求,中国能因此有主权完整、内政自主和国家统一。政权发展反映人民真正契约就能得到人民支持和人民力量,再因此实现社会稳定、民心支持。人民政权发展同时反映了人民真正契约和环境要求就能创造人民真正契约和环境要求的社会软结构平衡,有了这个平衡就有了实现人民发展的机会,就能创造出爱国主义发展规律。

17.3.11 国际化理想

城市还有一个大的环境互塑,即通过国家与国际环境互塑,这是现代化开放城市都会遇到的工作。与国际环境互塑就要求城市有为人类服务的理想,讲社会主义原则指导的人类正义，讲社会主义人权、人道主义、国际主义，不要歧视别人，讲人人天赋人权。

一个城市的教育发展好了，向全世界招留学生，传播科学和本国传统，这就是一种为人类服务的理想。

一个城市的科技发展好了，应用于全世界，为人们的生产生活增加动力，就是为人类服务的理想。

城市工业发展好了，给全世界提供产品和服务，同样叫为人类服务的理想。

发展旅游，让世界朋友来游玩，得到安全、知识、娱乐，同样叫为人类服务的理想。

17.4 城市制度

17.4.1 城市制度的逻辑解释

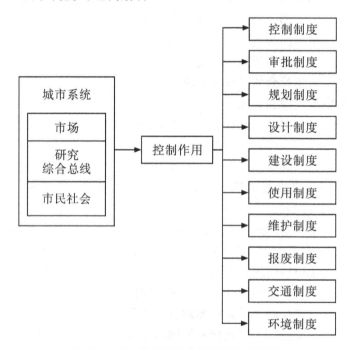

图17-12 城市政治系统控制理论作用

有一个看似离奇的想法：借鉴软件工程学研究城市的制度。但认真想想，这个道路很正常，不离奇。因为现代化的城市政治，封建主义产生的制度非法有害，官僚资本主义产生的制度非法有害，个人主义、人脉、潜规则产生的制度非法有害，都要消灭，这正是深化改革的国策要完成的重要任务。那么，城市政治的制度或叫城市的制度还有哪些？只有一个：创造各种城市制度的生命周期，产生制度、执行制度、监督制度、得到执行制度的结果、报废制度。和软件工程是不是很相像。的确相像，因为城市政治和软件工程都是逻辑工程，有着共同的逻辑工程规律，只是应用领域不同而已。借鉴软件工程学研究城市的制度（城市政治的制度），研究城市制度的产生发展，的确看似离奇实际正常。

我国城市制度存在"制度危机"，如官僚资本主义制度、潜规则制度、拍脑壳制度等等，一些制度或者有危害，或者出不了政府大门。申领救济的穷困县，办公楼盖得像故宫；戒烟法令在很多城市都出不了政府大门等等。政府制定政策不能工程化，主观主义严重，制度落实困难、宣传不得力、修改慢、监督缺位。需要类似软件工程学的诞生一样，发展制度工程学解决制度危机。

大家想想我们的城市制度工程，是不是同样个人化严重，有没有严重的人脉和潜规则、封建主义、官僚资本主义，有没有环境污染、腐败严重、社会黑暗，是不是和当年的"软件危机"一样出现了"城市制度危机"？是的！党中央反腐败和深化改革国策对城市而言，就是要用法制城市制度工程代替个人化城市制度状况，和当年发起软件工程的意义一样。只是，发展制度工程学和发展软件工程学一样，要先发展面向过程的制度工程学，重点用客观制度工程代替主观制度工程，同时不放弃控制权。

只发展法制城市制度工程会产生与面向过程的结构化软件工程一样的结果：不灵活，常常与市民灵活的逻辑需求相悖；照顾社会整体的制度多，人性化私人定制的制度缺乏；不灵活、不人性的制度肯定没有顽强的需求，肯定复用难、修改难。这就是说，只发展客观制度工程和控制制度工程是不够用的，需要考虑市民社会的民主要求。

什么是城市制度工程的面向对象方法？民主啊！城市民主就是得到市民的逻辑结构的意见，解决：不灵活问题；不人性问题；修改难和复用难的问题。社会主义城市民主三个中的两个为：群众路线；政治协商。面向对象制度工程学就是用民主的方法（群众路线、政治协商）得到制度工程的需求，用民主的方法扶植市民组织的合法自治，创造面向对象的市民社会和城市制度。

对于软件工程，面向对象思想控制弱的缺点可能带来问题。但对于城市制度工程，民主控制弱的缺点可能带来灾难。发达资本主义的解决之道为法制；我国的解决之道为社会主义法制和民主集中制。这就是说，中国制度工程学的发展道路对控制（民主集中）和民主（群众路线、政治协商）两条都不能丢，要像软件工程的发展方法一样发展制度工程。

城市制度工程的法制和民主需要共同存在。我国城市制度工程需要社会主义法制和社会主义三大民主（民主集中制、群众路线、政治协商）。

具有社会主义三大民主（民主集中制、群众路线、政治协商）的制度工程学叫做继承了毛泽东思想和邓小平理论的制度工程学。但是，新中国成立已经六十多年，改革已经三十多年，事易时移，只有继承不能解决所有问题，要有创新，这正是当代深化改革的任务。

当代中国制度学的问题同样是制度工程中的设计一类工作个人化严重，由此产生出很多弊端，是一种二维工程学，还是中国制度工程发展不好的重要原因，让政府单独行政和市民民主问政两个部分以矛盾的状况存在着。

城市制度工程和软件工程一样要发展三维工程学，都用三维逻辑工程学发展。城市政治的制度就是创造制度、运行制度、维护制度，因为制度和计算机软件一样是逻辑结构，因此，计算机软件工程的思想完全可以用于城市制度的生命周期研究，城市政治可以用软件工程学开发城市制度，用城市制度控制城市，这就是城市的信息制度。图17-12给出了基于软件工程学理论的城市十大制度。

城市工程三维后同样需要四库工具的帮助，解决设计一类工作个人化严重的状况。这个四库工具可以是计算机软件，还可以是社会智囊机构。要解决"外来和尚好念经"的问题，大力培养和扶植本地智囊，因为本地智囊更善于做"研究先进经验，研究本地实际，创造本地科学发展道路"的工作。

中国制度工程学在三十年新中国计划制度的发展过程中，制订计划是类似硬工程的方法，制度与人民分开，政府单纯制定制度，人民单纯使用制度，和面向过程软件工程学非常相像，但这违背了人类的逻辑结构特点和要求，正是改革的重要原因。改革的原因就是要用面向对象的方法改革面向过程的方法发展中国制度，把政府单纯制定制度、人民单纯使用制度改革成政府和人民一起制定制度和使用制度。

改革到现在，加上对世界风雨的观察，会发现，只用面向对象即民主发展制度是有问题的，这个问题就是控制不够的问题。民主泛滥和控制缺位常常是很多颜色革命和内斗内耗的重要原因。因此，应该用系统论的要求，用控制结合民主发展制度工程，控制就是面向过程，民主就是面向对象。

程序本身的结构应该以面向对象为主，面向对象思想符合人的思维特点，解决控制弱的缺陷能创造少数结构化语句形成不完整面向对象程序，更多的控制能通过软件工程过程得到。

城市制度同样如此，内涵由群众路线和政治协商得到，受民主集中制控制；过程由政府行政权控制。

三维城市制度工程与三维软件工程的产生原因是一样的。只有法制的城市制度工程是面向过程的单纯控制工程，谁都知道不行。如果城市制度的内容为市民意愿，面向对象，用群众路线和政治协商产生。但这种城市制度因为只有民主而没有控制，只有逻辑结构而没有适应内外环境的机制，很有机会制造分裂动乱这些坏事，因此，城市制度工程不但需要面向对象的民主，还需要面向过程的法制和民主集中制民主。三维城市制度工程就这么产生了。

少数用于控制的强制城市制度可以看成民主城市制度的简化和变形。

城市政治的制度制定过程和制度生存周期需要面向过程软件工程的分层控制，这就是用民主集中制组织起来的政府机构。制度的自身结构是面向对象的软件结构，需要群众路线和政治协商两大民主创造。长期以来，政府制造的城市制度生存周期都是二维的，和二维软件工程一样有"制度危机"，类似"软件危机"，个人化严重，工程化不足，应该引入三维逻辑工程学。

民主集中制创造第一维周期发起维和第二维步骤维，群众路线和政治协商产生第三维，制度内涵维。

中国面向对象民主思想的提出者是中国共产党，可能有人很诧异，会提到中山先生。但中山先生是照搬发达国家民主思想，这种全盘西化不能为中国人民理解接受，结果没有成功。中国共产党提出的民主集中、群众路线、政治协商三大民主思想为人民接受，而且产生了新中国成立和改革开放两个伟大的时间段。这说明，中国共产党三大民主思想很正确，当前的中国民主发展的困难是继承的问题和事易时移的问题。解决继承的问题要做到新中国两个时代不能互否，解决事易时移的问题要做到深化改革，借鉴包括发达国家在内的一切世界先进经验。

以民主集中制、群众路线、政治协商为核心的市民民主是城市制度的主要内容，这是现代化面向对象城市制度工程的发展方向。

制度工程中的对象重点指市民、市民组织、市民社会和包括经济现象的市民社会现象。面向对象城市制度和面向对象软件一样要有类、继承和消息这些特点，这些特点就是法制社会市民、市民组织、市民社会应该有的特点。

世界一切系统都由三个部分组成，即控制、要素、关联。城市同样要有控制，党和政府控制城市，控制活动需要市民民主参与；城市有要素，重点指市民、市民组织和市民社会；城市存在关联，重点是各种契约。

就控制而言有重控制和弱控制，钢筋水泥形成的建筑都是必须重控制的硬工程，逻辑结构形成的软工程仅需弱控制。

一个城市需要重控制管理城市，而制定制度和制度内涵需要弱控制。

世界一切系统都需要重控制，实际世界的系统受万有引力的控制是人人皆知的，生命繁衍受遗传控制也是人人皆知的，这些都是重控制，那么逻辑结构呢，逻辑结构是弱控制，为什么又说逻辑结构有重控制存在呢，不要忘记逻辑结构都是人创造的，人有主观能动性，人用主观能动性对逻辑结构进行重控制，逻辑结构的弱控制是因为省略了人的主观能动性而得出的。

制度的制定和内涵之所以是弱控制，因为制定和使用制度的政府和市民都有重控制，这个重控制就是我国重要的政治民主——民主集中制。政府的组成和市民产生民意都用民主集中制重控制，好比人的主观能动性，对群众路线和政治协商两个弱控制起支持作用。

城市系统仍然由控制、要素、关联三部分组成，民主集中制和法制控制城市，市民为城市要素受控制，市民的关联叫市民民主，通过影响制度与控制均衡。

三维城市制度工程把城市制度内涵由长官意志的重控制改变为社情民意的弱控制。

城市政治的制度建设绝对和软件开发同类，因此，借鉴软件工程学的新成果，城市制度建设同样可以把步骤和内容分开，用两种思想做两个部分的工作，硬工程思想和民主集中制用于城市制度建设过程，软工程思想和群众路线、政治协商用于城市制度建设的产品。

城市政治用三维逻辑工程学发展市政过程，城市的主观能动性来自党章、宪法、当代国策。

第一步，市政府收集社情民意，重点是群众路线和政治协商产生的社会契约，同时研究城市发展环境，寻找让二者均衡的制度草案，做可行性研究和需求研究，用民主集中制决定是否发起制度工程周期。第二步，用民主集中制，由政府、人大、政协确定制度工程步骤。这一步存在民主集中制与群众路线、政治协商互塑的要求。第三步，以与市民社会契约互塑的方法生产制度周期。

城市政治的"对象"显然是市民和市民组织。对象体指市民组织合法自治。

发展城市政治需要研究"类"，需要创造工程化行政的四库工具。发展城市制度一定要同时发展城市智库，要发展能产生真知灼见的智囊，这就是类似三维软件工程四库工具的三维制度工程的四库工具。

城市政治要研究不同市民群体的"属性"和管制、服务他们的办法，用这些办法创造城市发展的方法库。要大力开发各种城市制度模型和城市制度数据库，扩大科学制定城市制度的参考范围。

发展城市制度工程要把制度意义和制度操作分开，制度意义就是制度工程的抽象，可以方便复用。

市民组织加上其权责就是制度工程中的封装。市政府要有效地合法发展市民组织，附加上权责，为制度的生产和使用创造面向对象的环境条件。

对于城市政治而言，抽象指城市制度要覆盖整个公民社会，封装指制度和执法配套，不要让法令不出门，信息隐蔽指政府要保护公民合法的隐私制度。

城市政治对国家政治有继承的责任和义务，这非常重要，否则又成了"上有政策下有对策"。

继承的概念要求城市制度周期过程中把意义和操作分开，操作经验和操作结果分开，意义和操作经验就是市政府制定制度时有机会继承的事情。

多态概念对一切工程学都有重大的意义，对逻辑工程学也一样，"条条大路通广州"就是对"多态"的准确描述。对逻辑工程而言,"多态"不仅能减少逻辑工作的耦合,而且能实现人的个性,对发展人的创造爱好有重大作用,让逻辑工程开发人员在工作中既有四库工具帮助又不让工具禁锢自己的思想。

城市政治继承国家政治的同时还要因地制宜、实事求是的"多态"发展本地城市。如我国三十年的改革过程中,发展起来的城市结构、城市建筑、城市面貌竟然大同小异,这值得反思,让人遗憾。

这里的关联与系统论的关联有很大区别。这里的关联由权力和责任产生,系统论的关联指广播和契约。城市政治的政府职能就有"关联"的概念,转换职能就是变化"关联"。

协作是一个对象调用另一个对象的重要方法,通过消息传递实现协作,消息发送需要提供接受者和方法名。通过消息实现协作是逻辑工程各部分组成的又一个重要关联,人们在调用四库工具的元素时就用的是消息发送。

城市政治创造协作的内外环境要通过制度实现。要发展市民协作和市民组织协作,很多社会能做的工作都让社会组织做,因为广泛的协作实现小政府和大社会。

城市政治中,社会组织叫"聚合",政府公务员叫"组合",有着不同的责任和义务。对于社会发展而言,"聚合"比"组合"科学,这要求中国的公务员队伍要改革,推行聘任制。

制度工程学是过程之学,同样为了解决制度工程个人化严重这个"制度危机"。

城市政治创造城市制度生存周期的过程和软件工程一样有过程之学,同样需要面向对象思想和面向过程思想同时存在。

软件工程的发展道路对发展制度工程有借鉴意义,发展制度工程学同样可以两步走:第一步用面向过程的思想发展,即深化改革,消除主观主义行政现象;第二步综合运用面向过程思想和面向对象思想,即创新行政工作,发展三维制度工程学。

分析、设计、决策个人化是软件工程事业发展的重要问题,是"软件危机"不能彻底解决的重要原因。

分析、设计、决策个人化同样是制度工程发展的重要问题,同样是"制度危机"不能彻底解决的重要原因。

城市政治个人化严重,严重到腐败、人脉、潜规则长期破坏制度周期的客观性和工程化。城市政治发展城市制度应该引入三维社会工程学。要统一运用民主集中制、群众路线和政治协商三大民主方法发展城市制度工程学。只有民主集中制会产生主观工程,只有群众路线和政治协商会产生失控工程。

17.4.2 控制制度

城市政治制造城市制度的工作同样因为个人化而弊端严重。个人化在于制度第二维设计维的个人化，因为官员不受群众路线和政治协商的监督，单用民主集中制。

发展城市制度，都找聪明人，世界上没有那么多，要用聪明的程序让一般人都能高明的参与发展城市制度。用制度控制人发展其他制度。

城市政治要用三维社会工程学发展城市制度。党担任城市制度开发的董事长，政府担任总经理，市民社会是用户。第一维有民主集中制、群众路线、政治协商合作互助完成；第二维由市政府、人大、政协合作完成；第三维由市民社会使用。

三维城市制度工程学有三大优点：能控制制度的生命周期；让市民表达思想的第三维和民主集中制控制的第一维、第二维相结合。中国制度工程学同样急需发展成标准化时代。

城市政治的城市制度工程度量也要研究统一的度量单位，用三维社会工程学实现这个目标。这可以方便中央对各地政府的控制，方便市政府对自己的控制，方便人员工作成绩的计算等等。

城市政治发展城市制度的工程也需要项目估算，用三维社会工程学简化估算方法，规避风险。

估算城市制度工程的成本、收益和风险要研究暗存在，因为暗存在对城市制度工程过程、风险和结果影响重大。

城市政治的制度工程同样需要质量控制，用个人化则质量控制困难，用三维社会工程发展城市制度，因为工程化，质量控制得到简化。

城市制度是需要质量的，那种走不出政府的制度和没有效果的制度都是质量不好的制度。要提高城市制度的质量就需要标准化制度工程，这个制度工程就是三维制度工程，它需要以法治国环境的帮助。

城市政治的风险控制困难的原因和软件控制困难的原因是一样的，都是因为个人化严重，解决之道也一样，把二维工程发展到三维工程。

对于三维制度工程学的第一维，研究可行性、需求、成本、效益、风险这些项目时，都用考虑暗存在的影响。

17.4.3 审批制度

对于城市政治，要大声疾呼，不能再肆无忌惮的让不经测试的城市制度出台到社会了。一切城市制度的出台实施都要有软件工程学那样的测试制度，这就是城市政治的审批制度，用民主集中制、群众路线、政治协商三大民主方法审批。

城市制度是程序型的用面向过程思想审批，事务型的用面向对象思想审批。

17.4.4 可行性研究制度

这些年，一些市县政府浪费的钱多不多？盖了三年的豪华办公楼拆了重建；几百万的天桥刚盖好说盖错了，拆掉；巨资治理环境，环境比以前更差……这都是行政之前不做可行性研究或不做正确的可行性研究的恶果。

软件工程学的第一个工程活动就是可行性研究，为了规避风险、提高收益、降低成本。城市制度工程学的第一步同样应该做可行性研究，去掉主观主义、官僚主义、腐败的科学正确的可行性研究，规避行政风险，提高行政收益，降低行政成本，要研究行政经济学。

做城市制度工程可行性研究的过程中，一定要研究暗存在，研究潜在的支持行政的因素和潜在的阻碍行政的因素，这对可行性研究成功与否意义重大。

17.4.5 需求研究制度

城市制度要体现民意，这个工作就是城市制度工程的需求研究制度，通过群众路线和政治协商两大民主方法收集民意，用民主集中制指导。

制度工程学的需求研究制度和软件工程学的需求研究制度意义相同，因为制度工程的生产者是政府，使用者是市民社会，因此，需求研究的重要方法为政府与市民社会的交流互塑。

17.4.6 规划制度

在三维制度工程学时代，政府要由民主集中制行政转变成民主集中制与群众路线、政治协商互塑地行政，民主集中制由内涵变成过程，制度内涵让群众路线和政治协商充当，和面向过程的软件工程学的职能转变一样。

要发展小政府和大社会，精简权力清单，下放审批权。让政府的职能立足于行政程序，让城市制度最大限度体现市民社会的要求。

政府要管起行政决策，用民主集中制管理，因为城市需要控制。

三维制度工程的制度产品流由起点产品开始，流过政府控制的模块，产生供市民社会使用的制度，再由政府负责执法、修改、报废、复用。政府和民主集中制为面向过程，体现控制；市民社会和群众路线、政治协商为面向对象，体现元素和关联。城市因此成为逻辑结构。

制度工程学的第一个制度产品流由市政府制造，但通过三大民主的互塑产生，做的可行性研究和需求研究都是研究"契约＝制度＝环境"的均衡是否成立，研究过程中要加入暗存在情况。

城市政治的规划再也不能闭门造车、拍脑壳了，贻害无穷。应该引入软件工程那样的分析方法发展规划。程序型规划用面向过程技术，事物型规划用面向对象技术。

城市制度工程学的四库工具分为计算机软件和智库，软件分模型和数据库，还要利用网络收集意见。

城市政治的城市制度工程与软件工程一样都是逻辑工程，都需要三维逻辑工程的分析技术和规划技术，城市制度工程用三维社会工程学借鉴三维软件工程学的可行性研究和需求分析技术发展自己的规划技术。

城市制度工程学第一维和第二维用民主集中制，第三维用群众路线和政治协商。

▶ 17.4.7 设计制度

计划经济体制的城市制度和官僚主义的城市制度都会渐渐消失，政府的行政制度和面向过程技术一样会转入单纯程序型制度的设计工作中。事物型制度设计和三维制度工程第三维的产品流设计需要群众路线和政治协商这些面向对象的民主方法。

我国有长期的民主集中制传统，这个传统符合我国国情，不能丢，还要发展，要取其精华去其糟粕。如民主集中制有利于城市的团结、统一、稳定，避免内斗内耗。又如，民主集中制反腐败很管用。

城市政治的城市制度工程中，借鉴软件工程的做法，政府行政制度要监督事物型制度产生过程中制度的变化过程，确定其合法性和合理性，监督立法部门合法、合理工作。

仍然用民主集中制领导民意变成事物型制度的过程，要提出程序合法的原则。要用民主集中制优化民意，对市民社会契约作正确引导。

城市制度工程属于三维社会工程的一种，与三维软件工程学的规律一样，行政制度和面向过程技术一样要组织立法单位和市民组织共同立法，设计和优化立法模块，同时发展执法模块。

尤其对于大城市，要像三维软件工程第二维那样，用面向过程技术即民主集中制、软件技术、智库设计三维城市制度工程步骤维的分布。

这同样说明，城市行政制度的运用需要四库工具的建立和帮助。四库由软件、智库、数据收集、暗存在研究等组成。与三维软件工程学的方法一样但内涵不同。

政府行政制度是面向过程的，市民参与城市制度工程却是面向对象的，因此，城市制度的事物型内容要多考虑市民的意见，把听证会这个制定制度的方法发展好。

城市制度工程中的制度内涵设计的四库就是市民社会的需求、潜在需求、暗存在情况等。

三维城市工程第三维的设计同样需要类设计，这个类设计的来源就是市民社会的契约。

这说明，市民参与城市制度建设也需要四库，城市制度工程中的制度内涵设计的四库就是市民社会的需求、潜在需求、暗存在情况等，这个工具由社会智囊组织帮助建立。

17.4.8 建设制度

城市政府用面向过程的行政制度制定程序型制度，用程序型制度产生事物型制度，事物型制度内容要符合市民的面向对象要求，通过法律审查和合理性审查就可以实施了。实施事物型城市制度就是城市政治的建设制度。

城市制度工程的 goto 语句就是投诉机制、上访机制、信访机制、监督机制这些。

这些都是城市政治的三维社会工程值得参考的，行政制度有面向过程的特点，民意有面向对象的特点，行政制度决定第一维和第二维，民意决定第三维，行政制度和民意都要经过党章、宪法、当代国策和合理性审查。

城市制度工程和城市制度都有生命周期，有产生、发展、使用、维护、报废、复用这些周期过程。

可以对前面的研究做一个总结：城市制度工程和软件工程的规律一样，都是逻辑工程规律，最新的发展都是三维工程和四库工具，只是应用领域不同。完全可以把前面研究中的软件工程名词换成城市制度工程名词。为了给大家原始研究过程和资料，作者自己不做这个工作。

可以这样比方：中国共产党相当于程序开发者领导城市制度开发；市政府的行政制度代表面向过程的软件工程思想，决定三维社会工程的第一维和第二维；三大民主方法（民主集中制、群众路线、政治协商）代表面向对象的软件工程思想，决定三维社会工程的第三维。

城市的制度就是城市制度的开发制度，由党、政府、市民分别或共同拥有。党、政府、市民的权力分配和软件工程中开发者、面向过程思想（程序员）、面向对象思想（用户）三个角色的权力分配完全一样。当然，说的是城市权力的正态分配，如果有官僚主义和潜规则就另当别论了。

17.4.9 使用制度

城市制度的使用：定出制度清单，交给政府，向人民宣传，制度发生作用，监督制度实施情况，修改制度。

社会主义民主机构根据党的民主集中制定出制度的文本。叫定出制度清单。

制度交给政府机构验收，政府用行政制度实施制度。
向人民宣传制度的意义与软件工程培训的意义类似。
使用制度的过程就是政府执法、人民守法的过程。
有执法制度的政府机构和审判机构都要监督制度的运行，包括公检法司这些法制单位。
修改制度由党领导的民主机构完成。

17.4.10 维护制度

软件工程的软件周期有软件维护阶段，城市政治的制度周期同样有。城市政治对城市制度的维护制度有两个：监督和修改。对于监督，我提出过执法监督的思想，告诉大家：

大家想过没有，为什么我国很多法律法规都有出不了门的现象，为什么国家政策到了地方成为"上有政策下有对策"，为什么反腐败就是收效不大，为什么社会到处被人脉潜规则代替了法制，为什么党的基层组织因为涣散而当不了法制的神经末梢？这一切都因为法治的缺失，没有依法治国就没有现代化国家，解决当代中国社会深层次矛盾的良方就是依法治国！

一些人一提依法治国就搬出发达国家资本主义的三制度分立和普选，但我认为，中国因为没有巨额发展成本转嫁条件而不可能走发达国家法治发展道路，硬走只能走成半封建半殖民地，不少发展中国家走发达国家旧路并没有得到现代化法治就是对我观点的证明。当代中国的法制道路是对的，因此，人们应该注意，中国的问题出在法治检查而不是法制道路，不明白这个道理就不能有的放矢发展依法治国，这种情况在发达资本主义发展过程中也出现过，他们的现代化法治也有道路正确却实现不好的阶段，他们正是因为建立了现代化的法治检查制度而解决了依法治国的瓶颈。

我对中国法治检查制度有这样的建议：中国可以借鉴美国联邦调查局和香港廉政公署的经验，建立自己的法治检查部门，由党中央集体领导，党的领袖统帅，法治检查部门定期向全国人大常委会、全国政协常委会、民主党派汇报工作，法治检查部门只有调查制度而没有执法制度，它与旧社会的特务有本质区别，它是和发达国家一样的法治检查部门。我国由中国共产党领导全国一切事业且以此形成社会主义现代化国家，因此，法治检查部门受中国共产党党纪和共和国法律的约束和指导，它有自己的制度和纪律，包括利益回避、定期换岗这些保证工作大公无私的要求，它监督全国党组织和党员遵守党纪的情况，监督全社会的守法情况，接受人民群众的举报，对于一般错误，法治检查部门去信劝告当事人，对于严重违纪，法治检查部门去信中共组织检举，对于严重违法犯罪，法治检查部门去信司法机关检举。法治检查部门有本领让党的基层组织重新成为国家法制的神经末梢。值得一提的，建立法治检查部门的确需要一些经费，但建立这个部门、发展这个工作叫做"把钱用在了正确的地方"。

为了完善依法治国，第一要分析我国依法治国的缺点是什么？我认为我们中国特点社会主义法制道路没有错，但为什么依法治国却不能让人满意呢？在于法制实现的不好，究其原因是法治检查制度很弱甚至常常空缺，就是有法律规定但违反的人却不受追究，这让一些人不由自主地又回到祖宗的人治道路上去了。第二，既然我们明白我国依法治国的缺点是法治检查制度的空缺，也就是没有做到违法必究，那么，我国法治发展就应该重点发展法治检查制度，同时发展社会监督制度。

非常让人高兴的是，我国已经开始建立法制检查和监督制度，那就是中纪委巡视组的出现。

修改城市制度要注意接收反馈后修改，这个反馈包括政府的意见、人民的意见、实际情况。拍脑壳修法的行为要不得。

▶ 17.4.11 报废制度

城市制度有报废的工作，即城市政治有报废制度。一些制度过时了，一些制度有缺陷，则它们就都需要报废。制度报废是制度创新的基础，是改革的重要内容。

制度报废和软件报废一样需要成本，一样可以留下复用部分。

制度报废和软件报废一样需要手续，即要通过立法机构和政府机构。

▶ 17.4.12 交通制度

城市制度和软件一样能网络传播和共享，这就是城市政治的交通制度。

城市制度包括市民出行的制度，即传统交通道路的建设。人们要看到，网络传播理论和共享理论可以间接作用于传统交通，道路是网络的，公共交通是共享的。因此，城市交通制度可以由城市制度交通制度推广到传统交通网建设的交通制度。

城市交通制度包括规划各种网络和指挥各种网络交通的制度。

▶ 17.4.13 环境制度

当代中国有三大弊端：环境污染、腐败严重、社会不公，说的都是城市内环境的弊端。深化改革指外环境的变化。一个城市政治与内外环境都存在互塑，这种互塑决定着城市的生存和发展。城市政治有与内外环境互塑的制度，简称环境制度。

城市政治与内外环境互塑要用城市制度与内外环境互塑。国家政治有深化改革的国策,那么,城市制度就一定要响应这种国策。用制度治污、制度反腐、制度公正是治理三大弊端的有力武器。

政府治理环境要由不问责发展到问责制,否则,环境治理工作很难有效。这里不单指自然环境,指的是城市内部的一切环境。

17.5 市民社会

市民是一个城市和一个国家的基本元素,城市和国家的逻辑结构要良好生存发展,一定要重视市民元素质量的发展,过去长期重视控制和关联两大部分,对元素质量注重的不够。应该大力发展市民的物质文化需求的满足,创造资本和道德俱佳的中国市民、市民组织和市民社会,要大力发展法制市民社会和民主市民社会,创造文明的市民社会。

逻辑结构有三大组成:控制、元素、关联,制度由控制和关联组成,作用对象为元素。本章,对中国典型的逻辑结构元素:市民社会、市民组织、市民,做一点研究。市民和市民组织的逻辑结构为:

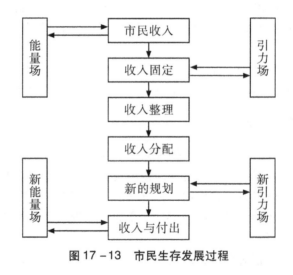

图17-13 市民生存发展过程

17.6 小结

本章研究了城市政治、城市原则、城市理想、城市制度和市民社会五个题目。

第十八章
逻辑场经济发展

18.1 经济学不够用

社会上流传一本畅销书,书名叫《凯恩斯大战哈耶克》,说的是凯恩斯代表的政府干预思想与哈耶克代表的自由市场思想半个多世纪的争论。首先的赢家是凯恩斯,他的理论成功解决20世纪30年代美国的经济危机,而且创造了美国长期的经济繁荣;但哈耶克也不是没有机会,长期的凯恩斯政策让西方经济出现了滞胀难题,人们想起了哈耶克,以他的学说为基础的"撒切尔经济学"和"里根经济学"开始出现,以反对政府干预市场为核心,为冷战成功助了一臂之力,也带动了很多发展中国家走向市场经济;风水轮流转,本世纪初一场影响广泛的金融危机的到来让人们又津津乐道凯恩斯主义了。

凯恩斯与哈耶克的争论实际就是政府干预与自由市场的争论,是市场规律和政府调控的"两只手"经济学与市场规律"一只看不见的手"经济学的争论。这种争论不只存在于经济领域,它存在于人类社会的一切结构中,即国家与家庭的矛盾、集体主义与个人主义的矛盾、制度与契约的矛盾。实事求是地说,如果矛盾的参与者只有两个,我赞成契约决定一切,但实际情况不是这样,矛盾的参与者是三个,除了制度和契约,还有环境。例如放牧的草地,如果草是吃不完的,人们当然应该随意养牛养羊,问题是过度放牧会造成土壤沙化,因此需要用制度限制人们的放牧自由,这就是环境要求产生的制度。

人们应该由此明白,凯恩斯与哈耶克的争论是各执一点,矛盾永远不能统一。矛盾的参与者是三点,凯恩斯和哈耶克都忽略了环境这个点,产生出有趣的现象——环境站在凯恩斯一边时让凯恩斯认为自己正确,环境站在哈耶克一边时让哈耶克认为自己正确。人们都知道,自然科学中的简单稳定平衡是三点,这个规律对社会科学也适用,资本主义或社会主义现代化国家的政治都是执政、民意、监督三点平衡,人类的现代化市场也同样需要三点平衡——政府调控、自由市场、环境条件,政府调控是执政,自由市场是民意,环境条件是监督。

我有一个作品叫《社会软结构学》，我于作品中提出了人类社会各种结构都适用的平衡公式："契约＝制度＝环境"，凯恩斯与哈耶克争论政府干预和自由市场谁对谁错，我研究政府干预、自由市场、市场环境怎么产生三点简单平衡，研究怎么运用这个平衡发展中国市场，将我发明的逻辑场系统论和社会软结构学的平衡公式用于中国市场经济研究。

18.1.1　美国成功的真实原因

美国之所以得到建国的成功是因为欧洲思想启蒙运动和资产阶级革命思想。美国早期的欧洲移民为了不受宗教迫害，更为了自由、平等、成功的美国梦而决定建立自己的国家，这一点由《独立宣言》可以找到很好的根据。

美国买地扩大国土的过程显然受欧洲殖民主义者的启发和达尔文主义的影响。

美国的南北战争和废奴运动让美国完善了自己的现代化制度，这是人民主体论战胜市场主体论的过程，也是资本主义公民社会战胜封建残余制度的过程，美国自此开始成为一个现代化大国。

第一次世界大战让美国得到巨大的发展机遇，他参与英法联盟且最终取得第一次世界大战战胜国地位，更重要的，美国发现且抓住了别国打仗他们卖物资挣钱的发展机会。

20世纪30年代，美国出现了历史上最严重的经济危机，为了寻找对策，凯恩斯学说登上美国的社会舞台，现代经济学受到美国社会高度重视。

实事求是地说，彻底解决美国30年代的经济危机且让美国成为世界超级大国的原因是第二次世界大战而不是现代经济学。同样实事求是地说，美国能在第二次世界大战获得成功不因为它的国家个人主义而是因为它坚持了人类正义的立场。

二战后的美国成为世界的政治、经济和学术中心，它的软硬实力都得到了非常优秀的发展，更重大的成功是它在冷战中战胜了前苏联，这其中又有了现代经济学的身影即哈耶克的自由市场思想。

虽说当代美国有着很多不足之处，国内有债务危机，对外常常因为国家个人主义搞侵略，但谁都不能否认美国是当代人类最成功的国家。问题是，将美国的成功仅仅归于经济学的成功是可笑的，美国的成功道路首先归于成功的政治体制、公民社会、研究型社会，其次归于历史条件和历史机遇，经济学只是帮助美国崛起的学术研究体系的一个分支。注意，美国崛起的根本原因还可以概括为：符合人类现代化正义的发展方向！

当然，中国有自己的国情，中国不可能复制美国之路，中国唯一正确的发展道路叫中国特点的社会主义现代化道路。尽管如此，我们也不能不经常借鉴发达国家的经验教训，他山之石可以攻玉。

18.1.2 改革取得成绩的真实原因

如果将改革发展比喻成多级火箭那么我就列举几级动力：

第一级动力为中国共产党革命年代和建国前三十年打下的基础，可以概括为爱国主义发展规律（主权完整、内政自主、国家统一、社会稳定、民心支持、人民发展）。

第二级动力为邓小平同志对改革的设计，一个叫开办特区，一个叫引入资本。这个阶段出现了担任政府智囊的现代经济学家。

第三级动力为市场体制的出现和发展，用"三个代表"作指导，极大倚重中国和世界的现代经济学家当参谋。

第四级动力为继续发展市场体制，用"科学发展观"作指导，学者尤其是经济学者全面参与国家发展。

第五级动力为"以法治国"和"以德治国"，将中国的现代化发展自市场层面深入到政权和人民层面。

可以归纳为两点：

（1）中国的改革自经济和市场层面开始很正确，这是国情和历史条件决定的；

（2）以法治国和以德治国的成功决定改革的彻底成功。

18.1.3 中国经济学发展存在的问题

中国这三十年的改革开放，丰功伟绩第一位！但毋庸讳言，当代中国出现了三大弊端：环境污染、腐败现象、贫富不公。这其中有一部分责任要由三十年来的中国经济学负责。我提几个中国经济学发展存在的问题：

（1）不计代价的追求国民生产总值高速发展不可取。它造成部分地区少数官员为求本地区发展速度而不择手段，其后果是环境污染、腐败现象、制假售假、食品有毒。

（2）用经济学研究指导全社会发展不可取。我国的改革由经济领域开始是正确的，国情需要。但我国长期用经济学指导全社会发展则不可取。发达国家社会发展的指导思想是政治、法律、经济、科学和其他学术综合在一起的学术体系，有作为的经济学家都同时是社会整体学术的专家，都对一国精神、制度、人民很了解，很少有我国这样的控制民族命运却只懂纯经济学的专家。当然，以法治国和以德治国的提出说明中国共产党正改变着这种现象。

（3）为利益集团说话的研究、为职称和升职做的无价值研究、学术腐败害人不浅。

要提的问题多得很，我只抛砖引玉，盼望出现一个健康争论的局面，因为发达国家的现代学术都是在争论中开花结果的。

18.1.4　经济学很重要

改革开放的重要目标为建立完善的社会主义市场经济体制，这个工作缺少现代经济学的帮助就不可能成功，经济学很重要。而且，以西方经济学为核心的现代社会科学经过社会主义国情改造后，能帮助中国社会各个领域发展社会主义现代化制度，能启蒙人民的现代化意识。这就是我的新型经济学研究把西方经济学和中国科学社会主义一起作为基础的原因。

18.1.5　经济学不够用

我们了解中外现代化发展的过程之后，一定会明白，发展一国社会仅用纯经济学是不够用的，实际上，发展一国经济仅用经济学也同样不够用，需要一国整体学术体系的建立，需要复杂综合研究，用系统科学的角度，研究一个经济学题目先要研究整个系统，得出结论后，再研究这个经济学题目这个局部。

当前中国经济学研究迫切需要解决的问题有两个：一个为自国情出发；一个为系统研究。

对第一个问题，人们要注意：①这个思想的首创者为中国共产党第七次代表大会，会上对毛泽东思想的产生过程这样总结：把马克思主义普遍真理与中国实际相结合，产生出毛泽东思想。我这些年将其概括为：研究世界先进，研究中国实际，结合二者创造中国学术体系。②中共七大总结的毛泽东思想产生方法这个伟大的方法论，中国这几十年很少有人提、有人用了，而我国经济发展出现不少错误的重大原因之一就是放弃了产生毛泽东思想的伟大方法论。③我们不能放弃西方经济学，因为它的伟大之处是有效战胜官僚资本主义，发展中国家的经济生活只要被官僚资本主义支配，这个国家就不可能实现现代化！只是我们运用和发展西方经济学的道路不能是全盘西化，而应该学毛泽东同志移植马克思主义的道路！

对于第二个问题，我的这个作品就是寻找解决之道的工作，用系统论、用逻辑场、用软结构学研究中国整体社会，得出系统结构和系统规律的结论，再研究经济学领域这个局部。

18.2　需要中国立场

18.2.1　发达国家市场经济的经验教训

发达国家经济领先世界几百年，人民生活富足，科技创新优秀，虽有各种经济危机却没有动摇他们的经济超级大国地位,他们的成功成为中国市场发展的目标。那么,发达国家市场经济的经验教训有哪些呢?

发达国家的经验教训很多,归根到底却只有一条:民主制度的发展!发达国家早期用民主发展市场,罪恶重重,因为没有制度的民主会让个人主义充分发挥它干坏事的本领。发达国家在二战结束后大力发展民主制度,用民主制度约束个人主义坏的一面,同时用民主制度发展个人主义积极的一面,发展有产工人,扩大资本科学挣钱的领域,限制资本的剥削行为,让市场体制进入现代化和信息化。

对中国而言,第一重要的科学是别人的社会发展论,第一重要的技术是别人的研究型社会,这两点的基础是民主制度的发展。当然,我国需要的是社会主义民主制度,与资本主义民主制度有重大差异,但这不妨碍我们借鉴发达国家的长处。

18.2.2 人民主体论和市场主体论

发达资本主义国家发展市场体制走过了市场主体论和人民主体论两个阶段。

发达国家市场发展早期都是市场主体论,缺乏制度,给资本绝对自由,造成残酷剥削和侵略战争,在封建残余严重的德日等国,因为没有制度约束和资本国家化而产生法西斯主义毒瘤。

二战以后,发达国家纷纷开始人民主体论的市场发展阶段,它的特点是发展民主制度,既要自由又要制度,制度保障市场元素的人权、公民权、市场元素权,让社会成为公民社会,让研究成为公民研究。

18.2.3 中国市场经济发展的经验教训

中国市场经济发展的经验是:市场体制为中国经济发展唯一正确的出路,开创中国市场体制是丰功伟绩!而中国市场经济发展的教训则体现在:

(1) 认为毛泽东思想是计划经济的产物而不重视,没有正确认识到毛泽东思想是国情的产物。

(2) 迷信发达国家经济学,迷信发达国家经济学研究道路,忽视了发达国家理性人与中国理性人的差异,忽视了"人不总是理性的"这个真理。

18.2.4 中国逻辑人研究

研究中国经济学,用中国逻辑人为研究对象比外国理性人科学。中国逻辑人指有逻辑结构的中国市场元素,包括市场参与者和参与单位。中国市场元素的逻辑结构就是我于《社会软结构学》中提出的逻辑结构。

先研究市场元素的逻辑结构,就能得出中国国情,根据市场元素逻辑结构得出的规律肯定是正确规律，根据逻辑结构制定的宏观政策肯定是立足国情的政策。

我们长期想立足国情而却事倍功半的重要原因是我们没有研究逻辑人的理论发展道路。

▶ 18.2.5　中国市场规律研究

如果有人说中国市场有规律，肯定会遭到成千上万国民的围剿！因为中国股市就是中国市场没有规律的最好证明，股市波动与上市公司经营没有重大关联，只是因为有人操作股市！

如果有人说中国市场没有规律，他又会受到有识之士的嘲笑！中国市场有规律，这个规律就是用廉价制造公司和污染公司让政府和国民手上有一定资金，再由社会精英通过潜规则搞房地产和其他高级经济活动重新分配这些资金！中国市场另一个规律就是官僚资本主义规律，国企垄断牟利！

可以这样总结：中国市场缺乏健康的发展规律，却存在结构低级和官僚资本主义这两个不健康的发展规律。

▶ 18.2.6　中国市场制度研究

如果说中国市场有制度，我国房价调控不会如此艰辛！如果说中国市场没有制度，商人的开发项目不会审批两年还不能动工！与市场规律一样，中国市场制度仍然是健康制度少，不健康制度多。

以法治国任重道远。

▶ 18.2.7　毛泽东思想给当代中国的启发

中国市场规律和市场制度的缺点说明，我国研究市场和发展市场的参照连中国理性人都不是，用发达国家理性人作参照，不出问题是不可能的。应该发展中国逻辑人的研究。

我们回忆革命和建设年代的毛泽东思想很有好处。体现在以下 3 个方面：

（1）毛泽东同志为了革命的成功，正确研究中国这个逻辑人，做阶级分析，得出农村革命论，又正确研究农村和农民这两个逻辑人，得出土地革命论。

（2）毛泽东同志提出"枪杆子里面出政权"，正确研究军队和军人这两个逻辑人，做出"三湾改编"的伟大创造。

（3）建设年代，毛泽东同志研究国家和人民这两个逻辑人，创造出新中国国家。

因此，毛泽东思想的精髓之一是研究社会组成的逻辑结构，建立起正确的社会主义民主制度，用社会主义民主制度激发元素逻辑结构的积极性，同时让逻辑结构健康发展，形成良性循环。作为例子，人们可以考察那时人民军队广大指战员思想这个逻辑结构的生存发展状况，考察那时的军事民主制度。同样作为例子，人们可以考察那时的工农和干部。

当然，因为历史条件的要求，那时对意识形态领域没有讲民主和培养民主逻辑结构，要求人人意识形态一样，它保障了共和国生存发展，但又制造出文革这些让人痛心的罪恶。

我们当代人应该继承毛泽东思想开创社会主义民主制度的传统，让社会元素逻辑结构健康发展，得到好的逻辑人，接着让逻辑人为社会作贡献。同时要反对意识形态专制，因为这不符合改革开放的需要，要提倡社会主义原则允许的百花齐放、百家争鸣，让逻辑人发展多样性。

我们发展市场同样需要毛泽东思想，其中之一就是毛泽东思想创造民主制度的方法，这个民主制度首先应该是党领导的，讲民主集中制，同时又以保障成员人权、公民权为宗旨，提高成员素质、工作质量和热情。这一切和发达国家市场先民主、再制度、现在搞民主制度的过程是一样的。

毛泽东思想当年如果没有极大的人民民主特点，他当年就不会得到全国政权，这是当代中国人必须看明白的地方。

18.2.8 发展市场经济需要中国立场

发展市场经济需要中国立场，这个立场就是以中国逻辑人为研究对象，通过了解市场元素的逻辑结构得到中国国情，通过逻辑结构健康要求制定市场民主制度，用市场民主制度即法制这只手，和逻辑结构健康成长即规律这只手，帮助中国市场发展。

我这个专著就是以中国逻辑人为研究对象的市场研究。

18.3 逻辑场经济学

18.3.1 创造经济生命体结构的意义

人类社会发展到工业社会后，国家体制成为公民制度，全民参与经济活动，而且因此产生出现代经济学。当代，全球化市场体制飞跃发展，经济学成为各国发展的重要工具，但是，每个国家的经济学研究和发展都有问题，每个问题都很大，都成为国家发展的难题，发达国家有债务悬崖，发展中国家有官僚资本主义，这一切的原因是什么？是经济学研究的对象机器化！

发达国家第一批开始发展现代化经济，自然第一批发展现代化经济学，他们的研究对象叫理性人即绝对以成本收益关联办事的人，这个理性人就是个机器。发达国家忽略经济参与者生命特征的结果是：自己的经济危机不断，残酷侵略压迫其他发展中人民。但是，理性人这个机器的基础是个人主义，而发达国家人民的思想基础就是个人主义，这个发达国家人民的个人主义发展出人权和公民思想，又发展出人权和公民思想的法制，用这个法制发展出人民主体论的市场，这个市场就有了一半生命体的特点。当凯恩斯的政府干预和哈耶克的自由市场统一，这个发达国家市场是生命体；当凯恩斯的政府干预和哈耶克的自由市场对立，这个发达国家市场是机器。市场成为生命体它就发展，市场成为机器它就会出现各种问题甚至灾难。

中国自社会主义共和国成立起开始发展现代化经济，前三十年用计划经济体制发展，后三十年用市场体制发展。当中国发展计划经济时，经济学的研究对象是前苏联的计划人，这个计划人显然是机器而不是生命，结果是滋长官僚主义而破坏国家发展。改革开放的三十年，中国发展市场经济，成就伟大，国家得到巨大发展，但毋庸讳言，这个阶段的经济学研究对象是发达国家的理性人，发达国家人民的个人主义让他们的理性人有一半的生命特点，但中国人民不擅长个人主义，这让中国不能由理性人对象得到生命特点，整个中国经济学研究对象就是个机器人，其直接结果是造成中国官僚资本主义泛滥，让中国产生环境污染、腐败横行、社会黑暗三大弊端的同时，还让中国的经济发展和经济学研究迷茫苦闷。

中国革命是怎么成功的？因为中国共产党研究世界先进学说、研究本国实际情况、结合世界先进和本国实际，发明出毛泽东思想，让中国革命由机器变成生命体，得到伟大成功！改革初期的伟大成功仍然是中国共产党结合世界先进和本国实际发明出邓小平理论，让计划经济后期这个机器变成改革初期的生命体而成功！这一切解释了中国当前经济发展和经济学研究迷茫苦闷的原因，一个国家的现代化经济体有生命，如果把它当成机器，它就会给人民制造灾难，如果把它当成生命，让它和人民一起发展，它会成为人民的组成部分，会成为国家和民族成功的重大基础。

以上是这本专著产生的原因，要创造一个科学正确的中国经济生命体，用这个生命体取代中国经济研究长期的理性人对象，让当代中国人发展经济和经济学又有一个研究世界先进、研究本国实际、结合世界先进和本国实际创造中国道路的机会。

18.3.2 论场结构生命体

本专著第一次提出场结构生命体的概念，很多人会感觉陌生，因此，我对这个概念做个解释。

一棵小草是一个生命体，但它是一个体生命体，它的结构是它的内部结构和结构之间的关联。但一片草地就是一个场生命体，它的结构的粒度是一颗颗小草和小草间的关联。小草没有思想，因此，草地是非逻辑场结构生命体。

一头大象是一个体结构生命体，一群大象就是一个场结构生命体，它的结构是一头头大象和大象间的关联。大象是低级逻辑生命，因此，象群是低级逻辑场结构生命体。

一个人是一个体结构生命体，一群人就是一个场结构生命体，他的结构是人、人和人之间的关联。人是高级逻辑生命，因此，人群是高级逻辑场结构生命体，本专著研究的场结构生命体就指人群、国家、人类。人类的场结构生命体都是软结构，可以把人类社会整体看成社会软结构，这个社会软结构好比一个"人"，人类在各种领域的活动可以看做社会软结构这个"人"的活动，人类的经济活动就是社会软结构这个"人"在生产领域的活动。

发明场结构生命体的概念很有意义：首先，经济学研究对象由机器变成社会软结构这个生命的活动；其次，让场系统论科技到达经济学整个研究领域；又次，让生命学和生态学科技到达经济学整个研究领域。

▶ 18.3.3　逻辑场系统论对经济生命体研究的意义

系统论以生命活动为基础产生，但运用领域长期是机器和类似机器的管理活动，为了把系统论用于生命研究就必须对它逻辑化，《三维社会工程学》这本专著完成了这个工作，但世界上有场生命这个研究对象，要用系统论研究场生命就必须发明逻辑场系统论，《社会软结构学》这本专著完成了这个工作。

人类现代的市场和经济活动因为全球化和信息化而具备了场生命的特点，是社会软结构场生命的子集，研究现代化经济和现代化经济学不能把研究对象机器化，应该把研究对象看成场生命。研究场生命需要多学科知识综合研究，如生命科学和生态科学，而本专著重点用系统论研究经济学，把生命用逻辑结构和逻辑活动体现出来，用逻辑场系统论对应社会软结构和经济场生命体，把社会软结构和经济场生命体都当成逻辑场研究。

▶ 18.3.4　三维逻辑工程学对经济生命体研究的意义

本专著把经济生命体当成了逻辑场系统，那么，创造和优化经济生命体的工作就能由三维逻辑工程学承担了，目标要让经济发展工作由个人化转变成工程化，原理与社会软结构发展工程化一样。

▶ 18.3.5　社会软结构与经济生命体

社会软结构与经济生命体可以比喻成一个人和他的工作，可以解释成人群和人群的生产活动。由此，以前单纯研究经济学的办法，把经济学研究对象当机器的办法，都错了，经济活动是有场生命的社会软结构的一部分场生命。

18.3.6 经济生命体的结构

18.3.6.1 元素

经济生命体是一个逻辑场系统,用逻辑场系统论研究它完全正确。经济生命体的元素分原子元素和子系统,原子元素指人,子系统指人群。人和人群都用逻辑结构表达,每个逻辑结构都分三个层次:

初级逻辑结构 = 各种实际系统的有用要素 + 自创的逻辑关联

中级逻辑结构 = 初级逻辑结构 + 环境变量 + 自创的逻辑关联

高级逻辑结构 = 中级逻辑结构 + 主观能动性变量 + 自创的逻辑关联

为了体现经济活动中什么人都有,又体现研究简化,我假定人和人群都用高级逻辑结构参与经济活动,对初级逻辑结构的参与者则假定:

初级逻辑结构 = 中级逻辑结构 = 高级逻辑结构

对中级逻辑结构的参与者则假定:

中级逻辑结构 = 高级逻辑结构

18.3.6.1.1 原子元素

1. 人的发展论逻辑结构

高级逻辑结构 = 中级逻辑结构 + 主观能动性变量 + 自创的逻辑关联

设:

高级逻辑结构——L3;

中级逻辑结构——L2;

主观能动性变量——n;

自创的逻辑关联——j3。

那么,高级逻辑结构能写成:

$$L3 = L2 + n + j3$$

这个逻辑结构的运动是这样:人因为个人主义或个体主义产生接受物质商品或精神商品的主观能动性 n,比如 n 能产生衣食住行的要求;j3 是 n 的行为对 L2 的创造,L2 是一个人实现自己目标的需要,比如 n 得到一笔钱就会产生人有钱开店这个 L2,比如 n 卖出一本书就会产生人有钱买新书的这个 L2;n 产生的 L2 可不全是有益的,人若借了不能负担的高利贷开店或卖书收入少买不了新书,因为 j3 的作用会产生有害的 L2。我们能把 L3 看做接受能量的过程,接受能量的主角为 n。

中级逻辑结构 = 初级逻辑结构 + 环境变量 + 自创的逻辑关联

设:

中级逻辑结构——L2；

初级逻辑结构——L1；

环境变量——d；

自创的逻辑关联——j2。

那么，中级逻辑结构能写成：

$$L2 = L1 + d + j2$$

这个逻辑结构是这样运动的：因为 L3 和 L2 的逻辑结构说明，人的资产 L1 的成长受两个原因影响，一个是为了帮助人成长要求 L2 而接受能量的 n，一个是人处于的环境的作用，d 代表环境，j3 代表环境 d 对 L1 的作用。这样的例子很多，比如一个人在赚钱的同时要受到社会法律的帮助和限制，要接受法律赋予他的权利义务，这个人赚钱靠 n 的帮助，这个人受法律制度的帮助和限制是因为 d 的作用，社会法律制度对一个人来说就是环境，也叫引力，引力场的引力。可以把 L2 看做加工能量的过程，加工能量的主角为 n 和 d，n 由能量场接受能量，d 由引力场制造。

初级逻辑结构 = 各种实际系统的有用要素 + 自创的逻辑关联

设：

初级逻辑结构——L1

各种实际系统的有用要素——y；

自创的逻辑关联——j1。

那么，初级逻辑结构能写成：

$$L1 = y + j1$$

L1 就是人的综合资产，它是人在经济生命体能量场和引力场活动的逻辑根据。y 指各种资产，包括物质能量资产和精神素质资产，包括钱、物、信用、感情、身体、智慧、道德、其他。j1 是各种资产的关联，L1 就是综合后的各种资产带权重的逻辑和，就是一个人的综合资产。

2. 人的结构论逻辑结构

初级逻辑结构 = 各种实际系统的有用要素 + 自创的逻辑关联

设：

初级逻辑结构——$*L1$；

各种实际系统的有用要素——$*y$；

自创的逻辑关联——$*j1$。

那么，初级逻辑结构能写成：

$$*L1 = *y + *j1$$

$*L1 = L1$，人形成自身经济生命体逻辑结构的基础是把发展论产生的综合资产 L1 作为结构论的综合资产 *L1。

中级逻辑结构 = 初级逻辑结构 + 环境变量 + 自创的逻辑关联

设：

中级逻辑结构——*L2；

初级逻辑结构——*L1；

环境变量——*d；

自创的逻辑关联——*j2。

那么，中级逻辑结构能写成：

$$*L2 = *L1 + *d + *j2$$

这个逻辑结构是这样运动的：人的综合资产 *L1 因为新的环境 *d 的影响 *j2 产生自己的新的发展要求 *L2，好比市场法制允许发家致富这个 *d 的作用 *j2 让 *L1 产生到发达城市奋斗这个 *L2。*d 是因为自我新的综合资产 *L1 发出引力和接受引力的差产生的环境作用，好比地球对太阳同时发出和接受引力，因为差是正值所以地球被太阳吸引，地球对月亮同时发出和接受引力，因为差是负值所以地球吸引月球，这里把社会软结构的环境作用都当成引力场的引力。

高级逻辑结构 = 中级逻辑结构 + 主观能动性变量 + 自创的逻辑关联

设：

高级逻辑结构——*L3；

中级逻辑结构——*L2；

主观能动性变量——*n；

自创的逻辑关联——*j3。

那么，高级逻辑结构能写成：

$$*L3 = *L2 + *n + *j3$$

这个逻辑结构是这样运动的：因为 *L2 这个经济目标的作用 *j3 产生 *n 这个主观能动性指导的行为，为了实现自己的目标，*n 会发出能量实现通过为社会工作得到个人收益的效果，*n 也会继续接受能量和 n 的意义一样；*n 和 n 一样要么由个人主义支配产生正确或错误的行为，要么由个体主义支配。

▶ 18.3.6.1.2 子系统

1. 人群的发展论逻辑结构

高级逻辑结构 = 中级逻辑结构 + 主观能动性变量 + 自创的逻辑关联

设：

高级逻辑结构——（群 L3）；

中级逻辑结构——（群 L2）；

主观能动性变量——（群 n）；

自创的逻辑关联——（群 j3）。

那么，高级逻辑结构能写成：

$$（群\ L3）=（群\ L2）+（群\ n）+（群\ j3）$$

这个逻辑结构的运动是这样：（群 n）是人群的元素 n 带权重的和。人因为个人主义或个体主义产生接受物质商品或精神商品的主观能动性 n，再根据个人在人群中的地位得到权重，带权重的 n 的逻辑和就成为这个人群的契约，或者叫人群个人主义、人群个体主义。（群 n）的产生过程能用递归的方法由小规模人群发展到大规模人群。我们同样能把（群 L3）看做接受能量的过程，接受能量的主角为（群 n）。

中级逻辑结构 = 初级逻辑结构 + 环境变量 + 自创的逻辑关联

设：

中级逻辑结构——（群 L2）；

初级逻辑结构——（群 L1）；

环境变量——（群 d）；

自创的逻辑关联——（群 j2）。

那么，中级逻辑结构能写成：

$$（群\ L2）=（群\ L1）+（群\ d）+（群\ j2）$$

这个逻辑结构是这样运动的：因为（群 L3）和（群 L2）的逻辑结构说明，人群的综合资产（群 L1）的成长受两个原因影响，一个是为了帮助人群成长要求（群 L2）而接受能量的（群 n），一个是人群处于的环境的作用，（群 d）代表环境，（群 j3）代表环境（群 d）对（群 L1）的作用。可以把（群 L2）看做加工能量的过程，加工能量的主角为（群 n）和（群 d），（群 n）由能量场接受能量，（群 d）由引力场制造。

初级逻辑结构 = 各种实际系统的有用要素 + 自创的逻辑关联

设：

初级逻辑结构——（群 L1）；

各种实际系统的有用要素——（群 y）；

自创的逻辑关联——（群 j1）。

那么，初级逻辑结构能写成：

$$（群\ L1）=（群\ y）+（群\ j1）$$

（群 L1）就是人群的综合资产，它是人群在经济生命体能量场和引力场活动的逻辑根据。注意，这里的（群 y）就是人群的综合资产，（群 j1）是人与人的交往、影响和关联，它是人群产生契约的重要基础。（群 L1）就是完善后的人群的综合资产，这种综合资产产生于个人物质资产和精神资产的加权逻辑和。

2. 人群的结构论逻辑结构

  初级逻辑结构 = 各种实际系统的有用要素 + 自创的逻辑关联

设：

初级逻辑结构——（群 * L1）；

各种实际系统的有用要素——（群 * y）；

自创的逻辑关联——（群 * j1）。

那么，初级逻辑结构能写成：

$$(群 * L1) = (群 * y) + (群 * j1)$$

$$(群 * L1) = (群 \, L1)$$

人群形成自身经济生命体逻辑结构的基础是把发展论产生的综合资产（群 L1）作为结构论的综合资产（群 * L1）。

  中级逻辑结构 = 初级逻辑结构 + 环境变量 + 自创的逻辑关联

设：

中级逻辑结构——（群 * L2）；

初级逻辑结构——（群 * L1）；

环境变量——（群 * d）；

自创的逻辑关联——（群 * j2）。

那么，中级逻辑结构能写成：

$$(群 * L2) = (群 * L1) + (群 * d) + (群 * j2)$$

这个逻辑结构是这样运动的：人群的综合资产（群 * L1）因为新的环境（群 * d）的影响（群 * j2）产生自己的新的发展要求（群 * L2）。注意，（群 * d）是因为人群新的综合资产（群 * L1）发出引力和接受引力的差产生的环境作用，这里把社会软结构的环境作用都当成引力场的引力。

  高级逻辑结构 = 中级逻辑结构 + 主观能动性变量 + 自创的逻辑关联

设：

高级逻辑结构——（群 * L3）；

中级逻辑结构——（群 * L2）；

主观能动性变量——（群 * n）；

自创的逻辑关联——（群 * j3）。

那么，高级逻辑结构能写成：

$$(群 * L3) = (群 * L2) + (群 * n) + (群 * j3)$$

这个逻辑结构是这样运动的：因为（群 * L2）这个人群目标的作用（群 * j3）产生（群 * n）这个主观能动性指导的行为，为了实现自己的目标，（群 * n）会发出能量实现通过为社会工作得到人群收益的效果，（群 * n）也会继续接受能量和（群n）的意义一样；（群*n）和（群n）一样要么由人群个人主义支配产生正确或错误的行为，要么由人群个体主义支配。

18.3.6.2 关联

经济生命体的元素之间的关联与社会软结构一样。

18.3.6.3 能量场和引力场

经济生命体与社会软结构共用能量场、引力场和环境。

18.3.7 经济生命体的活动

经济生命体的活动是社会软结构活动的一部分，活动主体为社会软结构。经济生命体活动有逻辑场系统活动特点，可以用逻辑场系统论研究它。而且，研究经济生命体要同时研究社会软结构，即经济学研究要立足于全社会研究，发展经济要立足国情。

18.3.8 经济生命体的周期

一个人的经济生命体的周期为：

$L3$、$L2$、$L1$、$*L1$、$*L2$、$*L3$。

一群人的经济生命体的周期为：

（群$L3$）、（群$L2$）、（群$L1$）、（群$*L1$）、（群$*L2$）、（群$*L3$）。

18.3.9 经济生命体均衡研究

因为经济生命体是社会软结构的一部分，因此它有这样一些公式：

$$E = 群*n$$

公式的意思是综合总线创造人群的契约。

$$群*n = Z$$

公式的意思是人群契约创造控制总线。

经济生命体平衡公式（社会软结构平衡公式）：

$$人群契约 = 控制总线 = 环境影响$$
$$群*n = Z = 群*d$$

公式的意思是一个经济活动，当它的工作（控制总线）同时满足人群契约和环境影响的要求，这个经济活动就处于良好平衡，这个平衡因为反映了人群契约而制造良好的能量场，得到良好的经济收益，因为反映了环境影响而得到良好引力场，得到社会支持。

18.4 计划经济学的意义

图 18-1 说明计划体制的契约与环境的均衡就只是中央政府的意志，生产过程没有民主，同样只有中央政府的绝对控制，中央政府对市场的消费者和厂商都有绝对控制权，市场是中央政府垄断的计划市场。

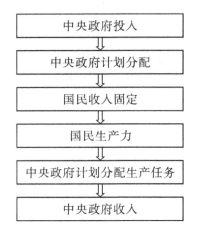

图 18-1　一国计划经济结构

从图 18-2 可以看出，市场发展由中央政府统一制定计划，统一投入生产要素，增长函数和发展函数都是计划函数即结果预先可知，是计划体制自给自足的封闭发展。

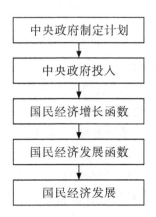

图 18-2　一国计划经济发展

18.4.1 中国计划经济的建立

自 1840 年鸦片战争到新中国成立,中国的市场都是半封建半殖民地的官僚资本主义市场,这种市场由帝国主义垄断和封建主义垄断一起组成,实际就是帝国主义和封建主义一起剥削、压迫中国人民的工具。

中国共产党于中国革命阶段,因为马克思主义对资本家剩余价值的批判,因为中国人民大多数饥寒交迫,作为马克思主义的政党,作为救国救民的中国政治组织,中国共产党开创了中国发展过程中新的经济结构——计划经济体制,革命队伍的一切收入归于组织,组织统一分配资源,组织统一计划生产。其作用就是,中国共产党成为救国救民的市场理性垄断者,用计划体制把人民解放出来,让他们由官僚资本主义的奴隶变成社会主义计划经济的主人,单就土改一件事就让中国农民百万当兵支持共产党解放全中国。

18.4.2 中国早期计划经济的发展

新中国初期的十几年,壮劳力都是旧社会成长起来的,他们懂得用新旧社会的对比确定自己的价值观。旧社会的官僚资本主义,人民受苦受难,新社会的计划体制让他们成为国家的主人,这种变化极大的激发了工人阶级建设国家的热情,那是一个产生无数奇迹的年代。

18.4.3 中国计划经济后期发展

新中国计划经济发展后期出现了浮夸、冒进,直到"文革",其特点是,政府不是理性人了,官僚主义统治了中国的经济发展。这说明,因为有个人主义这个人类精神世界的基础,计划体制不可能是生产消费的常态。计划体制用于特殊阶段有一定合理性和作用,但用它长期发展国家,由于计划体制不能战胜官僚主义,因此一定会失败。这也说明中国的改革开放的正确。

18.4.4 中国计划经济的教训

计划经济的教训就是官僚主义!人类的精神世界的重要基础有个人主义,个人主义在任何垄断的市场都能创造官僚主义和官僚资本主义,哪怕是社会主义计划体制。因此,一个国家的经济发展一定不能缺少理性竞争,以此产生市场规律,任何绝对的垄断都是要不得的;一个国家仍然要在市场中给政府留个位置,但这个位置不能是领导者,而是调控者。

18.4.5 中国计划经济的经验

当代很多人很轻视计划经济的年代了,认为计划经济体制完全没有经验可言。实际，计划经济的年代有成功的一面，国家的自由解放、两弹一星、其他伟大成就。我们对计划年代的工作应该去其糟粕取其精华，党中央提出"新中国前后三十年不能互否"很正确。

我提三个经验：控制、理性政府、理性人。我国以后当然要走市场经济体制道路，但这条路不是只有市场规律就行的，还要有控制，这个控制不但有市场调控，还有"集中力量干大事"这一条，汽车发动机、计算机软硬件核心技术、其他超大超难工程都需要政府的组织和投入。计划年代的早期，中国共产党政府绝对是一个优秀的理性政府，他们反对官僚主义和官僚资本主义，不腐败，全心全意为人民服务，这些都是我们当代发展市场经济迫切需要的，我们应该用市场和法制的方法重塑一个新的理性政府。新中国开国之初的人民绝对是理性人，真心服从政府，真心建设国家，文明和集体主义统治社会，只是因为个人主义这个人类精神世界的基石，理性人让位给政治狂热分子了，我们当代发展市场经济同样需要理性人，要用法制和其他工作发展中国的理性人群众。这里说的理性政府和理性人不是《西方经济学》的概念，是中国实际需要的政府和人民。

▶ 18.5 西方经济学的意义

▶ 18.5.1 西方经济学的本质

西方经济学的初期研究资本主义的市场规律（看不见的手），到 1936 年凯恩斯提出政府干预市场理论，再到新古典综合派和之后的西方经济学发展，西方经济学成为包括微观经济学和宏观经济学的发达国家主流现代经济学。逻辑场经济学的创立有借鉴发达国家主流现代经济学的成分。

西方经济学的确有双重性质，它一方面是资本主义的意识形态，它另一方面又是资本主义市场经济的经验总结。对于第一点，中国当然应该有自己的立场，不搞"左倾"的言论，事实是发达资本主义国家的政治、法制、经济的确有很多地方比中国发达，但中国走不通发达国家的旧路，至少没有成本转嫁条件，至少不能战胜封建主义，硬要全盘西化，只能走到旧中国由官僚资本主义统治的半封建半殖民地道路，这条路不通向中华民族盼望的现代化，中国只能走中国特点的社会主义现代化道路！但我们不用在意识形态领域搞"文革"那样的"大批判"，相反，发达国家在政治法律制度和经济制度的优点是中国发展社会主义现代化需要借鉴的。对于第二点，《中共中央关于经济体制改革的决定》指出："要吸收和借鉴当代世界各国包括资本主义发达国家的一切反映现代社会化生产规律的优秀经营管理方法。"说明我们不能不管西方经济学的发展变化，我们要学、要研究。而且，中国的改革开放需要中国人明白国际的经济语言和经济操作，这些经济语言和经济操作的基础就是西方经济学，这仍然要求我们要了解西方经济学的理论。

18.5.2 逻辑场经济学的本质

逻辑场经济学以社会主义学术原则为指引，用系统论研究经济学理论，提出市场不是机器而是逻辑生命体的主张，发展市场追求的不是数学函数的最优解，而是系统整体优化要求的满意解。加上三维社会工程学和社会软结构学这两个理论工具的帮助，借鉴西方经济学框架理论，逻辑场经济学初步形成了自己的理论框架，它的对错需要人们的科学判断，它的发展需要越多越好的专家学者参与。

18.5.3 微观经济学研究的企图

西方经济学的微观部分是研究市场规律（看不见的手），用了大量的数学工具却错漏百出，让人以为是"科学主义"。逻辑场经济学认为，市场规律是客观存在的，但逻辑场经济学的研究方法与微观经济学完全不同，逻辑场经济学用场系统论和满意解代替了微观经济学的数学函数曲线和最优解，逻辑场经济学的逻辑系统较数学曲线更符合人类社会的逻辑结构，算一家之言。

既然市场规律的确存在，那么，走向社会主义市场经济的中国就需要公正合法地广泛发展社会主义私有制，要创造公正竞争的政治法律制度和经济制度，要科学扶植中小厂商，要保护消费者合法权益，开创社会主义自由市场经济的新局面。

18.5.4 理性人假设

西方经济学的理性人假设指一个人以个人主义为社会工作，人人都这样就创造了社会发展的丰功伟绩，这实际就是市场规律（看不见的手）的解释。

逻辑场经济学也提出理性人假设，还提出理性政府假设，但这些假设与西方经济学的假设有区别，因为逻辑场经济学的立场为中国社会主义市场经济的国情。逻辑场经济学的理性人指符合中国社会主义公民要求的中国人，理性政府指符合党章和宪法要求的社会主义人民政权。

18.5.5 价值论

西方经济学价值论中提出，理想的市场应该由"消费者统治"，这对中国发展市场经济是个提醒，也让逻辑场经济学认为，市场发展的重要满意解就是广大消费者的满意程度。中国要更积极地发展消费者权益保障制度、消费者意见收集制度，用良好的消费环境创造良好的厂商生产环境。

18.5.6 生产论

西方经济学生产论研究的是去掉生产关系的"纯生产",又用数学工具搞"纯之又纯"的生产函数研究,逻辑场经济学认为西方经济学的生产论有改良之处,即把生产函数变成生产系统,还可以把生产关系看成生产系统的环境,这样研究生产论更符合实际。

18.5.7 成本论

西方经济学对成本论的研究中,有论述一般性成本的理论,有机会成本的理论,有 LAC 曲线 U 形的假设,这些对中国市场研究都有借鉴意义。但是,西方经济学的成本论研究只限定于需求能量场领域,对需求能量场的生产活动制造的环境能量场成本、信息能量场成本、情感能量场成本、市场规律发展成本、社会成本都没有涉及,这是重大的缺陷。逻辑场经济学的系统研究能改变西方经济学研究的缺陷。

18.5.8 完全竞争市场理论

逻辑场经济学对西方经济学的完全竞争市场理论是肯定的,重点是完全竞争市场的理想假设和理想竞争研究,这些理想在现实社会当然不存在,但它能起到指路明灯的作用,告诉人们要优化市场和市场规律应该怎样努力。

市场规律是真实存在的,良好的竞争能得出市场发展的满意解,能产生资源配置的满意解,马克思把竞争称为"经济的重要推动力"。那么,走向社会主义市场经济的中国就不能不研究中国市场的良好竞争市场发展道路,不能不认真研究良好市场规律产生的条件,这时,西方经济学的完全竞争市场理论能给我们很多启发,能给我们"取上得中"的机会。

当然,完全竞争市场理论的高明和资本主义制度是两回事,尤其此时此刻陷入经济危机泥潭的资本主义制度。

18.5.9 不完全竞争市场理论

西方经济学的不完全竞争市场理论在一定程度上揭示了垄断的低效率,说明垄断对市场健康发展的危害,为反垄断政策的制定提供了理论依据。但是,西方经济学把垄断的研究限定于"纯"经济学领域是不对的,市场垄断会影响政治和社会的发展。逻辑场经济学的市场模型有政治模块和社会模块,能综合研究市场和社会软结构,解决了西方经济学片面研究市场垄断行为的偏差。逻辑场经济学认为,发达国家的垄断是经济危机的重要原因,发展中国家的垄断是官僚资本主义的重要原因。

18.5.10 生产要素价格决定论

西方经济学认为，生产要素的价格决定于其需求曲线和供给曲线的交点，这是典型的数学模型与实际社会的矛盾。逻辑场经济学认为，生产要素的价格决定是市场逻辑系统的满意解，社会软结构这个环境条件还会影响这个满意解。

18.5.11 一般均衡论

西方经济学用一般均衡论和完全竞争的假设论证市场规律（看不见的手），对中国发展市场经济是有借鉴意义的。但是，一般均衡论的缺陷是用数学模型求最优解，因为实际的市场没有最优解，市场不是数学模型代表的机器，市场是一个逻辑系统，用逻辑场经济学研究市场系统的满意解，用满意解实现一般均衡更有实际意义。

18.5.12 福利经济学

福利经济学的缺陷仍然是市场机器论，找资源配置最优解即帕累托状态。逻辑场经济学认为市场是逻辑系统，社会软结构是它的环境，在这个前提下，找趋向完全竞争的良好市场的资源配置满意解更有实际意义。

18.5.13 市场失灵理论

西方经济学认为，垄断、外部影响、公共物品、信息的不完全破坏了完全竞争的存在基础，政府有时能改善市场运行的后果。西方经济学的这个理论对中国发展市场经济和自由市场经济有借鉴的意义。当然，这个理论和"资本主义优越性"仍然是两回事。

18.5.14 宏观经济学研究的企图

西方经济学的宏观部分以凯恩斯的学说为主，提出政府适当干预市场，完成"看不见的手"不能完成的任务，如解决"市场失灵"问题、解决经济危机问题等等，为西方经济学理论创造了"另一只手"——宏观调控。这个理论对中国的市场发展很有用，中国的市场发展也应该用两只手——市场规律和宏观调控。

逻辑场经济学也研究宏观调控和宏观经济政策，只是逻辑场经济学用系统论作为研究工具。

18.5.15 国民收入理论

西方经济学的国民收入核算只在需求能量场进行，以 GDP 为中心，很不科学。逻辑场经济学提出了环境能量场、需求能量场、信息能量场、情感能量场、市场规律发展五大领域的收入核算和五大领域的加权综合发展的收入核算，更科学。

18.5.16　IS – LM 研究

凯恩斯的 IS – LM 研究只限于需求能量场，求的仍然是数学模型的最优解，这是它的局限性。逻辑场经济学认为，环境能量场、需求能量场、信息能量场、情感能量场、市场规律发展五大领域都有自己的 IS 和 LM，都可以开展 IS – LM 研究，求系统满意解。还可以对五大领域的加权综合发展做 IS – LM 研究。

18.5.17　宏观经济政策理论

西方经济学以凯恩斯理论为基础研究宏观经济政策，重点研究财政政策和货币政策，而逻辑场经济学以系统论为基础建立了宏观经济结构模型，研究环境能量场、需求能量场、信息能量场、情感能量场、市场规律发展五大领域各自的财政政策和货币政策，还综合研究加权综合发展的财政政策和货币政策，用满意解代替最优解。

西方经济学学者自己对宏观经济政策的作用提出了几点局限性：第一，货币政策制止严重萧条时的无能为力。第二，官员可能有利己的政治考虑。第三，经济政策在时间上滞后。第四，市场机制牵涉的变量和因素让事情复杂化。逻辑场经济学认为，西方发达国家宏观经济政策的局限性是西方经济学只考虑需求能量场、数学模型和最优解这些缺陷造成的。逻辑场经济学认为市场是逻辑系统，是社会软结构的组成部分，调控经济应该用政治、社会、经济的综合政策，找满意解。

18.5.18　总需求 – 总供给模型

西方经济学只在需求能量场研究总需求 – 总供给，其生产函数的定义缺点多多。逻辑场经济学认为，环境能量场、需求能量场、信息能量场、情感能量场、市场规律发展五大领域都有自己的总需求 – 总供给模型，加权综合发展的总需求 – 总供给模型更描述了一国整体的发展情况。逻辑场经济学还发明了投入量系统和投入量系统满意解，以此构造逻辑场经济学的生产函数。

18.5.19　经济周期理论

逻辑场经济学提出了环境能量场、需求能量场、信息能量场、情感能量场、市场规律发展五大领域的发展模型和经济周期模型，还提出了加权综合发展的发展模型和经济周期模型即一国整体的发展模型和经济周期模型。逻辑场经学认为，发达资本主义经济的周期波动是市场系统与市场环境的互塑效应的一部分。

18.5.20 西方经济学与中国

西方经济学理论是不是科学？逻辑场经济学的回答与别人不同，逻辑场经济学认为西方经济学是一门社会科学。西方经济学理论是否正确？正如人们回答牛顿力学是否正确一样，没有永恒的人类真理，只要一个理论一段时间能给人类带来益处，在那一段时间它就是对的。凯恩斯的理论让美国走出了大萧条的困难，凯恩斯的理论对美国的那一段时间就是正确的。西方经济学是发达资本主义国家发展经济的经验体会，站在中国的立场，对中国有用的西方经济学理论，中国人就把它当科学，对中国没有用的西方经济学理论，名气再大，中国人也应该无情的抛弃它，这叫中国人祖宗发明的实事求是！

中国应该怎样借鉴西方经济学的有用之处？中国共产党和中国人民已经决心走社会主义市场经济发展道路，而西方经济学正是发达资本主义国家发展市场经济的经验教训的总结，借鉴西方经济学的有用之处为中国社会主义市场服务已成为中国学术界的共识，但中国学术界的借鉴方法是值得商榷的。人们还记得佛教在中国发扬光大的过程吗？理论复杂的佛学在异国故乡已经失传，而在中国却香火鼎盛，何故？中国自创的中国佛教之故啊！中国人对西方经济学也应该有拿来主义、改造主义、发明主义！拿来主义是：只要中国需要，就敢自西方经济学中拿出需要的理论；改造主义是：根据中国的需要让西方经济学到中国入乡随俗；发明主义是不惧怕外国名气比地球还大的大学者，只要自己觉得知道了真理就要敢于亮出一家之言，那种表面客观，表面敢于批判西方经济学的意识形态，实际却根本不敢动西方经济学一根汗毛的弱国国民心态不能要，要像祖宗发明中国佛教一样有勇气。

逻辑场经济学的发明以毛泽东思想、邓小平理论、三个代表、科学发展观、当代中国共产党的国策为理论基础，以系统科学、系统工程、软件工程为理论基础，但却以对西方经济学框架理论的议论得出自己的理论框架，产生出中国本土经济学理论研究的一家之言。

18.6 批判官僚资本主义

18.6.1 官僚资本主义的结构

由图18-3可知，官僚资本主义的市场没有市场规律和市场调控这"两只手"，只有潜规则"一只手"，是非常垄断的市场，低效率、资源分配不理性、政府不理性、市场参与者都没有理性。

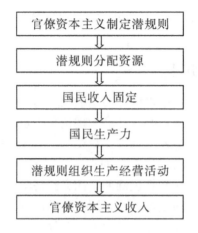

图 18-3　官僚资本主义经济结构

由图 18-4 可知，官僚资本主义用潜规则发展自己的经济实力，其经济增长函数和经济发展函数都以官僚资本主义的潜规则为自变量，不管国家、社会、人民这些群体，以自己的恶性个人主义为价值取向。

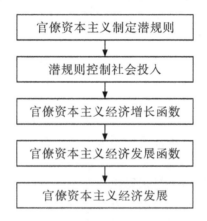

图 18-4　官僚资本主义经济发展

18.6.2　中国官僚资本主义的发展过程

现代中国的官僚资本主义的发展过程由 1840 年清政府鸦片战争失败开始，因为帝国主义掠夺性的侵华市场经济和中国本土的封建主义结合而产生，这个官僚资本主义市场的特征为：政府腐败、人民愚昧、用潜规则代替法制、市场没有良好的市场规律和公正的宏观调控、大富豪勾结行政权搞市场垄断。这种官僚资本主义在旧中国发展了一百多年，是反动统治者勾结帝国主义压迫中国人民的重要手段，它的顶峰就是蒋介石的"四大家族"。

新中国的建立给中国官僚资本主义以毁灭性的打击，建立了社会主义计划经济，但是，人类精神世界有一个基石叫个人主义，计划经济能短时间消灭旧社会的官僚资本主义结构，却不能用长期的存在战胜个人主义和封建主义，到了"文革"阶段，新的官僚主义诞生了，虽然没有资本让它成为官僚资本主义，但它对社会和经济的危害与官僚资本主义是一样的。改革开放对"文革"的官僚主义以沉重打击，引入了市场经济这个科学的发展道路，但因为中国法律制度和市场制度双双不完善，加上没有找到彻底铲除官僚主义的方法，官僚主义勾结资本产生的新的官僚资本主义出现了，这就是让人痛心疾首的社会严重腐败。中国以前的大多数政权的终结就是因为彻底腐败，外国政权失败的教训中最重要的一条仍然是严重腐败，腐败不除，中国不可能实现现代化。新一届党中央看到了严峻的局面，深得人心地提出：以法治国、以德治国、发展群众路线的主张，新中国第三次对抗官僚资本主义的斗争开始了，对于这场斗争，中国共产党一定会成功，因为他们得到了全国人民的支持，因为他们符合世界潮流。

▶ 18.6.3 官僚资本主义的害处

官僚资本主义对市场经济的危害是显然的，它以个人主义利己的动机配置资源，不管国家、社会和人民的发展要求，制造黑暗的垄断市场，让法律制度和市场制度通通作废，只用潜规则控制一切，市场没有良好规律和良好调控，市场因此没有科学发展的机会，这些年的环境污染算官僚资本主义害处的一个生动解释。

官僚资本主义不但对市场经济的害处很大，而且，它还能催生反动政治，旧中国的反动统治者作恶的重要原因之一就是为了官僚资本主义的反动政治要求。

▶ 18.7 中国社会主义自由市场

▶ 18.7.1 完全竞争市场理论的意义

微观经济学最伟大的理论就是完全竞争市场理论，它揭示的市场规律是客观存在的，它提出的理性人假设和消费者统治市场的假设是人类市场发展的灯塔，能给人类取上得中的效果。

▶ 18.7.2 逻辑场经济学的意义

完全竞争市场理论能给人类社会发展市场带来正确的指引，能让人类明白市场规律的产生和对资源配置的优化作用，但人类不可能制造完全竞争市场，只能取上得中，象儒学世界大同论指引人当前服从儒家制度，象佛学的来世因果指引人当前行善。人类实际的市场都是不完全竞争的市场，人都是逻辑人，市场不是只有需求能量场，而是很多能量场的综合发展，市场是逻辑系统而不是机器，因此，研究市场用逻辑场经济学的系统论，用逻辑人代替理性人，用系统论整体优化要求的满意解代替数学模型的最优解，很有意义。

18.7.3　中国社会主义自由市场的描绘

人类自由市场的产生需要两个条件：市场规律和市场调控。社会主义自由市场的产生条件自然为：社会主义市场规律和社会主义市场调控。社会主义自由市场的产生条件还有一条：反对官僚资本主义。

（1）党中央为中国经济发展的统帅，于党章和宪法层面把逻辑国家发展成理性国家，创造中国社会主义自由市场经济发展的国内外环境，指引和监督政府工作。

（2）政府是经济发展的管家，负责宏观经济政策的制定和实施，宏观经济政策为市场规律的健康发展服务、为市场发展需要的市场调控服务，政府要由逻辑政府转变成理性政府。

（3）党和政府要用以法治国、以德治国、群众路线为工作基础于公民社会层面反对官僚资本主义，提倡法制，把中国公民由逻辑人塑造成理性人，为自由市场创造社会软结构基础。

（4）私有制产生市场规律，公有制帮助市场调控。中国要大力扶植中小企业，扶植市场的自由竞争。中国要改革国有企业，用企业内部的自由竞争解决垄断的危害，要发挥"集中力量办大事"的本领在核心技术发展上有所作为，如汽车发动机的研究、计算机软硬件核心技术的研究，国企研究市场核心技术，用研究成果扶植私人企业，这是一条正确的道路。

（5）政府一定要有调控市场的本领，否则，市场会没有规律可言，会产生官僚资本主义。

18.7.4　反对颜色革命的意义

不论是"左倾"的颜色革命还是右倾的颜色革命，都是个人主义和封建主义结合资本产生的，都会制造中国的官僚资本主义和腐败，中国要发展社会主义自由市场经济就一定要反对颜色革命，就一定要走中国特点的社会主义现代化道路。

18.7.5　中国特点社会主义现代化道路的意义

当代中国，人民群众坚决要求跟中国共产党走中国特点社会主义现代化道路，还有一些人，他们或者想全盘西化、或者想官僚资本主义。对于全盘西化，因为中国没有巨额发展成本转嫁条件，因为资本主义不能战胜中国特有的个人主义和封建主义，硬要全盘西化就只能走上官僚资本主义道路，这些人没有想明白问题；对于要求官僚资本主义的人，他们的思想就是搞腐败，因此就没什么好说了。

中国特点社会主义现代化道路能有效对抗中国特有的个人主义和封建主义，能有效借鉴发达资本主义国家的长处，能遏制官僚资本主义和腐败，能创造理性国家、理性政府、理性人民，是中国产生社会主义自由市场经济的唯一正确道路。

18.7.6 以法治国和以德治国的意义

同胞们应该看到两个事实！第一个事实：人脉、潜规则、小团体、集体闯红灯、黑社会、官僚资本主义、腐败对中国社会的祸害非常巨大，是环境污染、严重腐败、社会不公三大弊端的制造者，再搞下去，法律就成了一纸空文。第二个事实：中国如果真的用潜规则代替法律，人民政权有生死存亡的问题，中国不可能实现现代化，中国不会有社会主义自由市场。

以习主席为领袖的新一届党中央看到了这一点，他们提出了以法治国和以德治国的正确国策，得党心顺民意，开创了改革开放的新局面，为发展社会主义自由市场创造了条件。

18.7.7 人民主体论和群众路线的意义

市场主体论在中国只能制造官僚资本主义，旧中国一百多年的官僚资本主义统治就是证明。中国社会主义自由市场经济需要人民主体论的帮助。人民主体论需要社会主义人民民主制度的支持，中国社会主义人民民主制度的核心制度就是群众路线，因此，新一届党中央提出继续发展群众路线符合中国当前的发展要求。

18.7.8 社会主义人民国防的意义

国防对一个国家的经济发展影响重大，自现代经济兴起到当代，有早期工业化国家用国防发展殖民地掠夺、有法西斯国家用国防发展法西斯经济、有蒋介石用国防巩固官僚资本主义经济基础、有苏联为发展冷战国防而使经济破产、有当代的发达国家用国防转嫁自己的经济危机。

那么，中国社会主义自由市场需要什么样的国防？需要社会主义人民国防，即社会主义文官国防！中国社会主义人民国防由毛泽东同志和他的战友们创造，由邓小平同志、江泽民同志、胡锦涛同志和他们的战友发展，今天的人民领袖习近平主席统帅中国社会主义人民国防，继续发展社会主义人民国防。

中国社会主义人民国防的特点为文官国防，支部建在连上，政委和主官一起领导部队，中国共产党永远统帅军队，军队永远属于中国人民，这与中国几千年的单纯军事指挥完全不同，是文官用政治指挥军事的一种体制，符合人类国家制度的发展规律，实际，世界先进的军事体制都是文官体制。

中国社会主义人民国防对中国社会主义自由市场发展的作用有：

（1）捍卫党章和宪法、支持民主集中制的人民政权、支持以法治国和以德治国、支持群众路线，为中国社会主义自由市场的调节者服务。

（2）保卫公民社会和公民权，为中国社会主义自由市场规律的创造者服务。

（3）保卫中国经济发展需要的边境安全。

18.7.9　系统发展论的意义

新一届党中央提出系统发展论的国策，非常高明而且有远见，随着信息社会的发展，系统论会越来越重要，我的逻辑场经济学就是用系统论研究中国经济的发展道路。

18.7.10　办好自己工作的意义

邓小平同志有一句名言：办好自己的事。这是一位一生救国救民的伟大政治家对中国发展的经验教训的高明总结。我国发展社会主义自由市场经济仍然应该立足于自力更生、本土创造。我的逻辑场经济学就是一个中国人原创的本土经济学研究。

18.7.11　广开言路的意义

中国有句名言：人多力量大。在中国的发展过程中，广开言路的阶段，发展一定成功；防口如防川的阶段，发展一定出问题。应该提倡法律允许的广开言路，法律允许的广开言路就是一种群众路线。新一届的党中央为了改革阶段攻坚克难任务的成功，提倡广开言路，得党心顺民意。

18.7.12　中国团结、统一、稳定的大局万岁

中国共产党于发展的各个阶段都讲团结、统一、稳定的大局。抗日战争初期，与国民党残酷斗争十年的红军主动提出国共合作抗日，这是毛泽东同志那一代共产党人团结、统一、稳定的大局思想。改革初期，被"文革"残酷迫害的老干部为了改革的大局，提出：减小"文革"清算规模，"放下包袱，解放思想，团结一致向前看"，这是邓小平同志那一代共产党人团结、统一、稳定的大局思想。

18.8 小结

经济质量工程结构如图 18-5 所示。

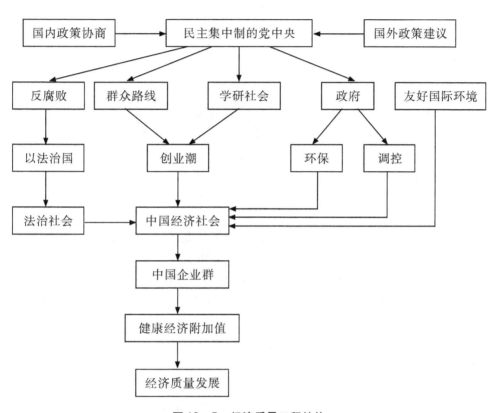

图 18-5 经济质量工程结构

参考文献

[1] 中国共产党章程. 北京：人民出版社，2012.

[2] 中华人民共和国宪法. 北京：中国法制出版社，2014.

[3] 中共中央关于全面深化改革若干重大问题的决定（2013 年 11 月 12 日中国共产党第十八届中央委员会第三次全体会议通过）. 新华社北京 2013 年 11 月 15 日电.

[4] 习近平. 中国共产党第十八届中央委员会第四次全体会议文件汇编. 北京：人民出版社，2014.

[5] 习近平. 习近平总书记系列重要讲话读本. 北京：学习出版社，2014.

[6] 习近平. 习近平谈治国理政. 北京：外文出版社，2014.

[7] 邓小平. 邓小平文选. 北京：人民出版社，1993.

[8] 邓小平. 邓小平文集（一九四九——一九七四年）. 北京：人民出版社，2014.

[9] 邓小平. 邓小平军事文集. 北京：军事科学出版社，2004.

[10] 毛泽东. 毛泽东选集. 北京：人民出版社，1991.

[11] 毛泽东. 毛泽东文集. 北京：人民出版社，1999.

[12] 毛泽东. 毛泽东军事文集. 北京：军事科学出版社，1993.

[13] 江泽民. 江泽民文选. 北京：人民出版社，2006.

[14] 胡锦涛. 在庆祝中国共产党成立 90 周年大会上的讲话. 新华网，2011 - 7 - 1.

[15] 胡耀邦. 胡耀邦同志在庆祝中国共产党成立六十周年大会上的讲话，人民网.

[16] 李鹏. 褪色的"颜色革命". 北京：人民网 2006 年 04 月 04 日.

[17] 姜鲁鸣、王文华. 国防和军队改革重点方向和基本原则. 北京：人民网 2014 年 05 月 19 日.

[18] 梁柱. 人民民主专政不可须臾离开. 北京：红旗文稿，2014/19.

[19] 董云虎. "人权"入宪：中国人权发展的重要里程碑. 北京. 人民文摘。2004 年第四期.

[20] 李黎明. 社会工程学：一种新的知识探险. 西安：西安交通大学学报（社会科学版），2006年1月.

[21] 刘海东. 逻辑场经济学. 广州：暨南大学出版社，2014.

[22] 刘海东. 社会软结构学. 广州：暨南大学出版社，2013.

[23] 刘海东. 三维社会工程学. 广州：暨南大学出版社，2012.

[24] 周德群主编. 系统工程概论. 北京：科学出版社，2009.

[25] 张晓冬主编. 系统工程. 北京：科学出版社，2010.

[26] 余雪杰主编. 管理系统工程. 北京：人民邮电出版社，2009.

[27] 王众托编. 系统工程. 北京：北京大学出版社，2010.

[28] [美] 普雷斯曼著. 软件工程，实践者的研究方法. 郑人杰、马素霞，译. 北京：机械工业出版社，2011.

[29] 鄂大伟主编. 软件工程. 北京：清华大学出版社，2010.

[30] 任永昌编. 软件工程. 北京：清华大学出版社，2012.

[31] 周长发编. 进化论的产生与发展. 北京：科学出版社，2012.

[32] 姚建明编. 天文知识基础：你想知道的天文学. 北京：清华大学出版社，2014.

[33] 林元章. 话说宇宙. 北京：科学出版社，2013.

[34] 曹天予. 20世纪场论的概念发展. 上海：世纪出版集团 2005.

[35] 戴元本编. 相互作用的规范理论. 北京：科学出版社，2006.